MECÂNICA DOS FLUIDOS

Blucher

Sylvio R. Bistafa

Ph.D. pela Penn State University
Professor aposentado da Escola Politécnica da Universidade de São Paulo (EPUSP)

MECÂNICA DOS FLUIDOS

Noções e Aplicações

2ª edição revista e ampliada

Mecânica dos fluidos: noções e aplicações
© 2016 Sylvio R. Bistafa
Editora Edgard Blücher Ltda.

1ª edição – 2010
2ª edição – 2016
1ª reimpressão – 2018

Blucher

Rua Pedroso Alvarenga, 1245, 4º andar
04531-934 – São Paulo – SP – Brasil
Tel.: 55 11 3078-5366
contato@blucher.com.br
www.blucher.com.br

Segundo o Novo Acordo Ortográfico, conforme 5. ed.
do *Vocabulário Ortográfico da Língua Portuguesa*,
Academia Brasileira de Letras, março de 2009.

É proibida a reprodução total ou parcial por quaisquer
meios sem autorização escrita da editora.

Todos os direitos reservados pela
Editora Edgard Blücher Ltda.

Dados Internacionais de Catalogação
na Publicação (CIP)
Angélica Ilaqua CRB-8/7057

Bistafa, Sylvio R.
    Mecânica dos fluidos: noções e aplicações / Sylvio
R. Bistafa. 2ª edição revista e ampliada – São Paulo :
Blucher, 2016.

    Bibliografia
    ISBN 978-85-212-1032-0

    1. Mecânica dos fluidos 2. Engenharia mecânica
I. Título.

16-0139   CDD-620.106

Índice para catálogo sistemático:
1. Mecânica dos fluidos

A minha esposa e filhos,
Maria de Lourdes,
Rafael e Renato.

PREFÁCIO À 2ª EDIÇÃO

Confirmando a vocação deste livro para aplicações práticas da Mecânica dos Fluidos voltadas ao estudante de engenharia, a sua segunda edição, a par da revisão e ampliação do texto principal, foram adicionados ainda, em todos os capítulos, novos exercícios com respostas. Logo no início, é incluída uma introdução ao estudo, na qual se destaca o recorte que é dado à matéria, que privilegia a mecânica dos escoamentos incompressíveis. A definição de fluido foi incrementada com outras características desses meios materiais. Uma nova abordagem é utilizada na derivação da equação da quantidade de movimento. Particularmente oportuna é a inclusão de noções de aerodinâmica automobilística, no capítulo que trata das forças de origem aerodinâmica. No geral, os incrementos resultaram em um aumento de algo em torno de 25% do número de páginas em relação à edição anterior.

Ao ensejo desta reedição, é imprescindível registrar que parte do esforço aqui empreendido, foi motivado pelo incentivo de alunos e colegas professores satisfeitos com o enfoque diferencial que o livro dá ao assunto, sendo também digna de nota a contribuição de inúmeros leitores que se corresponderam conosco. A todos, o nosso sincero reconhecimento.

São Paulo, março de 2016

Sylvio R. Bistafa

PREFÁCIO À 1ª EDIÇÃO

A Mecânica dos Fluidos, considerada uma das disciplinas básicas de engenharia, é ministrada na Escola Politécnica da USP em todas as suas modalidades. Na última reforma curricular, alguns dos departamentos da modalidade Engenharia Elétrica da Escola optaram por um curso mais pragmático, voltado para noções, laboratório e aplicações da Mecânica dos Fluidos.

O programa especificamente montado para as disciplinas oferecidas a essa modalidade já pôde contar, naquela oportunidade, com algumas referências bibliográficas de autores nacionais e com um bom número de traduções de livros estrangeiros, notadamente americanos.

Devido às especificidades dos programas propostos, não havia, contudo, nenhum livro que pudesse ser adotado como livro-texto dessas disciplinas, o que vinha dificultando a vida de professores e alunos. Algumas das dificuldades foram: professores fazendo uso de diferentes referências com distintas abordagens dos tópicos previstos nos programas, problemas de não uniformidade de notação, livros traduzidos que ainda adotam o sistema britânico-gravitacional de unidades (alguns deles lado a lado com o SI) em exemplos de aplicação e exercícios propostos, reclamo dos alunos por não haver um texto específico para acompanhamento do programa que era ministrado e com exercícios compatíveis com a profundidade dos tópicos abordados etc.

Outra dificuldade é que a maioria dos livros da bibliografia recomendada estabelece, primeiro, modelos gerais, incluindo muitas variáveis e fenômenos, normalmente envolvendo o cálculo vetorial e o cálculo integral-diferencial com razoável profundidade, para, então, introduzir hipóteses simplificadoras que permitam a solução de problemas mais aplicados. Num livro de noções com enfoque nas aplicações, optou-se por apresentar um bom número de tópicos com resultados de aplicação prática, no lugar da generalidade dos equacionamentos e do rigor matemático-conceitual.

Devido ao fato de que a Mecânica dos Fluidos é tema de diversas áreas da ciência e engenharia, é natural que ela possa ser abordada com diferentes abrangências, recortes e profundidades. Neste livro, o foco dos desenvolvimentos e aplicações é o escoamento incompressível do fluido real (viscoso), em regime permanente, através de tubo de corrente.

A complexidade e o limitado campo de aplicação das equações que descrevem o movimento de partículas fluidas em movimento laminar (equações de Navier–Stokes) impediram a sua inclusão neste livro.

O escoamento do fluido perfeito (não viscoso) a potencial de velocidades, apesar de ser um tema que aparece na grande maioria dos livros de Mecânica dos Fluidos, não é tratado neste livro, por ser de contribuição secundária para o entendimento e solução de escoamentos em que essa abordagem é normalmente aplicada, como, por exemplo, nos escoamentos sobre corpos imersos. Aqui, é muito mais importante que o estudante perceba o efeito da camada-limite nesses escoamentos. Contudo, por exigir um equacionamento razoavelmente complexo, a camada-limite é abordada em nível introdutório neste livro, a fim de que se perceba a sua influência em alguns dos escoamentos aqui estudados (escoamento em dutos e sobre corpos imersos). O escoamento compressível também não é tratado, por ser mais do escopo da Termodinâmica e por ser possível resolver um bom número de escoamentos de gases sob a hipótese da incompressibilidade.

Este livro foi concebido para ser usado como livro-texto em um primeiro curso de Mecânica dos Fluidos, nos cursos de graduação em engenharia e, principalmente, naquelas modalidades nas quais essa matéria é vista como de formação complementar ao estudante. Para o acompanhamento dos tópicos abordados neste livro, não são necessários conhecimentos aprofundados de cálculo vetorial, tampouco de Termodinâmica. Contudo, presume-se que o aluno tenha conhecimentos básicos de cálculo integral-diferencial, de física e de mecânica aplicada. Esses pré-requisitos e o enfoque dado ao livro o tornam igualmente recomendado para os cursos de nível técnico superior.

A abordagem utilizada neste livro foi a de desenvolver um entendimento físico-intuitivo da Mecânica dos Fluidos, com um mínimo de desenvolvimento matemático das equações básicas, voltado principalmente aos resultados que permitem resolver escoamentos de interesse da engenharia.

Este livro foi organizado em oito capítulos, abordando temas da Mecânica dos Fluidos que devem ser, acredita-se, de mínimo conhecimento de engenheiros de qualquer modalidade.

- O Capítulo 1 inicia com o conceito de tensão, o que permite definir o meio material fluido. Definem-se nesse capítulo apenas três propriedades dos fluidos: massa específica, peso específico e viscosidade, pois tais propriedades são suficientes para desenvolver as equações básicas e resolver a grande maioria dos problemas de Mecânica dos Fluidos.

- O Capítulo 2 trata da estática dos fluidos e é no qual se inclui o tema sobre empuxos em superfícies submersas. Mostra-se que é possível resolver problemas sobre empuxos em superfícies planas e curvas com apenas duas fórmulas: a fórmula de determinação da resultante com apenas duas fórmulas: a fórmula de determinação da resultante do empuxo e a fórmula para determinação do centro do empuxo. Tais fórmulas são apresentadas invocando a física do problema, evitando, assim, o envolvente procedimento normalmente utilizado na sua derivação.

- O Capítulo 3 inicia, no livro, o estudo dos fluidos em movimento, com a apresentação da clássica experiência de Reynolds. Aqui se apresenta a integral generalizada de fluxo e se desenvolvem as expressões para o cálculo dos diversos fluxos na seção do escoamento. Os conceitos de fluxo (ou vazão) e de velocidade média são de importância fundamental na estratégia utilizada neste livro para o desenvolvimento das equações de conservação.

- O Capítulo 4 desenvolve, de forma intuitiva, invocando a impermeabilidade das paredes do tubo de corrente, as equações de conservação para escoamento de fluido incompressível, em regime permanente, através de tubo de corrente. O resultado é a conservação da vazão em volume (equação da continuidade) e conservação do fluxo total de energia (equação de Bernoulli) nas seções de escoamento do tubo de corrente. Como extensão, são apresentadas as equações da quantidade de movimento e do momento da quantidade de movimento. Nesse capítulo, também se estabelecem as condições que devem ser atendidas para que o escoamento de um gás possa ser considerado como o de um fluido incompressível.

- O Capítulo 5 trata da análise dimensional e dos modelos físicos, que não são tópicos exclusivos da Mecânica dos Fluidos, mas de toda a física experimental, sendo de importância fundamental na formação do engenheiro.

- O Capítulo 6 trata do escoamento em dutos, mais especificamente, do cálculo da perda de carga em dutos, tema essencial no projeto e dimensionamento de sistemas para o transporte de fluidos.

- O Capítulo 7 apresenta alguns equipamentos, as principais máquinas fluido-mecânicas e as típicas instalações de transporte de fluidos onde eles são empregados. Nesse capítulo, se consolida, com aplicações em sistemas fluido-mecânicos típicos, grande parte dos conceitos apresentados em capítulos anteriores.

- O Capítulo 8 trata de escoamentos externos, mais especificamente do tema relativo às forças aplicadas nos corpos em movimento imersos em fluidos, de onde se derivam as forças de sustentação e de arrasto. Devido a sua importância nas aplicações e o interesse que esse assunto desperta no estudante, esse tema não poderia ter sido deixado de lado neste livro. A origem da sustentação é explicada de forma bastante intuitiva sem necessidade de recorrer aos complexos teoremas da vorticidade. Algumas aplicações interessantes são aqui apresentadas.

Em todos os capítulos há exemplos de aplicação dos conceitos apresentados e das fórmulas e equações desenvolvidas, sendo que no final de cada capítulo há exercícios propostos, com respostas.

O autor considera que a metodologia ideal para o primeiro aprendizado da Mecânica dos Fluidos é complementar os ensinamentos de cada capítulo, com experiências práticas em laboratório, como é feito na Escola Politécnica. Experiências simples, com instrumentação e instalações de baixo custo, poderão ser concebidas para demonstrar um bom número de conceitos e aplicações apresentados neste livro.

Já foi dito que se aprende ensinando. De fato, o autor muito aprendeu na tarefa de ensinar um tema reconhecidamente complexo, como é a Mecânica dos Fluidos. Talvez o principal mérito deste livro seja o de tentar desmistificar a complexidade do tema, optando por uma abordagem físico-intuitiva da matéria, no lugar do rigor matemático-conceitual. Porém, este livro é apenas uma introdução. Assim como sugere aos seus alunos, o autor incentiva seus leitores a procurar o autoaperfeiçoamento, consultando outras referências, não só para cotejar a abordagem deste livro com aquela de outros autores, o que é sempre benéfico ao aprendizado, como também no sentido de aprofundamento nos assuntos aqui abordados e para conhecimento de outros tópicos e aplicações da Mecânica dos Fluidos.

Prof. Dr. Sylvio R. Bistafa
Escola Politécnica da USP
janeiro de 2010

CONTEÚDO

INTRODUÇÃO... 17

CAPÍTULO 1 – CONCEITOS FUNDAMENTAIS.................................... 21

   1.1 NOÇÃO DE TENSÃO 21

   1.2 DEFINIÇÃO DE FLUIDO 22

   1.3 PARTÍCULA FLUIDA E CONTINUIDADE DO MEIO FLUIDO.......... 25

   1.4 ALGUMAS PROPRIEDADES DOS FLUIDOS 26
      1.4.1 Massa específica 26
      1.4.2 Peso específico 28
      1.4.3 Viscosidade.. 28

   1.5 EXERCÍCIOS... 33

CAPÍTULO 2 – FLUIDOS EM REPOUSO.. 39

   2.1 LEI DE STEVIN... 39

   2.2 PRESSÃO ABSOLUTA E PRESSÃO RELATIVA........................... 40
      2.2.1 Pressão atmosférica 41
      2.2.2 O barômetro de mercúrio.................................... 42

   2.3 MANÔMETROS 44
      2.3.1 Piezômetro.. 44
      2.3.2 Manômetro de tubo em "U"................................. 45
      2.3.3 Manômetro de tubo em "U" com líquido manométrico...... 46
      2.3.4 Manômetro metálico ou de Bourdon 49

   2.4 LEI DE PASCAL 51

   2.5 EMPUXO SOBRE SUPERFÍCIES PLANAS.............................. 52

   2.6 EMPUXO SOBRE SUPERFÍCIES CURVAS.............................. 56

   2.7 PRINCÍPIO DE ARQUIMEDES 61

   2.8 EXERCÍCIOS... 63

14 ■ Mecânica dos Fluidos

CAPÍTULO 3 – FLUIDOS EM MOVIMENTO 75

3.1 EXPERIÊNCIA DE REYNOLDS 75
3.1.1 Tensão de cisalhamento turbulenta 78

3.2 LINHA DE CORRENTE E TUBO DE CORRENTE 81
3.2.1 Seção de escoamento 83
3.2.2 Regime permanente 83

3.3 VAZÃO EM VOLUME 84
3.3.1 Velocidade média na seção de escoamento 84
3.3.2 Método da coleta para determinação da vazão em volume 85

3.4 INTEGRAL GENERALIZADA DE FLUXO 86
3.4.1 Vazão em massa 87
3.4.2 Vazão em peso 87
3.4.3 Vazão de energia potencial 88
3.4.4 Vazão de energia cinética 88
3.4.5 Vazão de energia de pressão 89
3.4.6 Vazão de quantidade de movimento 90
3.4.7 Quadro sumário das vazões na seção de escoamento 92

3.5 EXERCÍCIOS 96

CAPÍTULO 4 – EQUAÇÕES DE CONSERVAÇÃO PARA TUBO DE CORRENTE . 101

4.1 EQUAÇÃO DA CONTINUIDADE 101

4.2 EQUAÇÃO DA ENERGIA 103
4.2.1 Equação de Bernoulli generalizada 111

4.3 EQUAÇÃO DA QUANTIDADE DE MOVIMENTO 116

4.4 EQUAÇÃO DO MOMENTO DA QUANTIDADE DE MOVIMENTO ... 122

4.5 APLICABILIDADE DAS EQUAÇÕES DE CONSERVAÇÃO INCOMPRESSÍVEIS NO ESCOAMENTO DE GASES 125

4.6 EXERCÍCIOS 131

CAPÍTULO 5 – ANÁLISE DIMENSIONAL E MODELOS FÍSICOS 145

5.1 MOTIVAÇÃO DO ESTUDO 145

5.2 PROCEDIMENTO PARA OBTENÇÃO DE MONÔMIOS ADIMENSIONAIS 152

5.3 PRINCIPAIS ADIMENSIONAIS DA MECÂNICA DOS FLUIDOS 159

5.4 MODELOS FÍSICOS 163

5.5 EXERCÍCIOS 171

CAPÍTULO 6 – ESCOAMENTO EM DUTOS 181

6.1 INTRODUÇÃO 181

6.2 PERDA DE CARGA EM DUTO FORÇADO 182
6.2.1 Cálculo da perda de carga distribuída em dutos 182
6.2.2 Cálculo da perda de carga localizada................................. 194

6.3 EXERCÍCIOS.. 202

CAPÍTULO 7 – EQUIPAMENTOS, MÁQUINAS E INSTALAÇÕES FLUIDOMECÂNICAS... 209

7.1 MEDIDORES DE VAZÃO... 209

7.2 VÁLVULAS DE CONTROLE 215

7.3 MÁQUINAS FLUIDOMECÂNICAS 219
7.3.1 Bombas 221
7.3.2 Ventiladores.. 229
7.3.3 Turbinas hidráulicas... 241

7.4 INSTALAÇÕES FLUIDOMECÂNICAS 247
7.4.1 Exemplo de instalação elevatória 250
7.4.2 Exemplo de instalação com ventilador................................ 260
7.4.3 Exemplo de instalação com turbina hidráulica 263

7.5 EXERCÍCIOS 266

CAPÍTULO 8 – ARRASTO E SUSTENTAÇÃO 277

8.1 INTRODUÇÃO 277

8.2 ARRASTO 278
8.2.1 Arrasto de pressão 279
8.2.2 Arrasto de atrito... 292
8.2.3 Arrasto total 295

8.3 SUSTENTAÇÃO.. 300
8.3.1 Origem da sustentação... 300
8.3.2 Determinação da sustentação.. 309

8.4 NOÇÕES DE AERODINÂMICA AUTOMOBILÍSTICA................. 322
8.4.1 Análise de desempenho do veículo do ponto de vista do arrasto 323
8.4.2 Redução do arrasto 325
8.4.3 Redução da sustentação... 331
8.4.4 Técnicas de projeto em aerodinâmica automobilística 333

8.5 EXERCÍCIOS 337

ÍNDICE REMISSIVO... 343

INTRODUÇÃO

A Mecânica dos Fluidos está inserida em um grande ramo da Física conhecida como *Mecânica dos Meios Contínuos*, que propõe um modelo unificado para estudar o comportamento dos sólidos rígidos, dos sólidos deformáveis e dos fluidos, gerando as seguintes subdivisões temáticas: Mecânica dos Sólidos (rígidos e deformáveis) e Mecânica dos Fluidos.

A Mecânica dos Fluidos se desenvolve a partir da aplicação dos princípios e leis fundamentais da Mecânica Clássica e da Termodinâmica. A Mecânica lida com conceitos, tais como: força, espaço, inércia, tempo, velocidade, massa, aceleração, energia etc. A Termodinâmica, por sua vez, engloba conceitos de calor, energia interna, pressão, volume, dilatação, temperatura, mudanças de estado etc.

Como os fluidos se classificam em líquidos e gases, é necessário poder distinguir entre a Mecânica dos Fluidos Compressíveis (Mecânica dos Gases) e a Mecânica dos Fluidos Incompressíveis (Mecânica dos Líquidos). A Mecânica dos Fluidos Compressíveis é uma combinação dos campos tradicionais da Mecânica Clássica e da Termodinâmica. Um fluxo ou escoamento é considerado como um fluxo compressível se a massa específica do fluido muda em relação à pressão – a variação da massa específica do fluido incompressível com a pressão é normalmente considerada desprezível. A Mecânica dos Fluidos Incompressíveis pode ser estudada invocando somente os princípios e leis da Mecânica Clássica, a qual é habitualmente subdividida em:

- Cinemática: trata da descrição do movimento em termos das coordenadas espaciais, velocidade, aceleração e tempo (não há forças envolvidas, portanto não se fala em trabalho e energia);

- Estática: investiga as condições de equilíbrio dos corpos em repouso (há forças envolvidas, mas como não há movimento, não há trabalho, tampouco energia);

- Dinâmica: relaciona o movimento de um corpo com as suas interações com outros corpos (há forças envolvidas e, havendo movimento, haverá trabalho e energia).

Consequentemente, na Mecânica dos Fluidos nos referimos à: Cinemática da Partícula Fluida e dos Corpos Fluidos, Estática dos Fluidos (ou Hidrostática) e Dinâmica das Partículas e dos Corpos Fluidos.

Como sabemos, as formas de energia da Mecânica são energia cinética e energia potencial de posição, sendo possível estudar a Mecânica dos Fluidos Incompressíveis, levando-se em consideração essas energias e a energia potencial de pressão. Entretanto, quando há também energia térmica envolvida (energia interna do fluido, mais precisamente falando), há necessidade de inclusão da Termodinâmica, por meio de seus princípios e leis (Princípio da Conservação da Energia, Primeira Lei da Termodinâmica, Desigualdade Entrópica, Segunda Lei da Termodinâmica etc.). A inclusão da Termodinâmica é essencial no estudo da Dinâmica dos Gases – uma área bastante especializada da Mecânica dos Fluidos.

Os estudos que faremos, estarão focados na Mecânica dos Fluidos Incompressíveis, cujos resultados também se aplicam, com boa aproximação, ao escoamento de gases a "baixas" velocidades – como veremos, este é frequentemente o caso em que o número de Mach do fluxo (a razão entre a velocidade de fluxo para a velocidade do som) é inferior a 0,3.

O estudo da Mecânica dos Fluidos sem inclusão da Termodinâmica, além de simplificar sobremaneira a abordagem, é também conveniente didaticamente falando-se, pois permite ao estudante conhecer a essência da Mecânica dos Fluidos, a partir dos conhecimentos adquiridos em um curso introdutório de Mecânica, em nível colegial.

Fizemos aqui uso das expressões: *partícula fluida* e *corpo fluido*. Os estudos que faremos cobrem essencialmente a cinemática e a dinâmica dos corpos fluidos, sendo a cinemática e a dinâmica das partículas fluidas normalmente incluídas em um curso de maior profundidade, na derivação das Equações de Euler (para o fluido perfeito – não viscoso) e de Navier–Stokes (para o fluido real – viscoso). Em resumo, pode-se dizer que nos concentraremos essencialmente na Mecânica dos Corpos Fluidos e Incompressíveis. É importante ressaltar que este recorte temático permite resolver um grande número de problemas práticos, como veremos nas aplicações que faremos, implicando uma relação "custo/benefício" bastante atraente para um primeiro envolvimento com a Mecânica dos Fluidos.

A mecânica dos fluidos na engenharia

A Mecânica dos Fluidos constitui a base de diversas disciplinas especializadas de várias modalidades da engenharia:

- Engenharia Civil e Arquitetura: hidráulica, hidrologia e conforto térmico das edificações;

- Engenharia Sanitária e Ambiental: estudos de difusão de poluentes no ar, na água e no solo;

- Engenharia Mecânica: equipamentos, máquinas e instalações fluidomecânicas, térmicas e frigoríficas, motores, compressores e turbinas;

- Engenharia Aeronáutica e Naval: aerodinâmica e hidrodinâmica, projetos de aeronaves e embarcações;

- Engenharia Elétrica e Eletrônica: cálculos de dissipação de potência, nas máquinas produtoras ou transformadoras de energia elétrica, otimização do gasto de energia em computadores e dispositivos de comunicação;

- Bioengenharia: projeto de corações e pulmões artificiais, chips que simulam órgãos do corpo humano – chips cobaia;

- Engenharia Química: em que a Mecânica dos Fluidos é tratada dentro de uma área mais ampla, denominada *Fenômenos de Transporte*;

Em áreas de produção de energia, produção e conservação de alimentos, obtenção de água potável, poluição do ar e das águas, processamento de minérios, desenvolvimento de processos químico-industriais etc., surge quase sempre a necessidade de cálculos de trocas de quantidade de movimento, trocas de calor e trocas de massa entre fases de substâncias. Para realização desses cálculos, torna-se importante o conhecimento das leis tratadas em Fenômenos de Transporte.

CAPÍTULO 1

CONCEITOS FUNDAMENTAIS

1.1 NOÇÃO DE TENSÃO

O fluido é um meio material que não resiste à aplicação de forças pontuais. Conforme ilustra a Figura 1.1, tente exercer uma força pontual na superfície livre da água em um recipiente com o próprio dedo indicador. Não será surpresa verificar que a superfície livre da água se abre e o dedo afunda, sem resistência. No entanto, se colocarmos uma placa sólida sobre a superfície livre da água, que se ajuste às paredes do recipiente, sem folgas, e aplicarmos a força pontual sobre a placa, veremos que a água começa a resistir ao esforço pontual que é aplicado sobre a placa.

O que ocorreu nessa última situação, é que a força pontual distribuiu-se na superfície da placa e, através dela, sobre a superfície livre da água no recipiente, passando a água a resistir ao esforço pontual aplicado por meio da placa. Quando se deseja aplicar uma força a um fluido, ou dele receber uma força, deve haver sempre uma superfície interveniente. Força aplicada sobre uma superfície é a base do conceito de *tensão*.

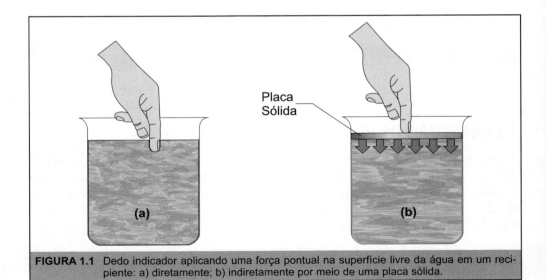

FIGURA 1.1 Dedo indicador aplicando uma força pontual na superfície livre da água em um recipiente: a) diretamente; b) indiretamente por meio de uma placa sólida.

A Figura 1.2 mostra um ponto P na superfície S de um meio material qualquer, e a superfície elementar dS, orientada segundo a normal $\vec{n}$ e pertencente a S. Em P, temos aplicada uma força elementar $d\vec{F}$, que apresenta componentes normal e tangencial $d\vec{F}_n$ e $d\vec{F}_t$, respectivamente.

Define-se *tensão normal* por $\sigma = \frac{dF_n}{dS}$ e *tensão tangencial* (ou de *cisalhamento*) por $\tau = \frac{dF_t}{dS}$. Tensão é, portanto, uma força específica – força por unidade de área.

As unidades de tensão são $[\sigma, \tau] = N \cdot m^{-2}$, $kgf \cdot cm^{-2}$ (newton por metro quadrado, quilograma-força[1] por centímetro quadrado) etc.

Como será visto no item 1.4.3, nos fluidos, a tensão de cisalhamento τ é de origem viscosa. Por sua vez, a tensão normal poderá ser de tração, quando $d\vec{F}_n$ está orientado segundo $\vec{n}$, ou de compressão, quando $d\vec{F}_n$ está orientado segundo $-\vec{n}$. A tensão normal de compressão é o que chamamos de *pressão p*; assim, de agora em diante, σ será substituído por p.

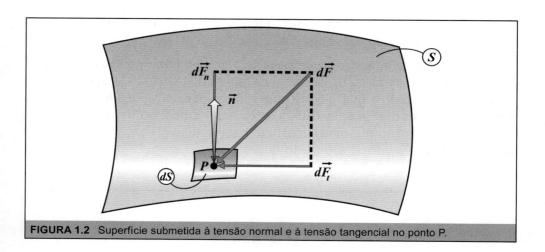

FIGURA 1.2 Superfície submetida à tensão normal e à tensão tangencial no ponto P.

1.2 DEFINIÇÃO DE FLUIDO

A maioria dos meios materiais apresentam os chamados *estados* (ou *fases*) da matéria. Os meios materiais podem ser encontrados na natureza em três estados físicos: sólido, líquido e gasoso. No estado sólido, os átomos ou moléculas que constituem a matéria encontram-se bem unidos em virtude da existência de forças intermoleculares intensas agindo sobre eles. Além disso,

---

[1] O quilograma-força é uma unidade do antigo sistema técnico métrico (MKfS), de utilização formalmente desaconselhada, mas que, na engenharia, é algumas vezes mais prático. O seu valor em unidades SI é igual a 9,80665 N.

os sólidos possuem uma estrutura cristalina bastante regular, e essa estrutura repete-se. A energia das moléculas é baixa e elas mantêm-se praticamente em repouso. Os líquidos, por sua vez, apresentam forças de ligação menos intensas do que os sólidos, o que faz com que as moléculas fiquem mais afastadas umas das outras e movimentem-se mais livremente. Isso explica por que a matéria no estado líquido pode escoar e ocupar o volume do recipiente que a contém. No estado gasoso, praticamente inexiste força de ligação entre os átomos, que ficam separados uns dos outros por distâncias bem superiores às dos sólidos e líquidos, podendo ser facilmente comprimidos. Além disso, assumem a forma e o volume do recipiente em que são colocados.

A mudança do estado de uma matéria poderá ocorrer com a variação da temperatura. A Figura 1.3 mostra os diversos estados da água e as respectivas faixas de temperatura em que estes ocorrem. Verifica-se que a mudança de pressão exercida sobre a água implica a mudança da temperatura de fusão e ebulição. As temperaturas de fusão e de ebulição indicadas na figura são para a pressão atmosférica que existe no nível do mar.

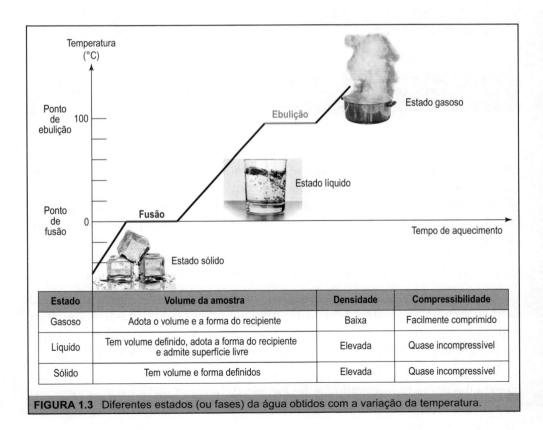

FIGURA 1.3 Diferentes estados (ou fases) da água obtidos com a variação da temperatura.

O quadro abaixo da Figura 1.3, associa os diversos estados da água com a noção intuitiva que temos de densidade e compressibilidade. Obviamente, na Mecânica dos Fluidos a água só é considerada nos estados líquido e gasoso.

Apesar de termos agora uma boa noção do que sejam os meios materiais fluidos, ainda carecemos de uma definição técnico-científica desses meios materiais. A Figura 1.4 mostra dois meios materiais, um sólido (um pedaço de borracha) e outro fluido (uma pequena porção de óleo), colocados entre o dedo indicador e o polegar. Nessa situação, aplica-se uma tensão tangencial em cada um desses dois meios materiais, fazendo com que o dedo indicador mova-se horizontalmente, enquanto mantém-se o polegar imóvel.

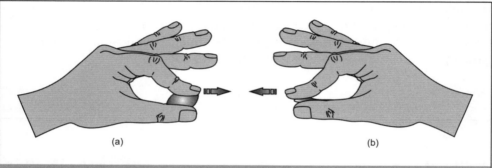

Figura 1.4 Um pedaço de borracha (a) e uma pequena porção de óleo (b) entre o dedo indicador e o polegar, ambos submetidos a uma tensão tangencial aplicada, movendo o indicador horizontalmente enquanto o polegar é mantido imóvel.

Uma vez aplicada a tensão tangencial na borracha, constata-se que ela deforma-se limitadamente, atingindo o equilíbrio estático, enquanto a película de óleo deforma-se continuamente, com o dedo indicador deslizando-se sobre o polegar. O que ocorre no caso da borracha, é que foram geradas reações internas que equilibraram a solicitação externa; enquanto, no óleo, isso não ocorreu. Porém, como será visto mais adiante, isso não significa que não são geradas reações internas no óleo; apenas que tais reações não conseguem equilibrar estaticamente a tensão tangencial externa aplicada.

Nessa experiência, a comparação do comportamento de um meio material sólido com um meio material fluido, permite definir esse último meio material da seguinte forma: *fluido é um meio material que, quando submetido a tensões tangenciais, por pequenas que sejam, deforma-se continuamente*.

Importante é ressaltar, nessa definição, a necessidade de que para um meio material ser considerado fluido, ele não deve resistir a tensões tangenciais "por pequenas que sejam". De fato, há meios materiais, como o mel, que, a temperaturas elevadas, comporta-se como fluido; porém, quando o mel está a temperaturas suficientemente baixas (em dias frios, por exemplo), ele passa a resistir a tensões tangenciais, deformando-se limitadamente, atingindo equilíbrio estático como se fosse sólido. Só a partir de certo valor de tensão tangencial aplicada é que ele passa a se deformar continuamente, escoando como fluido. A rigor, nessa última condição, o mel não pode ser considerado como fluido, pois resistiu, até certo ponto, a tensões tangenciais, como se fosse sólido.

1.3 PARTÍCULA FLUIDA E CONTINUIDADE DO MEIO FLUIDO

Como sabemos, todo meio material, sólido ou fluido, é constituído de partículas elementares denominadas átomos e moléculas. Essas partículas não são o que chamamos de partículas fluidas, porque não podemos caracterizar as propriedades do fluido por meio de um único átomo ou molécula, tampouco falar em continuidade do meio fluido, pois sabemos que essas partículas estão espaçadas entre si por uma distância média denominada livre percurso médio, não se podendo, portanto, falar, a rigor, em continuidade.

O que chamamos de *partícula fluida* é um volume, composto por um agregado de moléculas, que deve atender a duas condições. A primeira condição coloca um limite inferior a esse volume, requerendo que ele contenha um número representativo de moléculas. A segunda condição coloca um limite superior a esse volume, requerendo que ele tenha dimensões suficientemente pequenas quando comparadas com as menores dimensões da estrutura com a qual o fluido interage.

Um agregado de moléculas com volume da ordem de 10^{-9} mm^3 satisfaz às duas condições supraenunciadas. Pode-se mostrar que esse volume contém, aproximadamente, 3×10^7 moléculas de ar em condições normais de temperatura e pressão (mais ainda de água no estado líquido) e, salvo casos extremos, uma medida de determinada grandeza feita com esse agregado de moléculas é, com uma grande margem de segurança, suficientemente representativa para que uma medida feita com um volume ainda maior não modifique o resultado anterior. Ainda, esse volume corresponde ao de um cubo com 10^{-3} mm de lado, sendo essa dimensão suficientemente pequena, uma vez que a dimensão característica, da maioria das estruturas de engenharia, é muito maior.

A partícula fluida com essas dimensões poderá ser, então, considerada como um ponto material, ou seja, um ponto de dimensões desprezíveis em face das dimensões da prática.

O fluido, por sua vez, poderá ser então considerado como sendo constituído por partículas fluidas, as quais formam um meio contínuo e homogêneo, em que tais partículas podem se deslocar livremente umas em relação às outras. Suas propriedades serão, então, funções de ponto, podendo essas propriedades variar suave e continuamente, de tal forma que o cálculo diferencial poderá ser utilizado na modelagem matemática do movimento do fluido. Não significa que o cálculo diferencial seja o foco dos desenvolvimentos

26 ∎ Mecânica dos Fluidos

que faremos, apenas que a continuidade do meio fluido, com suas proprie-dades funções de ponto, são requisitos necessários para que ele possa ser aplicado quando necessário.

1.4 ALGUMAS PROPRIEDADES DOS FLUIDOS

Apresentaremos, a seguir, algumas propriedades dos fluidos que serão de uso frequente neste livro. Em certos capítulos, à medida da necessidade, definiremos outras propriedades. É interessante observar que a definição de apenas duas propriedades, *massa específica* e *viscosidade dinâmica*, nos capacita na maioria dos desenvolvimentos que faremos neste livro.

1.4.1 Massa específica

É a massa m de uma amostra do fluido dividida pelo seu volume $\forall : \rho = \dfrac{m}{\forall}$.

As unidades de massa específica são $[\rho] = kg \cdot m^{-3}, g \cdot cm^{-3}, kg \cdot l^{-1}$ etc.

A Tabela 1.1 apresenta a massa específica de alguns fluidos, onde (ref.) é o valor de referência adotado na definição de *densidade*. A densidade δ é a relação entre a massa específica de uma substância e a de outra, tomada como referência $\delta = \rho/\rho_{ref}$. Para os líquidos, a referência adotada é a da água a 4 °C $\rho_{ref} = 1.000$ kg/m³; para os gases, a referência adotada é a do ar atmosférico a 0 °C $\rho_{ref} = 1,29$ kg/m³. Assim: $\delta_{mercúrio} = 13,6$, já que $\rho_{mercúrio} = 13.600$ kg/m³; $\delta_{co_2} = 1,43$, já que $\rho_{co_2} = 1,84$ kg/m³.

TABELA 1.1 Massas específicas de alguns fluidos[2].

Fluido	ρ (kg/m³)
Água destilada a 4 °C	1.000 (ref.)
Água do mar a 15 °C	1.030
Ar atmosférico à pressão atmosférica e 0 °C	1,29 (ref.)
Ar atmosférico à pressão atmosférica e 15,6 °C	1,22
Mercúrio	13.600
Petróleo	880

---

[2]Neste livro, será utilizado o ponto (.) como separador de milhares, e a vírgula (,) como separa-dor decimal.

Fluido Incompressível

É aquele cujo volume não varia com a pressão. Os líquidos têm um comportamento muito próximo a esse; isto é, o volume ∀ de uma amostra de líquido de massa m é praticamente independente da pressão. Isso implica o fato de que a massa específica $\rho = m/\forall$ = cte. Os líquidos por serem pouco compressíveis, são, na prática, considerados como incompressíveis. Já os gases são fortemente compressíveis; sendo sua massa específica dependente da pressão. Para um *gás ideal*[3], como o ar, submetido a um processo isotérmico, a relação entre a pressão e a massa específica é dada por p/ρ = cte.

A Figura 1.5 mostra um experimento que poderá ser realizado para demonstrar se um fluido é incompressível ou não. Nesse experimento, encerra-se uma determinada massa m de fluido em um cilindro, aplicando-se uma pressão crescente, por meio de um pistão. Como $\rho = m/\forall$, e como a massa no interior do cilindro não se altera, ao se submeter um líquido a pressões crescentes, o seu volume fica praticamente inalterado e, assim, $\forall_{inicial} \approx \forall_{final}$, o que implica $\rho_{inicial} \approx \rho_{final}$. Contrariamente nos gases, onde $\forall_{inicial} > \forall_{final}$, será $\rho_{inicial} < \rho_{final}$.

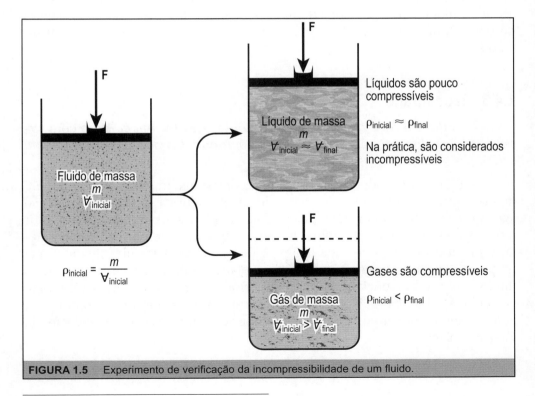

FIGURA 1.5 Experimento de verificação da incompressibilidade de um fluido.

---

[3]Gás ideal é aquele que obedece à seguinte equação de estado: $p/\rho = RT$, em que p é a pressão, ρ é a massa específica, T é a temperatura e R é a constante do gás ($R_{ar} = 287 \text{ m}^2 \cdot \text{s}^{-2} \cdot \text{K}^{-1}$). Para T = cte (processo isotérmico), $p_1/\rho_1 = p_2/\rho_2$ = cte.

Escoamento Incompressível

Embora os gases sejam compressíveis, tais fluidos escoando a "baixas" velocidades se comportam como fluidos incompressíveis — como veremos, este é frequentemente o caso em que o número de Mach do fluxo (a razão entre a velocidade do fluxo para a velocidade do som) é inferior a 0,3. A incompressibilidade é uma hipótese simplificadora, o que significa que podemos utilizar, nesses casos, as equações mais simples que governam os escoamentos dos fluidos incompressíveis. Por exemplo, escoamentos em sistemas de ventilação e ar-condicionado e sistemas de distribuição de gás domiciliar são, muitas vezes, tratados como incompressíveis.

1.4.2 Peso específico

É o peso G de uma amostra do fluido dividido pelo seu volume $\forall : \gamma = \dfrac{G}{\forall}$.

Como $G = m \cdot g$, em que g é a gravidade[4], temos $\gamma = \rho \cdot g$.

As unidades de peso específico são: $[\gamma] = N \cdot m^{-3}$, $kgf \cdot m^{-3}$ etc. Consequentemente, pode-se considerar o peso específico da água como sendo de 9.810 N/m^3, e o do ar 12 N/m^3, para oscilações normais da temperatura ambiente.

1.4.3 Viscosidade

Princípio da Aderência Completa: partículas fluidas em contato com superfícies sólidas adquirem a mesma velocidade dos pontos da superfície sólida com as quais estabelecem contato.

A Figura 1.6 pode ser interpretada como uma amplificação da porção de óleo entre o dedo indicador e o polegar da Figura 1.4, em que estes são agora representados por duas placas sólidas, planas e paralelas (a superior móvel e a inferior fixa), e o filme de óleo é representado por lâminas paralelas e justapostas, em que cada lâmina é formada por partículas fluidas. Uma força tangencial externa $\vec{F}_t$ é aplicada à placa superior a qual transmite ao fluido a tensão tangencial τ. A placa superior acelera e, eventualmente, uma velocidade estacionária V_0 é atingida. Pelo princípio da aderência completa, a lâmina fluida, em contato com a placa superior, adquire a mesma velocidade V_0 dessa placa.

---

[4]O valor da *gravidade normal* g_n é $9,80665$ m $\cdot$ s^{-2}. Nas aplicações, utilizaremos o valor aproximado para g de $9,81$ m $\cdot$ s^{-2}.

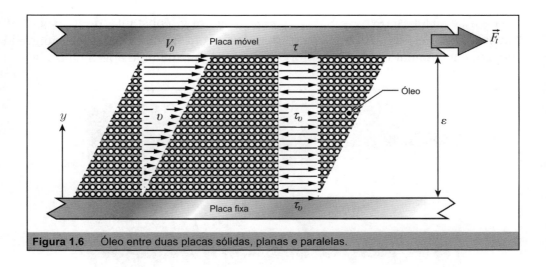

Figura 1.6 Óleo entre duas placas sólidas, planas e paralelas.

Por sua vez, a lâmina fluida, em contato com a placa inferior, tem velocidade zero, pois essa placa está fixa.

Conforme indicado na Figura 1.6, como as lâminas fluidas podem se movimentar umas em relação às outras, como cartas de um baralho, cada lâmina adquire uma velocidade própria v, compreendida entre zero e V_0 – as lâminas mais próximas da placa inferior com velocidades mais próximas de zero e aquelas mais próximas da placa superior com velocidades mais próximas de V_0.

Para velocidades não muito elevadas[5], a variação de velocidades para as lâminas fluidas entre as placas é linear, conforme mostra a tomada fotográfica da Figura 1.7.

Sendo as placas suficientemente longas, a velocidade estacionária da placa superior é finalmente atingida quando uma tensão tangencial de mesma magnitude e direção, porém em sentido contrário, é aplicada a essa placa. O único elemento externo capaz de exercer tal tensão é a lâmina fluida que ocupa posição imediatamente abaixo daquela em contato com a placa. Como as lâminas fluidas apresentam movimento relativo e como a variação de velocidade das lâminas é linear, a magnitude da tensão tangencial que se manifesta entre as diversas lâminas do fluido é igual àquela que o fluido aplica na placa (tanto na superior quanto na inferior). Essa tensão tem origem na viscosidade do fluido e, como tal, é chamada de *tensão viscosa* τ_v. Conforme indicado na Figura 1.6, quando a variação de velocidades é linear, a tensão viscosa é constante no filme de óleo.

O movimento estacionário da placa superior com velocidade constante é o resultado direto da aplicação da 2ª lei de Newton. Para a placa superior de

---

[5] Esta condição requer que o movimento do fluido entre as placas seja *laminar*, movimento esse que será apresentado no Capítulo 3.

massa m, esta lei escreve-se: $\Sigma \vec{F}_{externas} = m \cdot \vec{a}$. Para V_0 constante, $\vec{a} = 0$, o que implica $\Sigma \vec{F}_{externas} = 0$. As forças externas que agem na placa superior são: a força que movimenta a placa $\vec{F}_t$ e força viscosa $\vec{F}_v$ que o fluido aplica na placa.

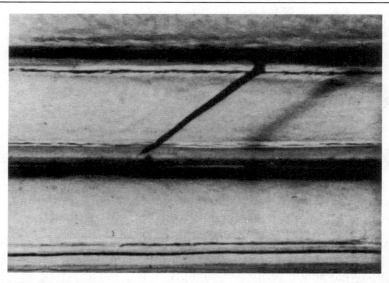

Figura 1.7 Tomada fotográfica* da variação linear de velocidades do escoamento de glicerina entre duas placas paralelas distanciadas de 20 mm, com a placa superior movendo-se com uma velocidade de 2 mm/s. Fonte: *Visualized Flow* – Fluid motion in basic and engineering situations revealed by flow visualization. Pergamon Press – The Japan Society of Mechanical Engineers, 1988.

Como o somatório das forças externas na placa superior deve ser zero para V_0 constante, isso implica que $\vec{F}_t = \vec{F}_v$. Como

$$\tau = \frac{F_t}{S_{placa}} \text{ e como } \tau_v = \frac{F_v}{S_{placa}},$$

em que S_{placa} é a área da placa em contato com o fluido, resulta em $\tau = \tau_v$, no equilíbrio.

A tensão viscosa pode ser calculada por meio de

$$\tau_v = \mu \frac{dv}{dy}, \tag{1.1}$$

---

*Estando as duas placas paradas, o espaço entre elas foi preenchido com glicerina, sendo que uma seringa foi usada para injetar uma pequena quantidade de corante, de tal forma a gerar uma linha reta perpendicular às placas. A placa superior foi então movimentada com uma velocidade constante, enquanto a placa inferior permaneceu parada. A deformação resultante da linha marcada com corante foi então fotografada. Esse escoamento é conhecido como *escoamento de Couette*.

em que $\frac{dv}{dy}$ é o gradiente de velocidades no filme de óleo e μ é a *viscosidade dinâmica* do fluido. Esse resultado é conhecido como *lei de Newton da viscosidade*, pois Newton foi pioneiro em postulá-la em 1687.

Essa lei indica que quando a distribuição de velocidades no filme de óleo é linear, o gradiente de velocidades é uma constante: $\frac{dv}{dy} = \frac{\Delta V}{\Delta y} = \frac{v_0 - 0}{\varepsilon} = \frac{V_0}{\varepsilon} = cte.$, onde ε é a espessura do filme de óleo entre as placas. Este resultado mostra que a tensão viscosa tem um valor fixo não só entre as lâminas, como também nas placas inferior e superior.

Os fluidos que seguem a lei de Newton da viscosidade são chamados de *fluidos newtonianos*, tais como o ar, a água e a gasolina, entre outros. Exemplos de fluidos *não newtonianos* são: tintas, soluções poliméricas, produtos alimentícios como sucos e molhos; suspensões de corpúsculos sólidos como sangue, pastas de argila, cimento e carvão.

Isolando-se a viscosidade dinâmica no primeiro membro da Eq. (1.1), obtêm-se suas unidades por meio de

$$[\mu] = \left[\tau_v \frac{dv}{dy} \right] \text{N} \cdot \text{m}^{-2} \cdot \text{s} = \text{kg} \cdot \text{m}^{-1} \cdot \text{s}^{-1}.$$

A viscosidade dinâmica é uma propriedade do fluido, com valor dependente da temperatura, sendo praticamente independente da pressão.

A origem da viscosidade ocorre em nível molecular, sendo determinada pela força de coesão das moléculas e pelo choque entre elas. Nos líquidos, as forças de coesão predominam sobre os choques. Nesses fluidos, o aumento da temperatura reduz as forças de coesão, com consequente redução da viscosidade. Nos gases, os choques predominam sobre as forças de coesão. Nesses fluidos, o aumento da temperatura aumenta os choques, com consequente aumento da viscosidade.

À temperatura ambiente, a viscosidade dinâmica da água é da ordem de 10^{-3} N $\cdot$ m^{-2} $\cdot$ s, e a do ar é da ordem de $1,8 \times 10^{-5}$ N $\cdot$ m^{-2} $\cdot$ s. À temperatura ambiente, o óleo automotivo SAE 10W tem viscosidade de 10^{-1} N $\cdot$ m^{-2} $\cdot$ s, que é cem vezes maior que a da água; enquanto que a viscosidade desta é 56 vezes maior que a do ar.

A *viscosidade cinemática* v é definida por $v = \frac{\mu}{\rho}$, em que ρ é a massa específica do fluido.

As unidades de viscosidade cinemática são $[v] = \text{m}^2 \cdot \text{s}^{-1}$, que contêm somente unidades cinemáticas, daí o seu nome.

À temperatura ambiente, a viscosidade cinemática da água é da ordem de 10^{-6} m^2 $\cdot$ s^{-1}, e a do ar é da ordem de $1,5 \times 10^{-5}$ m^2 $\cdot$ s^{-1}.

Exemplo de aplicação da lei de Newton da viscosidade

Um pistão de peso $P = 20$ N, é liberado no topo de um tubo cilíndrico e começa a cair dentro deste sob a ação da gravidade. A parede interna do tubo foi besuntada com óleo com viscosidade dinâmica $\mu = 0{,}065$ kg $\cdot$ m^{-1} $\cdot$ s^{-1}.

O tubo é suficientemente longo para que a velocidade estacionária do pistão seja atingida. As dimensões do pistão e do tubo estão indicadas na Figura 1.8. Determine a velocidade estacionária do pistão V_0.

Figura 1.8 Pistão caindo sob a ação da gravidade dentro de um tubo cilíndrico com a parede interna besuntada de óleo.

Solução

A Figura 1.9 apresenta uma amplificação do filme de óleo entre o pistão e o tubo cilíndrico, com indicação da variação linear de velocidades no filme. Nessa figura, ε é a folga entre o pistão e o tubo.

No equilíbrio (V_0 = cte.), a força viscosa equilibra o peso do pistão $F_v = P$. Mas $F_v = \tau_v \cdot S_L$, em que S_L é a área lateral do pistão dada por $S_L = \pi \cdot D_1 \cdot h$. Por sua vez, a tensão viscosa τ_v na parede do pistão é constante e dada por

$$\tau_v = \mu \frac{dv}{dy} \text{ (lei de Newton da viscosidade)}.$$

Daí,

$$P = \mu \frac{dv}{dy} \cdot \pi \cdot D_1 \cdot h. \tag{A}$$

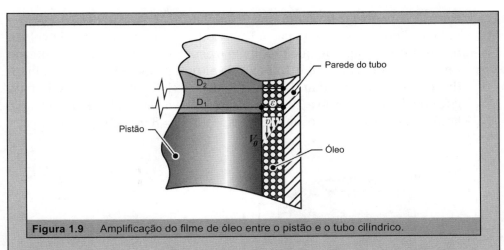

Figura 1.9 Amplificação do filme de óleo entre o pistão e o tubo cilíndrico.

Para variação linear de velocidades no filme de óleo, o gradiente de velocidades é constante e dado por

$$\frac{dv}{dy} = \frac{\Delta v}{\Delta y} = \frac{V_0 - 0}{\varepsilon} = \frac{V_0}{\varepsilon}. \tag{B}$$

Substituindo a Eq. (B) na Eq. (A) e isolando V_0 no primeiro membro, obtém-se

$$V_0 = \frac{P \cdot \varepsilon}{\mu \cdot \pi \cdot D_1 \cdot h}, \text{ com } \varepsilon = \frac{D_2 - D_1}{2} = 0,05 \text{ cm}.$$

$$V_0 = \frac{20 \cdot 0,05 \times 10^{-2}}{0,065 \cdot \pi \cdot 11,9 \times 10^{-2} \cdot 15 \times 10^{-2}} = 2,74 \text{ m/s}.$$

1.5 EXERCÍCIOS

1. Um fio metálico de 1,0 mm de diâmetro é tracionado com velocidade constante de 1 m/s, através de um tubo fixo com diâmetro interno de 1,1 mm e comprimento de 5 cm. O fio pode ser considerado centrado no tubo pela presença de óleo lubrificante com viscosidade dinâmica $m = 0,4$ N $\cdot$ m^{-2} $\cdot$ s. Determine a força de tração T necessária no fio. Resposta: $T = 1,26$ N.

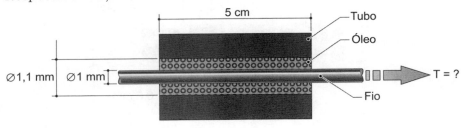

Sem escala

2   Um viscosímetro é formado por dois cilindros concêntricos, conforme indica a figura. Para pequenas folgas, pode-se supor um perfil de velocidades linear no líquido que preenche o espaço anular. O cilindro interno tem 75 mm de diâmetro e 150 mm de altura, sendo a folga para o cilindro externo de 0,02 mm. Um torque de 0,021 N · m é necessário para girar o cilindro interno a 100 rpm. Determine a viscosidade dinâmica do líquido na folga do viscosímetro. Resposta: $\mu = 8{,}07 \times 10^{-4}$ N · m^{-2} · s.

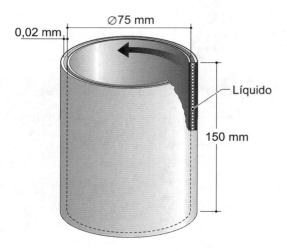

3   Um eixo com diâmetro de 18 mm gira a 20 rotações por segundo dentro de um mancal de sustentação estacionário de 60 mm de comprimento, conforme indica a figura. Uma película de óleo de 0,2 mm preenche a folga anular entre o eixo e o mancal. O torque necessário para girar o eixo é de 0,0036 N · m. Estime a viscosidade dinâmica do óleo que se encontra na folga. Supor um perfil de velocidades linear no óleo que preenche a folga. Resposta: $\mu = 0{,}0208$ N · m^{-2} · s.

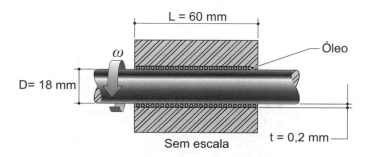

4   Uma correia com largura de *60 cm* se move, como mostra a figura. Calcule a potência (HP) necessária para acionar a correia na água. Dados: $\mu_{\text{água}} = 1{,}31 \times 10^{-3}$ Kg·m^{-1}·s^{-1}; 746 watts = 1 HP. Resposta: 0,210 HP.

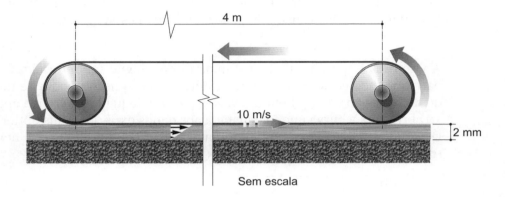

5   Quando um veículo é freado bruscamente em uma pista molhada, poderá ocorrer o bloqueio das rodas, provocando a chamada *hidroplanagem*. Nessas circunstâncias, uma película de água é criada entre os pneus e a pista. Teoricamente, um veículo poderia deslizar por um caminho muito longo nessas condições, embora na prática, o filme seja destruído antes de tais distâncias serem alcançadas (na verdade, faixas de rodagem são projetadas para evitar a criação de tais filmes).

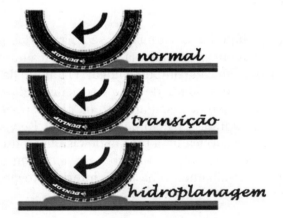

Para analisar essa situação, considere um veículo de massa M, deslizando sobre um plano horizontal, coberto com uma película de água com viscosidade μ. Sendo A a área dos quatro pneus em contato com o filme e h a espessura do filme (considerada uniforme), pedem-se: a) se a velocidade do veículo em algum instante é $V(t)$, encontrar a força de desaceleração F_d do veículo, nesse instante, em termos de A, $V(t)$, h, e μ.

Resposta: $F_d = \mu \frac{V(t)}{h} = A$. b) Encontre a distância L que o veículo percorreria até o repouso, supondo que A e h permaneçam constantes (isto não é, naturalmente, muito realista. Resposta: $L = V_0 \frac{Mh}{\mu A}$. c) Qual é essa distância L para um veículo de 1.000 kg, se $A = 0{,}1$ m^2, h = 0,1 mm, $V = 10$ m/s, e a viscosidade da água é 10^{-3} kg/m · s. Resposta: 10 km.

6. A viscosidade de uma pequena amostra de sangue foi determinada a partir de medições de tensão de cisalhamento (tensão viscosa) e taxa de deformação (dv/dy) em um viscosímetro adequado. O gráfico abaixo apresenta a curva que foi ajustada aos dados experimentais obtidos. Determine se o sangue é um fluido newtoniano ou um fluido não newtoniano. Resposta: Não newtoniano (explique).

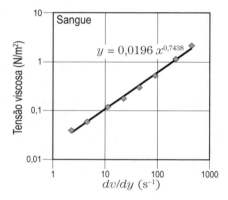

7. Duas camadas imiscíveis de líquidos newtonianos são arrastadas pelo movimento da placa superior, como mostrado na figura. A placa inferior é fixa e o perfil de velocidades em cada líquido é linear. O líquido da camada superior (líquido 1), com densidade de 0,8 e viscosidade cinemática de 1 mm^2/s, aplica uma tensão de cisalhamento na placa superior. O líquido da camada inferior (líquido 2), com densidade de 1,1 e viscosidade cinemática de 1,3 mm^2/s, aplica uma tensão de cisalhamento na placa inferior. Determine a relação entre a tensão de cisalhamento na placa superior e a tensão de cisalhamento na placa inferior. Resposta: $\frac{\tau_{sup.}}{\tau_{inf.}} = 1{,}0$.

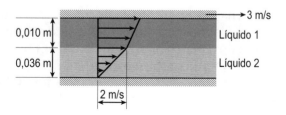

8   Uma placa quadrada de 8,367 cm de lado, de peso e espessura desprezíveis, imersa em um líquido de viscosidade μ, é puxada verticalmente para cima com uma força $F = 5{,}6 \times 10^{-4}$ N, conforme mostra a figura. Determine a viscosidade μ do líquido, sabendo-se que a velocidade estacionária de deslocamento da placa $V_0 = 1$ cm/s e que a distância entre a face da placa e a parede do recipiente $L = 5$ mm. Resposta: $\mu = 0{,}02$ Ns/m^2.

9   Duas grandes superfícies planas mantêm uma distância H. O espaço entre elas está preenchido com um fluido.

a) Se o fluido for considerado não viscoso (perfeito) qual será a tensão de cisalhamento na parede da placa superior?

b) Se o perfil de velocidades for uniforme (1). Qual será a magnitude da tensão de cisalhamento na parede inferior comparada com a tensão de cisalhamento no centro das placas?

c) Se o perfil de velocidades for uma reta inclinada (2). Onde a tensão de cisalhamento será maior?

d) Se o perfil de velocidades for parabólico (3). Onde a tensão de cisalhamento será menor?

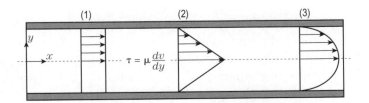

Respostas: a) nula; b) ambas nulas; c) iguais em todos os pontos; d) no centro. Explique.

10 Um eixo de raio R_i e comprimento h gira com velocidade angular ω no interior de um mancal de raio R_0. O gap entre o eixo e o mancal é preenchido com um filme de óleo com comportamento newtoniano de viscosidade dinâmica μ. Assumindo um perfil linear de velocidades no filme de óleo, desenvolva expressões para: a) as tensões de cisalhamento de origem viscosa no filme de óleo, na superfície do eixo e na superfície do mancal. Resposta: $\tau_v = \mu \frac{\omega R_i}{(R_0 - R_i)}$ no óleo, no eixo e no mancal. b) A força de origem viscosa que age na superfície do eixo. Resposta: $F_v = 2\mu\pi \frac{\omega R_i^2 h}{(R_0 - R_i)}$. c) O torque necessário para manter o eixo girando na velocidade angular ω. Resposta: $T = 2\mu\pi \frac{\omega R_i^3 h}{(R_0 - R_i)}$. d) Obter uma expressão para viscosidade em função das características geométricas do eixo/mancal, do torque T e da velocidade angular ω. Resposta: $\mu = \frac{T(R_0 - R_i)}{2\pi \omega R_i^3 h}$.

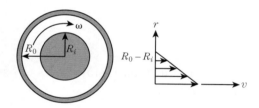

11 Uma placa móvel, dista 0,025 mm de uma placa fixa, e requer uma força de 2 N por unidade de área para ser movida a uma velocidade de 60 cm/s. Determinar a viscosidade do fluido entre as placas. Resposta: $8,33 \times 10^{-5}$ N · s/m².

12 Determinar a viscosidade cinemática de um óleo com massa específica de 981 kg/m³. A tensão viscosa num determinado ponto do óleo é de 0,2452 N/m², onde o gradiente de velocidades é 0,2 s^{-1}. Resposta: 12,5 cm²/s.

CAPÍTULO 2

FLUIDOS EM REPOUSO

2.1 LEI DE STEVIN

Fluidos em repouso são estudados na estática dos fluidos. A base da estática dos fluidos é a chamada lei de Stevin.

Essa lei diz que *a pressão em um líquido em repouso aumenta proporcionalmente à profundidade, sendo a constante de proporcionalidade igual ao peso específico do líquido.*

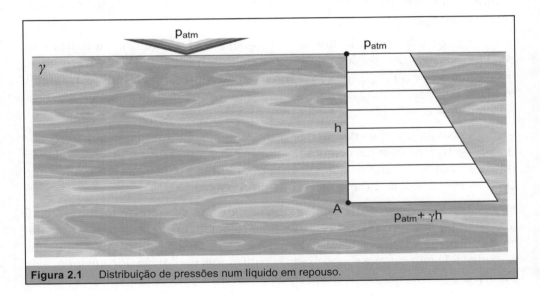

Figura 2.1   Distribuição de pressões num líquido em repouso.

A Figura 2.1 mostra um líquido em repouso (em uma pia, piscina, lago etc.), com a sua superfície livre submetida à pressão atmosférica, indicada por p_{atm}.[1]

---

[1]Conforme visto no Capítulo 1, pressão é uma tensão normal de compressão. A pressão atmosférica age sobre todas as superfícies expostas ao ar atmosférico e, portanto, ela exerce uma tensão normal de compressão sobre essas superfícies.

40 ▌ Mecânica dos Fluidos

De acordo com a lei de Stevin, a pressão no ponto A, à profundidade h, será dada por

$$p_A = p_{atm} + \gamma \cdot h, \tag{2.1}$$

onde γ é o peso específico do líquido e h a profundidade do ponto A.

Conforme indicado na Figura 2.1, a pressão varia linearmente com a profundidade.

A lei de Stevin contém mais uma informação embutida nela; qual seja, aquela em que a pressão é sempre a mesma em qualquer ponto em uma mesma horizontal de um mesmo líquido.

2.2 PRESSÃO ABSOLUTA E PRESSÃO RELATIVA

A pressão é uma grandeza escalar que pode ser medida em relação a qualquer referência arbitrária. Duas referências são adotadas na medida de pressões: o *vácuo absoluto*[2] *e a pressão atmosférica local*, indicada por $p_{atm.local}$. Definem-se então: *pressão absoluta* – aquela que tem como referência (valor zero) o vácuo absoluto (abrevia-se p_{abs}); *pressão relativa (ou efetiva)* – aquela que tem como referência (valor zero) a pressão atmosférica local (abrevia-se p_{rel}).

A Figura 2.2 associa níveis a pressões. O nível inferior da figura corresponde ao vácuo absoluto. Estão também indicados nessa figura, o nível correspondente à $p_{atm.local}$, bem como os níveis correspondentes às pressões em dois reservatórios. Os segmentos orientados nessa figura (setas) são proporcionais aos valores de pressão.

Nessa figura, observa-se que a pressão absoluta é maior que zero nos dois reservatórios (setas orientadas para cima), enquanto a pressão relativa no reservatório 1 é maior que zero (seta orientada para cima), e menor que zero no reservatório 2 (seta orientada para baixo).

Podemos dizer, então, que a pressão absoluta é sempre maior ou igual a zero, enquanto a pressão relativa poderá ser maior que zero, menor que zero, ou igual a zero. Em outras palavras, são possíveis pressões relativas negativas, já não são possíveis pressões absolutas negativas. Fica evidente na Figura 2.2 que a relação entre pressão absoluta e pressão relativa é

$$p_{abs} = p_{atm.local} + p_{rel}. \tag{2.2}$$

---

[2] O vácuo absoluto é uma região do espaço onde não há matéria (inclusive o ar atmosférico). Na superfície da Terra, o vácuo poderá ser criado mecanicamente, conectando um reservatório a uma bomba de vácuo. Com essa técnica, normalmente atinge-se apenas um vácuo parcial, pois não se consegue extrair todas as moléculas de ar do interior do reservatório. Técnicas mais sofisticadas denominadas *de alto-vácuo* são normalmente utilizadas para criação de "vácuo quase absoluto", pois não há ainda meio capaz de produzir o vácuo perfeito.

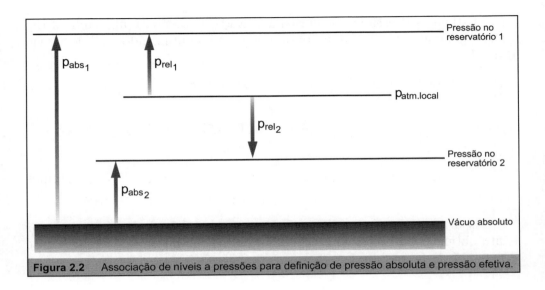

Figura 2.2 Associação de níveis a pressões para definição de pressão absoluta e pressão efetiva.

Na Mecânica dos Fluidos, prefere-se, normalmente, trabalhar com valores de pressão na escala relativa e, salvo menção ao contrário, esta será a abordagem deste livro. A Termodinâmica prefere trabalhar com pressões na escala absoluta.

2.2.1 Pressão atmosférica

A hipótese básica para validade da lei de Stevin é a de incompressibilidade. Logo, a rigor, essa lei só se aplica aos líquidos em repouso. O ar atmosférico é um fluido que não pode ser considerado como incompressível. No entanto, na porção mais inferior da atmosfera, denominada *troposfera*, a lei de Stevin poderá ser utilizada com boa aproximação para determinação da pressão atmosférica em diferentes altitudes.

Para se determinar a pressão atmosférica a uma dada altitude, é necessário conhecer-se, primeiro, como a temperatura varia com a altitude. Uma boa aproximação para a troposfera (altitudes de até 11.000 m) é aquela que considera que a temperatura reduz-se linearmente com a altitude. Nesse caso, e considerando o ar atmosférico como gás ideal, a pressão à altitude z acima do nível do mar, poderá ser estimada por meio de

$$p = p_a \left[1 - \frac{B \cdot z}{T_0}\right]^{5,26}, \qquad (2.3)$$

onde $p_a = 101.325 \text{ N} \cdot \text{m}^{-2}$ (pressão atmosférica no nível do mar, na altitude zero), $B = 6{,}5 \times 10^{-3}$ Kelvin/m e $T_0 = 288{,}16$ Kelvin (= 15 °C).

Estimar a pressão atmosférica à altitude de 3.000 m, utilizando a Eq. (2.3) e comparar o valor assim obtido com aquele utilizando a lei de Stevin [Eq. (2.1)].

Utilizando a fórmula exata [Eq. (2.3)], temos

$$p = 101.325 \times \left[1 - \frac{6{,}5 \times 10^{-3} \times 3.000}{288{,}16}\right]^{5{,}26} = 101.325 \times (0{,}6917) \cong 70.086 \text{ N} \cdot \text{m}^{-2}$$

Por outro lado, utilizando a lei de Stevin com $\gamma_{ar} = 11{,}77$ N $\cdot$ m^{-3}, temos

$$p \approx p_a - \gamma \cdot z = 101.325 - (11{,}77 \times 3.000) = 66.015 \text{ N} \cdot \text{m}^{-2}.$$

Isso representa uma diferença de apenas 5,8% com relação ao valor exato obtido por meio da Eq. (2.3). Para altitudes inferiores a 1.000 m, os erros serão bem inferiores a 5%.

2.2.2 O barômetro de mercúrio

O barômetro é um instrumento para medir a pressão atmosférica.

O barômetro de mercúrio foi inventado por Evangelista Torricelli em 1643. Conforme mostra a Figura 2.3, esse barômetro consiste de um tubo de vidro com quase 1 m de comprimento, fechado em uma extremidade e aberto em outra, e preenchido com mercúrio (*Hg*). Um segundo recipiente é parcialmente preenchido também com mercúrio.

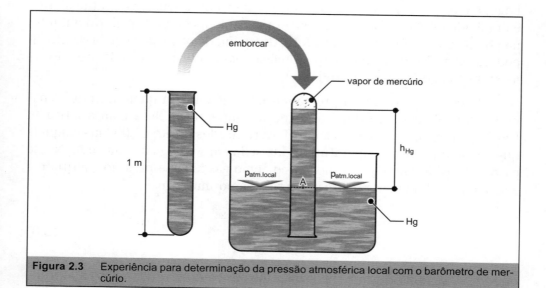

Figura 2.3 Experiência para determinação da pressão atmosférica local com o barômetro de mercúrio.

CAPÍTULO 2 – Fluidos em repouso ■ 43

O procedimento para determinação da pressão atmosférica local consiste em emborcar (virar de cabeça para baixo) a extremidade aberta do tubo no recipiente com mercúrio. Verifica-se que a coluna de mercúrio desce para dentro do recipiente até que o peso desta iguale o peso da coluna de ar (atmosférico), que se estende da superfície livre do mercúrio no recipiente até o topo da atmosfera. O comprimento da coluna de mercúrio, portanto, torna-se uma medida da pressão atmosférica. Quando essa experiência é realizada no nível do mar, a coluna mede 760 mm Hg[3].

Uma vez observado que o ponto A pertence ao plano da superfície livre do mercúrio no recipiente, a determinação da pressão atmosférica local requer a aplicação da lei de Stevin duas vezes. Na primeira vez, aplica-se a Eq. (2.1) na determinação da pressão no ponto A, a partir da superfície livre do mercúrio no tubo, sob a hipótese de que, no espaço acima dessa superfície livre, exista vácuo perfeito[4], resultando em

$$p_A = \gamma_{Hg} \cdot h_{Hg}. \tag{A}$$

Na segunda vez, aplica-se a Eq. (2.1) na determinação da pressão no ponto A, a partir da superfície livre do mercúrio no recipiente. Nesse caso, fica claro que, como o ponto A pertence ao plano horizontal que contém essa superfície livre, e como aí reina a pressão atmosférica local, tem-se

$$p_A = p_{atm.local}. \tag{B}$$

Substituindo p_A da Eq. (B) na Eq. (A), resulta em

$$p_{atm.local} = \gamma_{Hg} \cdot h_{Hg}. \tag{C}$$

Define-se *pressão atmosférica normal* (ou *atmosfera*) a pressão exercida por uma *coluna de mercúrio normal*, $h_n = 0,76$ m, a 0 °C e submetida à *gravidade normal*, $g_n = 9,80665$ m $\cdot$ s^{-2}. O mercúrio muito puro, dito normal, tem, à 0 °C, a massa específica normal de $\rho_{Hg_n} = 13.595,2$ kg $\cdot$ m^{-3}, e que resulta no peso específico normal de $\gamma_{Hg_n} = 133.323$ N $\cdot$ m^{-3}. Portanto, de acordo com a Eq. (C), temos

$$1 \text{ atm} = 133.323 \times 0,76 = 101.325 \text{ N} \cdot \text{m}^{-2}.$$

No SI, pressão em N $\cdot$ m^{-2} recebe o nome de pascal, símbolo Pa.

---

[3] Em São Paulo, a 820 metros de altitude, a coluna mede em torno de 690 mm Hg.

[4] Na realidade, há, nesse espaço, moléculas de mercúrio que se desprendem da superfície livre, produzindo a chamada *pressão de vapor* que, à temperatura ambiente, é muito baixa, correspondendo a, aproximadamente, $8 \cdot 10^{-8}$ *metros de coluna de mercúrio*, portanto, praticamente igual a zero. À temperatura ambiente, a pressão de vapor da água corresponde a 0,239 *metros de coluna-d'água*. Portanto, para este líquido, a hipótese de vácuo perfeito no espaço do tubo sobre a coluna não se aplica. Esse é um dos fatores que inviabiliza a utilização do barômetro de água. O outro fator é que a coluna de água será muito elevada, em torno de 10 metros.

É formalmente desaconselhável expressar valores de pressão em unidades de *atmosfera normal* (símbolo atm). Contudo, essa unidade é de uso, ainda, frequente, assim como outras unidades práticas, *Não SI*, tais como: bar[5], kgf · cm^{-2}, *metro de coluna-d'água* (mca) e *mm de mercúrio mm* Hg$_n$; isso para não falar de tantas outras unidades britânicas e americanas, tal como *pound-per-square-inch psi*. A equivalência entre essas unidades é a seguinte

$$1 \text{ atm} = 101.325 \text{ Pa} = 101{,}325 \text{ kPa} = 1{,}01325 \text{ bar} =$$
$$1{,}0332 \text{ kgf} \cdot \text{cm}^{-2} = 10{,}332 \text{ mca} = 760 \text{ mm Hg}_n = 14{,}7 \text{ psi}$$

2.3 MANÔMETROS

Manômetros são dispositivos destinados à medida da pressão. Apresentaremos, a seguir, três tipos de manômetros de tubo com líquido e o manômetro metálico ou de Bourdon. Os manômetros de tubo com líquido são equacionados com base na lei de Stevin. O estudo dos manômetros é conhecido como *manometria*.

2.3.1 Piezômetro

O manômetro mais simples é o piezômetro. Conforme mostra a Figura 2.4, esse manômetro consiste de um tubo de vidro ou de plástico transparente, acoplado diretamente ao reservatório em que se deseja medir a pressão do líquido, o qual supõe-se que ocupe totalmente o dito reservatório.

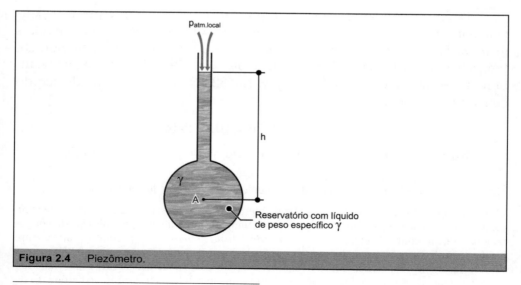

Figura 2.4 Piezômetro.

---

[5] 1 bar = 100 kPa

O líquido, de peso específico γ, uma vez tendo se elevado no tubo empurrado pela pressão reinante no reservatório, forma uma superfície livre na altura h, onde age a pressão atmosférica local. A aplicação direta da Eq. (2.1) fornece para a pressão relativa em A

$$p_A = \gamma \cdot h.$$

Embora seja simples, o piezômetro apresenta três inconvenientes: a) não mede pressões negativas – não se forma a coluna de líquido, pois o ar atmosférico penetrará no reservatório (vácuo parcial); b) é impraticável para medida de pressões elevadas – a altura da coluna será muito alta; c) não mede pressão de gases – o gás escapa não formando coluna.

Dois outros tipos de manômetros de tubo com líquido serão apresentados com vistas a eliminar essas dificuldades.

2.3.2 Manômetro de tubo em "U"

Este manômetro foi concebido para eliminar a dificuldade a), supracitada.

A Figura 2.5 mostra um tubo em "U", acoplado ao reservatório totalmente preenchido com líquido de peso específico γ. Na situação figurada, a superfície livre da coluna de líquido no tubo está abaixo do plano horizontal que passa por A, para o qual se deseja determinar a sua pressão.

Conforme indica a Figura 2.5, o plano horizontal que passa por A, intercepta o líquido no tubo em B. Por B pertencer ao mesmo plano de A, e em se tratando do mesmo líquido, p_B é igual à p_A.

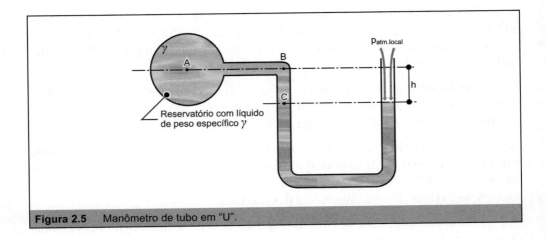

Figura 2.5 Manômetro de tubo em "U".

Por outro lado, o plano horizontal que passa pela superfície livre do líquido no tubo, intercepta a coluna de líquido em C, que dista h de B. Então,

46 ▍ Mecânica dos Fluidos

de acordo com a lei de Stevin [Eq. (2.1)], a pressão em C em relação à pressão em B (observando que $p_B = p_A$), será dada por

$$p_C = p_B + \gamma \cdot h = p_A + \gamma \cdot h.$$

Ocorre que a pressão em C é também igual à pressão atmosférica local, por pertencer ao mesmo plano da superfície livre. Logo, a pressão p_C vale zero na escala relativa; e, assim, a pressão relativa em A será dada por

$$p_A = -\gamma \cdot h.$$

É fácil verificar que, quando a superfície livre do líquido no tubo está abaixo do plano horizontal que passa por A, a pressão relativa é negativa; igual a zero, quando a superfície livre está contida neste plano horizontal, e positiva, quando ela está acima dele.

De fato, o tubo em "U" viabilizou medida de pressão relativa negativa. Contudo, ainda persistem, nesse dispositivo, as dificuldades b) e c), supra citadas.

2.3.3 Manômetro de tubo em "U" com líquido manométrico

A introdução de um líquido manométrico no manômetro de tubo em "U", permite utilizá-lo na medição de pressões de gases, pois esse líquido impede que o gás escape pelo tubo. Como veremos mais adiante, se for escolhido um líquido manométrico de peso específico γ_{LM}, tal que $\gamma_{LM}/\gamma \gg 1$, onde γ é o peso específico do fluido (líquido ou gás) para o qual se deseja determinar sua pressão, então será também possível medirem-se pressões elevadas, sem a geração de colunas muito altas.

A Figura 2.6 mostra o manômetro de tubo em "U", com o líquido manométrico, no qual a pressão em A gera as colunas fluidas configuradas. O objetivo continua a ser a determinação da pressão em A, na qual novamente aplicar-se-á a lei de Stevin.

Conforme indica a Figura 2.6, o plano horizontal que passa por A, intercepta o fluido no tubo em B. Por B pertencer ao mesmo plano de A, e em se tratando do mesmo fluido, p_B é igual à p_A.

Por outro lado, o plano horizontal que passa por B, dista h_2 de C, onde o fluido estabelece contato com o líquido manométrico. Por aí, passa o plano horizontal que intercepta a perna da direita do tubo em D, que dista h_1 da superfície livre do líquido manométrico no tubo.

De acordo com a lei de Stevin [Eq. (2.1)], a pressão em C, em relação à pressão em B (observando que $p_B = p_A$), será dada por

$$p_C = p_B + \gamma \cdot h_2 = p_A + \gamma \cdot h_2.$$

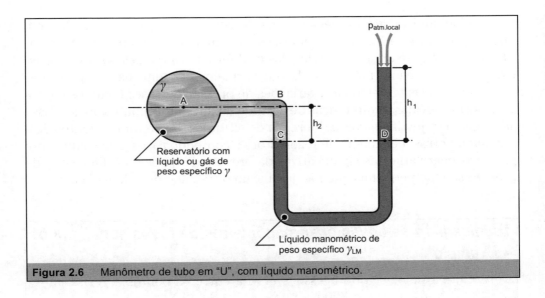

Figura 2.6 Manômetro de tubo em "U", com líquido manométrico.

Ocorre que, em C, temos a interface do fluido com o líquido manométrico, sendo que a pressão aí é igual à pressão em D, por se tratar de pontos na mesma horizontal de um mesmo líquido, $p_C = p_D$; assim, tendo em vista o resultado anterior, temos

$$p_D = p_A + \gamma \cdot h_2.$$

Aplicando novamente a lei de Stevin [Eq. (2.1)], para determinação da pressão em D, em relação à pressão na superfície livre do líquido manométrico no tubo, onde reina a pressão atmosférica local (valor zero na escala efetiva), resulta em

$$p_D = \gamma_{LM} \cdot h_1.$$

Substituindo esse último resultado para p_D na expressão anterior, resulta para a pressão relativa em A

$$p_A = \gamma_{LM} \cdot h_1 - \gamma \cdot h_2.$$

Este resultado mostra que, para uma dada pressão p_A, quanto maior γ_{LM}, menor será a altura da coluna h_1, tornando mais prática a utilização desse manômetro na medida de pressões elevadas. Nesse contexto, e conforme já indicado anteriormente, a relação entre o peso específico do líquido manométrico e do fluido deverá ser tal que $\gamma_{LM}/\gamma \gg 1$. Para atender a esse requisito, normalmente se utiliza o mercúrio como líquido manométrico na medição da pressão de líquidos, por exemplo, para medir pressões da água, $\gamma_{LM}/\gamma = \gamma_{Hg}/\gamma_{água} \cong 13,6 \times 10^4/10^4 = 13,6 \gg 1$. Já na medição da pressão de gases, normalmente se utiliza a água como líquido manométrico, por exemplo, para medir pressões do ar, $\gamma_{LM}/\gamma = \gamma_{água}/\gamma_{ar} \cong 10^4/12 = 833,3 \gg 1$.

Cabe aqui uma observação antes de concluirmos este tema. Observe que não foram levadas em consideração nos manômetros apresentados variações da pressão atmosférica devidas às diferentes altitudes dos *meniscos*[6] expostos à pressão atmosférica. Isso é normalmente feito não só para o ar atmosférico, mas também para variações de pressão de gases contidos em reservatórios devidas às diferenças de altitude de diferentes pontos do gás. Essa abordagem se justifica, pois a diferença de altitudes de diferentes pontos desses manômetros, bem como de reservatórios contendo gases, não é suficiente para provocar variações significativas da pressão de gases – as diferenças de pressão são tão pequenas que não justificam o trabalho de calculá-las.

Técnica para se equacionar manômetros de tubos com líquidos – Exemplo

Determine a diferença de pressões em Pa entre os pontos A e B. Dados: $\gamma_{ar} = 11{,}8$ N/m^3, $\gamma_{água} = 9.790$ N/m^3, $\gamma_{benzeno} = 8.640$ N/m^3, $\gamma_{querosene} = 7.885$ N/m^3, $\gamma_{mercúrio} = 133.100$ N/m^3.

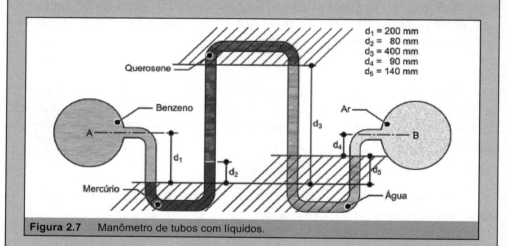

Figura 2.7 Manômetro de tubos com líquidos.

Solução

Isolar as porções dos tubos abaixo e acima dos meniscos, conforme indica a figura. Escrever a pressão do reservatório da esquerda; ir caminhando através do tubo conectado a esse reservatório, adicionando a coluna piezométrica, se descer, ou subtraindo se subir até atingir um patamar; uma vez nesse patamar, pular para a coluna seguinte e repetir o procedimento, até atingir o reservatório da direita.

---
[6] Superfície curva do líquido contido em um tubo.

> Finalmente, iguale o resultado à pressão desse reservatório. Matematicamente, este enunciado escreve-se
>
> $$p_A + \Sigma \gamma h_{descendo} - \Sigma \gamma h_{subindo} = p_B.$$
>
> Aplicando este procedimento para o manômetro de tubos com líquidos da Figura 2.7, temos que
>
> $$p_A + \gamma_{benzeno} \cdot d_1 - \gamma_{mercúrio} \cdot d_2 - \gamma_{querozene} \cdot (d_3 - d_2) +$$
> $$+ \gamma_{água} \cdot (d_3 - d_5) - \gamma_{ar} \cdot d_4 = p_B$$
>
> $$p_A - p_B = -8.640 \times 0{,}2 + 133.100 \times 0{,}08 +$$
> $$+ 7.885 \times (0{,}4 - 0{,}08) - 9.790 \times (0{,}4 - 0{,}14) + 11{,}8 \times 0{,}09$$
>
> Contribuição desprezível da coluna de ar
>
> $$p_A - p_B = -1.728 + 10.648 + 2.523{,}2 - 2.545{,}4 + \underbrace{1{,}062} \cong 8.900 \text{ Pa}$$

2.3.4 Manômetro metálico ou de Bourdon

Diferentemente dos manômetros de tubo com líquido, o manômetro de Bourdon[7] mede a pressão de forma indireta, por meio da deformação de um tubo metálico, daí o seu nome.

Conforme indica a Figura 2.8, nesse manômetro, um tubo recurvado de latão, fechado em uma extremidade e aberto em outra (denominada de tomada de pressão), deforma-se, tendendo a se endireitar sob o efeito da mudança de pressão. Um sistema do tipo engrenagem–pinhão, acoplado à extremidade fechada do tubo, transmite o movimento a um ponteiro que se desloca sobre uma escala. Uma escala muito utilizada nesse manômetro é aquela produzida em unidades práticas de kgf $\cdot$ cm^{-2}.

O tubo, por estar externamente submetido à pressão atmosférica local, somente se deformará se a pressão na tomada for maior ou menor que aquela.

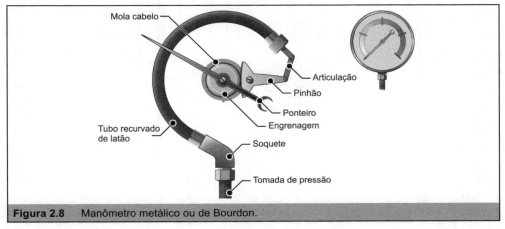

Figura 2.8 Manômetro metálico ou de Bourdon.

---

[7] A patente original desse manômetro data de 1849, tendo sido registrada na França por Eugène Bourdon.

Assim, a pressão indicada por esse manômetro é sempre a pressão relativa. Quando não instalado, o manômetro de Bourdon indica zero, em qualquer altitude. Quando esse manômetro ocupa um ambiente em que a pressão é diferente da pressão atmosférica local, a pressão indicada $p_{indicada}$ será dada por

$$p_{indicada} = p_{tomada} - p_{ambiente},$$

onde $p_{ambiente}$ é a pressão no ambiente onde está o manômetro e p_{tomada} é a pressão na tomada de pressão.

Somente quando $p_{ambiente} = p_{atm.local}$, é que $p_{indicada} = p_{rel}$.

O manômetro de Bourdon é mais conveniente do que o de tubo com líquido e, por isso, bastante utilizado na prática. No entanto, o seu tubo metálico está sujeito à deformações permanentes, ocasionadas por pressões com valores acima de seu fundo de escala, normalmente produzidas por transientes de pressão, o que poderá levar a uma imprecisão nas medidas futuras, e até danificar o instrumento.

Exemplo de aplicação de manometria

Para a instalação da Figura 2.9, são fornecidos: pressão indicada no manômetro de Bourdon $p_{indicada} = 2,5 \text{ kgf} \cdot \text{cm}^{-2}$ e o peso específico do mercúrio $\gamma_{Hg} = 1,36 \times 10^4 \text{ kgf} \cdot \text{m}^{-3}$. Pede-se determinar a pressão reservatório 1, p_1.

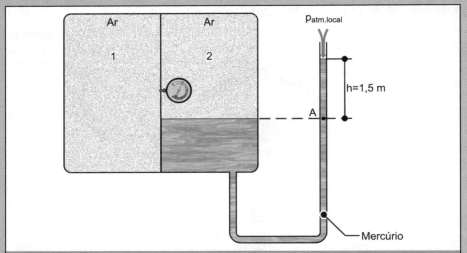

Figura 2.9 Instalação contendo dois reservatórios, um manômetro de Bourdon e um tubo com mercúrio.

CAPÍTULO 2 – Fluidos em repouso ∎ 51

Solução

Determinemos, primeiramente, a pressão no ambiente onde está o manômetro de Bourdon. Essa pressão é a do gás contido no reservatório 2, p_2, que é a mesma pressão que reina na superfície livre do reservatório 2.

Por sua vez, essa pressão é igual à pressão em A, pois A está no mesmo plano horizontal da superfície livre do mercúrio no reservatório 2. Assim, $p_2 = p_A$.

Pela aplicação direta da lei de Stevin em A, levando-se em consideração a coluna de mercúrio de altura h, temos que na escala efetiva

$$p_2 = p_A = \gamma_{Hg} \cdot h.$$

Então, a pressão relativa no ambiente em que está o manômetro de Bourdon será

$$p_{ambiente} = p_2 = \gamma_{Hg} \cdot h.$$

Para o manômetro de Bourdon, temos

$$p_{indicada} = p_{tomada} - p_{ambiente},$$

com $p_{indicada} = 2,5 \text{ kgf} \cdot \text{cm}^{-2}$, $p_{tomada} = p_1$ e $p_{ambiente} = \gamma_{Hg} \cdot h$.

Isolando p_{tomada} no primeiro membro na expressão acima e substituindo estes últimos resultados, temos

$$p_1 = p_{indicada} + p_{ambiente} = 2,5 \text{kgf} \cdot \text{cm}^{-2} + \gamma_{Hg} \cdot h.$$

Reconhecendo que $\gamma_{Hg} = 1,36 \times 10^4 \text{ kgf} \cdot \text{m}^{-3} = 1,36 \times 10^{-2} \text{ kgf} \cdot \text{cm}^{-3}$ e que $h = 1,5 \text{ m} = 150 \text{ cm}$, temos para p_1 o valor de

$$p_1 = 2,5 + 1,36 \times 10^{-2} \times 150 = 4,54 \text{ kgf} \cdot \text{cm}^{-2}.$$

2.4 LEI DE PASCAL

Essa lei diz que *a pressão aplicada em qualquer ponto de um fluido em repouso, transmite-se integralmente a todos os pontos do fluido.*

Um exemplo que comprova essa lei é imaginar uma variação da pressão atmosférica que reina na superfície livre de um líquido em repouso. Essa variação de pressão na superfície livre será transmitida para qualquer ponto do líquido.

De fato, de acordo com a lei de Stevin [Eq. (2.1)], para um líquido de peso específico γ em repouso, a pressão em um ponto A do líquido que dista h da superfície livre é dada por

$$p_A = p_{atm} + \gamma \cdot h.$$

Havendo uma variação da pressão atmosférica de Δp_{atm}, a nova pressão em A, p'_A, será agora dada por

$$p'_A = (p_{atm} + \Delta p_{atm}) + \gamma \cdot h.$$

Como h é arbitrário, a variação de pressão Δp_{atm} é a mesma para todos os pontos do líquido.

Uma aplicação clássica da lei de Pascal é em dispositivos que transmitem e amplificam uma força por meio da pressão aplicada num líquido, como no caso do macaco hidráulico, esquematizado na Figura 2.10.

No pistão de menor área S_1, aplica-se uma força F_1, que transmite a qualquer ponto do líquido a pressão $p = F_1/S_1$, inclusive para a superfície inferior do pistão de maior área S_2. Nessa superfície, a pressão p, produz a força

$$F_2 = p \cdot S_2 = F_1 \cdot \frac{S_2}{S_1}.$$

Houve, portanto, não só transmissão de força, mas também amplificação de força de S_2/S_1.

É fácil constatar que, sendo o líquido um fluido incompressível, nos deslocamentos dos pistões, há conservação do volume de líquido e, consequentemente, conservação de trabalho.

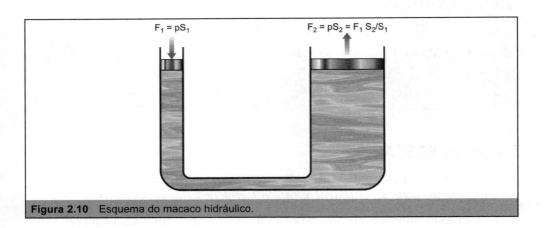

Figura 2.10 Esquema do macaco hidráulico.

2.5 EMPUXO SOBRE SUPERFÍCIES PLANAS

Forças aplicadas por líquidos em repouso são denominadas de *empuxos*.

A Figura 2.11 mostra uma placa plana de área S e de espessura desprezível, submersa horizontalmente, e com uma de suas faces submetida a uma coluna de líquido de peso específico γ e de altura h. A pressão atmosférica que age na superfície livre do líquido é transmitida integralmente através do líquido para a face superior da placa. Como, por hipótese, a pressão atmosférica age também na face inferior da placa, seu efeito se cancela com aquele em sentido contrário que age na face superior. A distribuição de pressões, gerada pela coluna de líquido, é então uniforme sobre a placa, assumindo uma configuração retangular.

Nessas condições, o módulo do empuxo $\vec{E}$, poderá ser obtido simplesmente pelo produto $p \cdot S$, com $p = \gamma \cdot h$, segundo a lei de Stevin. Assim, o empuxo é uma força vertical descendente de magnitude dada por $E = \gamma \cdot h \cdot S$, aplicada no centro de gravidade da placa.

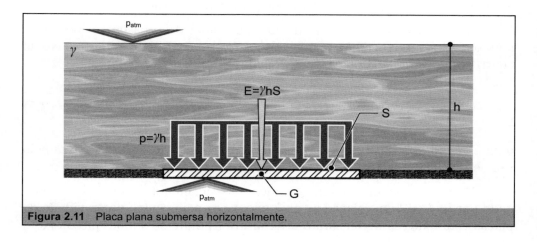

Figura 2.11 Placa plana submersa horizontalmente.

Contudo, quando a placa está inclinada do ângulo α em relação à superfície livre, a distribuição de pressões sobre a placa deixa de ser uniforme, assumindo uma configuração trapezoidal, conforme indica a Figura 2.12.

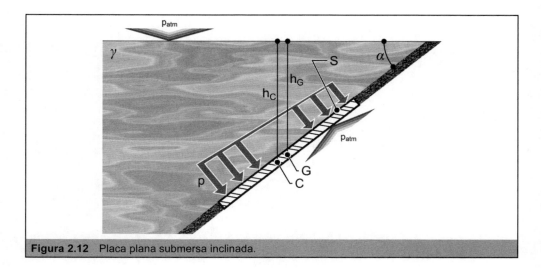

Figura 2.12 Placa plana submersa inclinada.

54 ∎ Mecânica dos Fluidos

Na situação figurada, o empuxo não poderá mais ser calculado pelo produto $p \cdot S$, requerendo que seu módulo seja obtido pela integral

$$\int_S p \cdot dS.$$

A partir desta integral, pode-se mostrar que o módulo do empuxo será dado por

$$E = \gamma \cdot h_G \cdot S, \tag{2.4}$$

onde h_G é a profundidade do centro de gravidade da placa.

Em decorrência da distribuição trapezoidal de pressões, o ponto de aplicação do empuxo, denominado *centro do empuxo*, estará mais abaixo do centro de gravidade da placa, sendo sua profundidade h_C dada por

$$h_C = h_G + \left(\frac{I_G}{S \cdot h_G} \right) \cdot \operatorname{sen}^2\alpha, \tag{2.5}$$

onde I_G é o *momento de inércia* da placa em relação ao eixo que passa pelo seu centro de gravidade.

Momento de inércia é uma grandeza essencialmente geométrica, sendo dado por $b \cdot h^3/12$ em relação ao eixo que passa pelo centro de gravidade de placas retangulares de largura b e de altura h, onde se supõe que o eixo é ortogonal à altura da placa.

Exemplo de aplicação de empuxo sobre superfície plana inclinada

A Figura 2.13 mostra uma comporta de largura $b = 2$ m, instalada no fundo de um reservatório de água. Algumas dimensões estão indicadas na figura. Determine o momento de força necessário para abrir a comporta no sentido anti-horário.

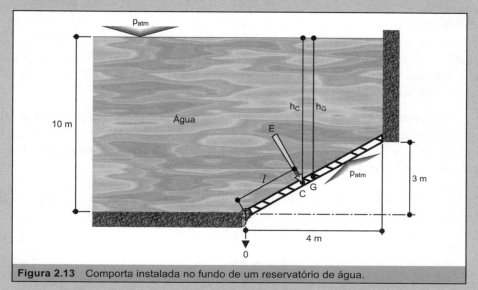

Figura 2.13 Comporta instalada no fundo de um reservatório de água.

Solução

Por meio da Eq. (2.4), podemos determinar o módulo do empuxo, com h_G dado por

$$h_G = 7 \text{ m} + 2{,}5 \text{ m} \cdot \text{sen}\alpha = 7 \text{ m} + 2{,}5 \text{ m} \cdot \frac{3 \text{ m}}{5 \text{ m}} = 8{,}5 \text{ m}$$

$$E = \gamma \cdot h_G \cdot S = 10^4 \text{ N} \cdot \text{m}^{-3} \cdot 8{,}5 \text{ m} \cdot (2 \times 5) \text{ m}^2 = 8{,}5 \cdot 10^5 \text{ N}.$$

A profundidade do centro do empuxo poderá ser calculada por meio da Eq. (2.5), com $I_G = b \cdot h^3/12 = 2 \times 5^3/12 = 20{,}83 \text{ m}^4$.

$$h_C = h_G + \left(\frac{I_G}{S \cdot h_G}\right) \cdot \text{sen}^2\alpha = 8{,}5 \text{ m} + \left[\frac{20{,}83 \text{ m}^4}{(2 \times 5) \text{ m}^2 \times 8{,}5 \text{ m}}\right] \times \left(\frac{3}{5}\right)^2 = 8{,}588 \text{ m}$$

O momento de força M_O necessário para abrir a comporta será dado por $M_O = E \cdot l$, onde l é o braço de alavanca, segmento esse que vai do centro do empuxo até o centro do eixo que move a comporta, dado por

$$l = (10 \text{ m} - h_C)/\text{sen } \alpha = (10 \text{ m} - 8{,}588 \text{ m}) \times \frac{5}{3} = 2{,}353 \text{ m}$$

$M_O = 8{,}5 \times 10^5 \text{ N} \times 2{,}353 \text{ m} = 2 \times 10^6 \text{ N} \cdot \text{m}$, no sentido anti-horário.

2.6 EMPUXO SOBRE SUPERFÍCIES CURVAS

A Figura 2.14 mostra uma superfície curva de área S, submersa no líquido de peso específico γ. Para melhor compreensão dessa figura, a superfície curva poderá ser pensada como uma protuberância no fundo de uma piscina, como se ela tivesse sido construída com uma rocha formando um de seus cantos. A superfície curva de área S assume a forma da rocha. Considera-se pressão atmosférica agindo por detrás da superfície curva, de tal sorte que seu efeito se cancela com o efeito da pressão atmosférica agindo na superfície livre do líquido, e que se transmite, através do líquido para a face superior da superfície curva. Portanto, será computado apenas o esforço exercido pelo líquido sobre essa superfície.

Diferentemente do que ocorreu com as superfícies planas tratadas no item anterior, no caso das superfícies curvas, o módulo do empuxo será obtido por meio de suas componentes nos três eixos triortogonais, que estão indicados na Figura 2.14.

Pode-se mostrar que o módulo das componentes horizontais do empuxo E_x e E_y são dadas por

$$E_x = \gamma \cdot h_{G_{S_x}} \cdot S_x, \tag{2.6}$$

$$E_y = \gamma \cdot h_{G_{S_y}} \cdot S_y, \tag{2.7}$$

onde S_x é a área da projeção de S sobre o plano Oyz, S_y é a área da projeção de S sobre Oxz, $h_{G_{S_x}}$ e $h_{G_{S_y}}$ são as profundidades dos centros de gravidade de S_x e S_y, respectivamente.

Por serem S_x e S_y superfícies planas, as profundidades dos centros dos empuxos serão obtidas por meio da Eq. (2.5).

Por sua vez, o módulo da componente vertical do empuxo E_z é calculado por meio de

$$E_z = \gamma \cdot \forall_S = G_S, \tag{2.8a, b}$$

onde $\forall_S$ é o volume de líquido que repousa sobre a superfície S, sendo o produto $\gamma \cdot \forall_S = G_S$, o peso desse volume de líquido.

O volume de líquido que repousa sobre a superfície S, real ou virtual, é o volume de líquido contido entre essa superfície e sua projeção no plano da superfície livre do líquido.

A linha de ação da componente vertical do empuxo passa pelo baricentro do corpo líquido que repousa sobre a superfície curva S, sendo seu sentido descendente quando esse volume de líquido for real, e ascendente quando virtual.

O exemplo de aplicação a seguir elucida o que se entende por volume real e virtual.

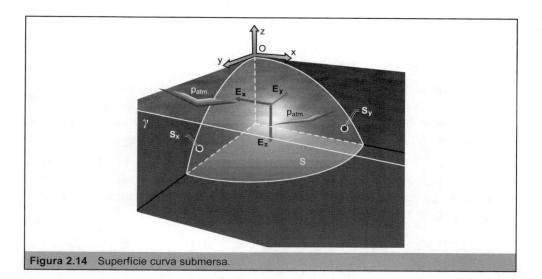

Figura 2.14 Superfície curva submersa.

Exemplo de aplicação de empuxo sobre superfície curva

A Figura 2.15 mostra uma comporta formada por um quarto de cilindro de raio R e de largura b, instalada entre dois reservatórios; um contendo líquido com peso específico γ_1 e outro contendo líquido com peso específico γ_2. As coordenadas do baricentro G da comporta estão indicadas na figura.

Determine a relação entre os pesos específicos dos líquidos para o equilíbrio da comporta. Despreze o peso próprio da comporta. Considere que as faces da comporta, formadas por um quarto de círculo, não são banhadas por nenhum dos líquidos.

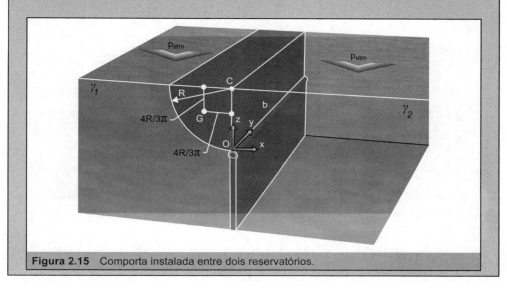

Figura 2.15 Comporta instalada entre dois reservatórios.

58 ∎ Mecânica dos Fluidos

Solução

Empuxo gerado pelo líquido de peso específico γ_1:

A comporta vista pelo líquido de peso específico γ_1, é uma superfície curva e, assim sendo, determina-se o empuxo nessa superfície por meio de suas componentes E_x e E_z. Observe que essa superfície curva não admite a componente E_y do empuxo, pois a projeção dessa superfície no plano Oxz é nula.

Também, conforme informa o enunciado do problema, como as faces da comporta, formadas por um quarto de círculo, não são banhadas por nenhum dos líquidos, não haverá empuxos nessas superfícies.

De acordo com a Eq. (2.6), a componente E_x será dada por

$$E_x = \gamma \cdot h_{G_{S_x}} \cdot S_x,$$

com $\gamma = \gamma_1$, $S_x \cdot R$, pois a projeção da superfície curva da comporta no plano Oyz é um retângulo de lados b e R, sendo a profundidade do centro de gravidade desse retângulo dada por $h_{G_{S_x}} = R/2$. Logo,

$$E_x = \gamma_1 \cdot \frac{R}{2} \cdot (b \cdot R) = \frac{1}{2} \cdot \gamma_1 \cdot b \cdot R^2.$$

A profundidade desse centro do empuxo é obtida considerando-se que a projeção da superfície curva da comporta no plano Oyz é um retângulo, sendo, então, calculada por meio da Eq. (2.5)

$$h_C = h_G + \left(\frac{I_G}{S \cdot h_G} \right) \cdot \text{sen}^2\alpha.$$

Contudo, esse é um caso particular de comporta retangular aflorante e vertical, em que a superfície projetada é um retângulo vertical cuja aresta superior aflora, sendo o resultado para h_C dado por

$$h_C = \frac{2}{3} \cdot R.^*$$

Por sua vez, de acordo com a Eq. (2.8 a), a componente E_z será dada por

$$E_z = \gamma \cdot \forall_S,$$

com $\gamma = \gamma_1$. A determinação de $\forall_S$ é um tanto capciosa nesse caso.

Primeiro, cabe notar que não há volume de líquido repousando literalmente sobre a superfície curva.

*Este resultado também poderá ser obtido por considerações meramente geométricas, reconhecendo que se trata de uma distribuição triangular de pressões, cuja resultante das forças de pressão está aplicada no centro de gravidade do triângulo.

No entanto, nesse caso, tudo se passa como se houvesse, sendo esse volume um volume virtual de líquido, dado pelo volume contido entre a superfície cilíndrica da comporta e sua projeção no plano da superfície livre do líquido. Nesse caso, é o volume de líquido de peso específico γ_1, que é deslocado pela presença da comporta.

Então, com $\forall_S = b \cdot \pi \cdot R^2/4$, E_z será dado por

$$E_z = \gamma_1 \cdot b \cdot \pi \cdot \frac{R^2}{4}.$$

A linha de ação desse empuxo dista $x_{cg} = \frac{4}{3} \cdot \frac{R}{\pi}$ da parede vertical da comporta (ver Figura 2.15).

Toda vez que a componente vertical do empuxo sobre uma superfície curva for calculada por meio de um volume virtual de líquido, o sentido desse empuxo será ascendente; e descendente, quando houver um volume real de líquido repousando sobre a superfície curva.

A Figura 2.16 mostra a distribuição de pressões sobre a parte curva da comporta, com as forças de pressão formando um sistema de forças concorrentes no centro C.

Estão também indicadas nessa figura, as componentes horizontais e verticais das forças de pressão em alguns pontos da superfície curva da comporta. O empuxo vertical E_z é dado pela resultante das componentes verticais das forças de pressão, enquanto o empuxo horizontal E_x é dado pela resultante das componentes horizontais das forças de pressão. A figura mostra a linha de ação do empuxo vertical E_z passando pelo baricentro da comporta G, e a linha de ação do empuxo horizontal E_x distando $2/3R$ do plano da superfície livre.

Está também indicada, na Figura 2.16, a linha de ação do empuxo resultante E_{γ_1}, passando necessariamente por C, pois essa é a resultante das forças de pressão, as quais formam um sistema de forças concorrentes em C.

O ponto de aplicação de E_{γ_1} está na superfície molhada da comporta, na posição angular θ dada por

$$\theta = \tan^{-1}\left(\frac{E_x}{E_z}\right) = \tan^{-1}\left(\frac{b \cdot \gamma \cdot \dfrac{R^2}{2}}{b \cdot \pi \cdot \gamma_1 \cdot \dfrac{R^2}{4}}\right) = \tan^{-1}\left(\frac{2}{\pi}\right) = 32,48°$$

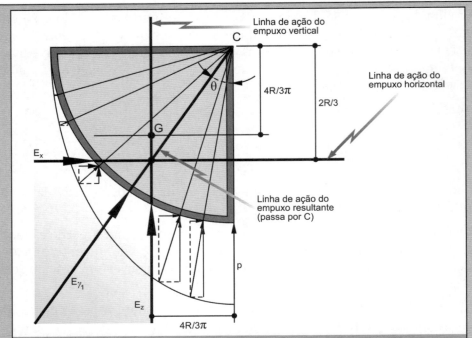

Figura 2.16 Distribuição de pressões na superfície curva da comporta, com indicação do empuxo horizontal, empuxo vertical, empuxo resultante e suas respectivas linhas de ação.

Empuxo gerado pelo líquido de peso específico γ_2:

A comporta vista pelo líquido de peso específico γ_2, é uma superfície plana retangular. Então, de acordo com a Eq. (2.4) o empuxo será dado por

$$E = \gamma \cdot h_G \cdot S,$$

com $\gamma = \gamma_2$, $h_G = R/2$ e $S = b \cdot R$. Assim, temos

$$E = \frac{1}{2} \cdot \gamma_2 \cdot b \cdot R^2,$$

sendo este um empuxo horizontal, com profundidade do centro do empuxo dado por

$$h_C = \frac{2}{3} \cdot R,$$

por tratar-se de uma comporta retangular, aflorante e vertical.

CAPÍTULO 2 – Fluidos em repouso ■ 61

Desprezando o peso próprio da comporta, conforme informa o enunciado do problema, e uma vez tendo sido calculados os empuxos e os centros dos empuxos, então, para equilíbrio da comporta, o somatório dos momentos de força gerados por esses empuxos deverá ser nulo em relação ao eixo Oy. Logo,

$$M_{Oy} = E_x \cdot \left(\frac{1}{3} \cdot R\right) + E_z \cdot \left(\frac{4}{3} \cdot \frac{R}{\pi}\right) - E \cdot \left(\frac{1}{3} \cdot R\right) = 0.$$

Substituindo as expressões obtidas para E_x, E_z e E, tem-se que

$$\frac{1}{2} \cdot \gamma_1 \cdot b \cdot R^2 \cdot \left(\frac{1}{3} \cdot R\right) + \gamma_1 \cdot b \cdot \pi \cdot \frac{R^2}{4} \cdot \left(\frac{4}{3} \cdot \frac{R}{\pi}\right) - \frac{1}{2} \cdot \gamma_2 \cdot b \cdot R^2 \cdot \left(\frac{1}{3} \cdot R\right) = 0.$$

de onde se obtém a seguinte relação para os pesos específicos dos líquidos

$$\frac{\gamma_1}{\gamma_2} = \frac{1}{3}.$$

2.7 PRINCÍPIO DE ARQUIMEDES

O item 2.6, no qual foi informado que o empuxo vertical sobre superfícies curvas é obtido a partir do volume de líquido, real ou virtual, que repousa sobre a superfície curva, dá ensejo à apresentação do chamado *princípio de Arquimedes*.

Imagine-se um corpo, de formato qualquer, mergulhado em um líquido de peso específico γ, conforme mostra a Figura 2.17. A superfície desse corpo poderá ser imaginada como sendo formada por duas superfícies curvas: uma superior A, na qual as componentes verticais das forças de pressão são descendentes, e outra inferior B, na qual as componentes verticais das forças de pressão são ascendentes. O leitor já possui elementos para se convencer de que a resultante das componentes horizontais das forças de pressão sobre o corpo é nula.

A Figura 2.17 mostra os volumes sobre as superfícies A e B que dão origem aos empuxos verticais nessas superfícies.

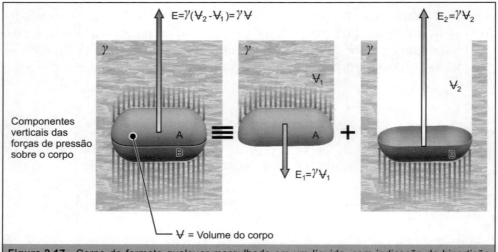

Figura 2.17 Corpo de formato qualquer mergulhado em um líquido, com indicação da bipartição adotada para o cálculo do empuxo sobre o corpo.

O empuxo vertical E_1 na superfície A será dado por $\gamma \cdot \forall_1$, onde $\forall_1$ é o volume de líquido que repousa sobre A – um volume real. O empuxo vertical E_2 na superfície B será dado por $\gamma \cdot \forall_2$, onde $\forall_2$ é o volume de líquido que repousa sobre B – um volume virtual – e que está contido entre essa superfície e sua projeção no plano da superfície livre do líquido. Como esses empuxos agem em sentidos opostos, a resultante sobre o corpo será um empuxo vertical ascendente E dado por

$$E = E_2 - E_1 = \gamma \cdot (\forall_2 - \forall_1) = \gamma \cdot \forall, \qquad (2.9\text{a, b, c})$$

em que $\forall = \forall_2 - \forall_1$, é o volume do corpo.

Tendo em vista esse último resultado, o princípio de Arquimedes é assim enunciado: *um corpo, total ou parcialmente imerso em um fluido, fica submetido a uma força vertical ascendente de módulo igual ao peso de fluido deslocado pelo corpo, agindo no baricentro do volume deslocado.*

Como consequência, um corpo flutuará sempre que o empuxo for maior ou igual ao seu peso.

Finalmente, cabe observar, que o princípio de Arquimedes aplica-se a corpos imersos em quaisquer fluidos, incompressíveis ou não.

2.8 EXERCÍCIOS

1 Determine a diferença de pressões entre os tanques A e B. Dados: $\gamma_{ar} = 11,8 N/m^3$, $\gamma_{água} = 9.810 N/m^3$, $\gamma_{mercúrio} = 132.800 N/m^3$. Resposta: 76,926 kPa.

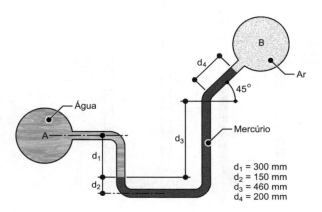

$d_1 = 300$ mm
$d_2 = 150$ mm
$d_3 = 460$ mm
$d_4 = 200$ mm

2 Encontre a pressão na tubulação de água da figura. Dados: $\gamma_{água} = 9.810 N/m^3$, $\gamma_{mercúrio} = 13,6 \times \gamma_{água}$. Resposta: 5,87 kPa.

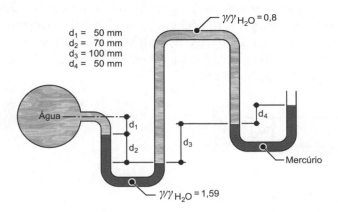

$d_1 = 50$ mm
$d_2 = 70$ mm
$d_3 = 100$ mm
$d_4 = 50$ mm

3   Encontre a pressão em A (centro da tubulação). Dados: $\gamma_{água}$ = 9.790 N/m³, $\gamma_{mercúrio}$ = 13,6 · $\gamma_{água}$. Resposta: p_A = 35,6 kPa.

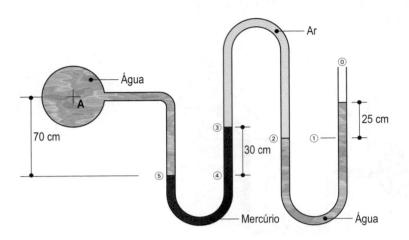

4   O tanque cilíndrico da figura contém água a uma altura de 50 mm. Dentro do tanque, há um outro tanque menor, também cilíndrico, aberto na parte superior e que contém querosene à altura h. O peso específico do querosene é 80% do peso específico da água. Os manômetros B e C indicam as seguintes pressões: p_B = 13,80 kPa, p_C = 13,82 kPa. Determine: a) a pressão indicada no manômetro A; b) a altura h de querosene. Considere que o querosene não migre para a água. Dado: $\gamma_{água}$ = 10^4 N/m³. Respostas: p_A = 13,32 kPa, h = 1 cm.

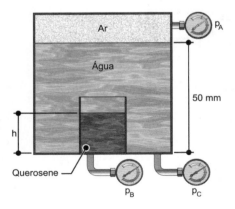

5   Sabendo-se que: $\gamma_{água} = 9.810$ N/m³, $\frac{\gamma_{óleo}}{\gamma_{água}} = 0,8$; $\frac{\gamma_{Hg}}{\gamma_{água}} = 13,6$, $p_{atm.local} = 101.325$ Pa; pedem-se: a) uma expressão para a pressão p_A em função de h. Resposta: $p_A = 63,07 + 133,4\,h$ kPa (abs). b) O valor da pressão p_A para: $h = 0,3$ m, $h = 0$ m e $h = -0,3$ m. Resposta: 103,1 kPa(abs), 63,07 kPa(abs), 23,04 kPa(abs). c) O valor de h para $p_A = 0$(abs), vácuo. Resposta: $h = -0,473$ m.

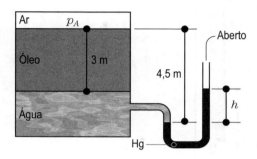

6   No reservatório da figura, calcule as pressões em A, B e D. Dados: $a = 0,4$ m, $\gamma_1 = 8$ kN/m³, $\gamma_2 = 10$ kN/m³. Respostas: $p_A = -8$ kPa, $p_B = 4$ kPa, $p_D = 30,4$ kPa.

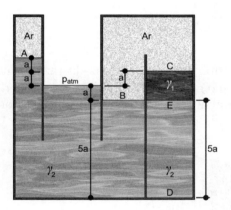

7   Determine a diferença de pressões p_A-p_B. Resposta: $p_A - p_B = \rho g(h_b - h_a) + (\rho_{man} - \rho)gh$. Simplifique o resultado para o caso de $\rho_{man} \gg \rho$. Resposta: $p_A - p_B = \rho_{man} gh$.

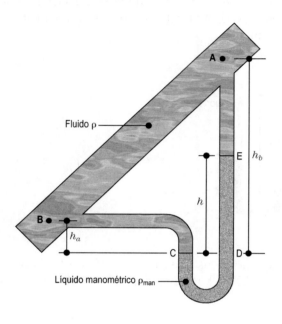

8   A pressão sanguínea é usualmente dada em termos da razão entre a pressão máxima (*pressão sistólica*) e a pressão mínima (*pressão diastólica*). Por exemplo, para os humanos, 12/7 é um valor típico, com as pressões dadas em cm de Hg. Qual é a razão destas pressões em kPa? Resposta: 16,0 kPa/9,31 kPa.

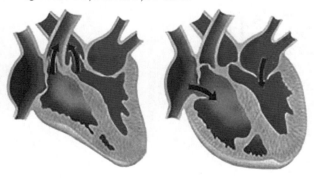

9   Na tubulação de água apresentada na figura abaixo instala-se um manômetro de tubo em "U" com mercúrio. Determine a diferença de pressões (em kgf/cm²) entre os pontos B e C. Dados: $\gamma_{\text{água}} = 981$ kgf/m³; $\gamma_{\text{mercúrio}} = 13,6 \times 10^3$ kgf/m³. Resposta: $p_B - p_C = 0,8133$ kgf/cm².

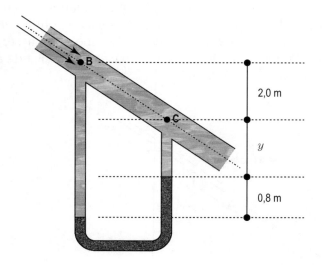

10 A sensibilidade de leitura é consideravelmente melhorada no manômetro de tubo em "U" com câmaras ilustrado. Sabendo-se que a razão de áreas tubo/alargamento $a/A = 1/50$ e que $\gamma_{\text{óleo}} = 0,95\ \gamma_{\text{água}}$, pede-se determinar h quando o diferencial de pressão $p_2 - p_1 = 22$ Pa. Resposta: $h = 25,2$ mm. Determine qual seria o valor de h para o diferencial de pressão fornecido, para o manômetro sem câmaras; ou seja, para um simples manômetro de tubo em "U". Resposta: $h = 1,12$ mm.

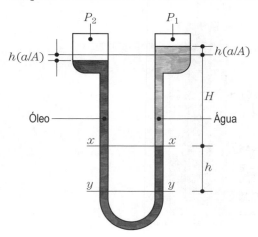

11 É requerido de um manômetro de tubo inclinado que meça a pressão de ar p_1 que corresponde a 3 mm de coluna d'água com incerteza de ±3%. Para esta pressão, o deslocamento x do tubo inclinado e os deslocamentos verticais dos meniscos no reservatório z_1 e no tubo z_2 estão indicados na figura. O tubo inclinado tem 8 mm de diâmetro e o reservatório tem 24 mm de diâmetro. O líquido manométrico tem massa específica de 740 kg/m^3, e a escala pode ser lida com incerteza de ±0,5 mm. Pede-se o ângulo θ de inclinação do tubo, para assegurar a incerteza requerida nessa medição. Dados: massa específica da água 1.000 kg/m^3, g = 9,81 m/s^2. Resposta: 7,6°.

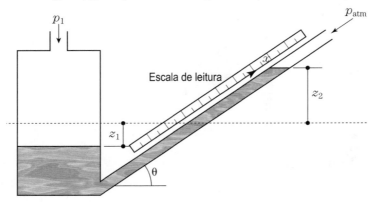

12 Se alguém exerce uma força F = 100 N na alavanca do macaco hidráulico da figura, qual a carga F_2 que o macaco pode levantar? Resposta: 12,2 kN.

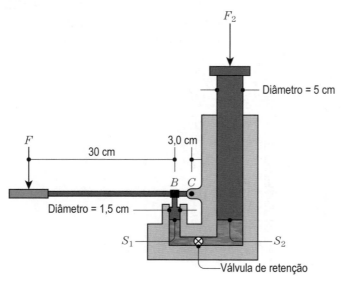

13 Determine a força que a coluna d'água aplica internamente na tampa do tonel. Resposta: 147,9 kgf.

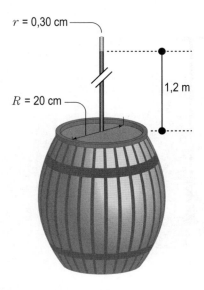

14 Uma superfície plana circular com diâmetro $d = 1,2$ m está na vertical e com a borda superior a 0,3 m abaixo da superfície livre da água. Determine o empuxo de um lado da superfície e a profundidade do centro do empuxo. Dados: $\gamma_{água} = 10^4$ N/m³, momento de inércia do círculo em relação ao eixo que passa pelo seu centro de gravidade $I_G = \pi \cdot \frac{\pi \cdot d^4}{64}$. Respostas: 10,179 kN, 1,0 m.

15 Em uma barragem de concreto está instalada uma comporta circular de ferro fundido com 0,20 m de raio, à profundidade indicada na figura. Determine o empuxo que atua na comporta. Resposta: 528 kgf.

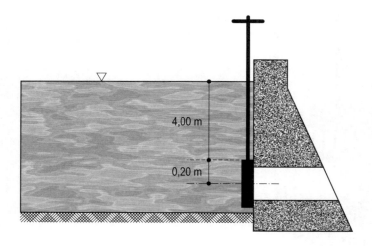

16 Admitindo largura de 1 m, determine o empuxo na parede AB do reservatório de água da figura e a profundidade do centro do empuxo. Dado: $\gamma_{água} = 10^4$ N/m^3. Respostas: 135 kN, 4,667 m.

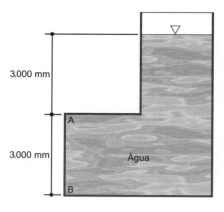

17   Para o sistema da figura, calcule a altura H de óleo para a qual a comporta retangular articulada de 0,6 m de largura, inicie o movimento de rotação anti-horário. Resposta: $H = 4,33$ m.

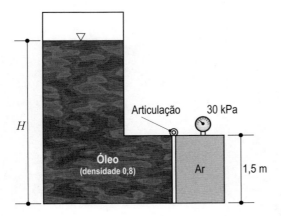

18   A comporta ABC, com largura $b = 4$ m da figura, articula-se em B. Desprezando-se o peso próprio da comporta, determine o momento resultante dos empuxos em relação à B. Resposta: $3,112 \times 10^6$ N · m, no sentido horário.

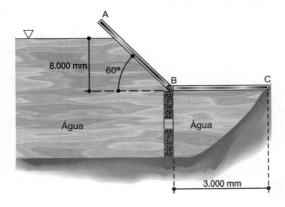

19 O domo hemisférico da figura pesa 30 kN, está cheio de água e fixo ao chão por meio de seis parafusos igualmente espaçados. Determine a força aplicada em cada parafuso. Dados: $\forall_{esfera} = \frac{4}{3} \cdot \pi \cdot R^3$, $\gamma_{água} = 9.810 N/m^3$. Resposta: 90,88 kN.

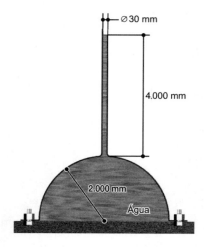

20 Um tanque tem 3,0 m de comprimento, largura de 3,0 m e 2,4 m de altura na porção retangular, conforme mostra a figura. O tanque contém óleo sob pressão com densidade 0,9. Determine a força de pressão que age no teto do tanque. Resposta 160,0 kN.

21 A comporta ABC da figura com largura $b = 10$ m, tem um perfil que corresponde a um quarto de circunferência. Determine: a) o empuxo horizontal e vertical sobre a comporta, sabendo-se que a área do setor circular ABC vale $\frac{R^2}{2}(\theta - \text{sen}\theta)$, onde $R = 4$ m e $\theta = \pi/2$; b) sabendo-se que a linha de ação da resultante desses empuxos passa necessariamente pelo ponto D (você possui elementos para justificar esta assertiva), determine a coordenada x da linha de ação do empuxo vertical. Respostas: $1,6 \times 10^6$ N, $0,46 \times 10^6$ N, $x = 3,30$ m.

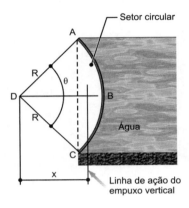

22 O fundo de um tanque de 3,0 m de largura tem a forma de um quadrante circular de 1,2 m de raio. A superfície livre da água está a 2,4 m do centro de curvatura. Encontre a magnitude, direção e localização da resultante R das forças de pressão que agem no fundo do tanque. Resposta: $R = 158,3$ kN; $\alpha = 48°5'36"$.

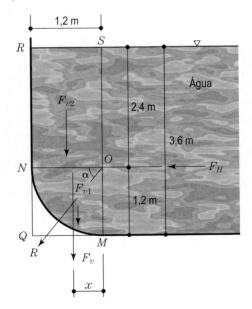

23. Um balão de ar quente, com a forma aproximada de uma esfera de 15 metros de diâmetro, deve levantar um cesto com carga de 2.670 N. Até que temperatura o ar deve ser aquecido para que o balão inicie a ascensão? Considere o ar como gás ideal e que a pressão tanto dentro como fora do balão é a pressão atmosférica local. Resposta: 56° C.

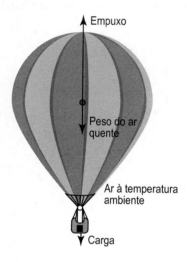

CAPÍTULO 3

FLUIDOS EM MOVIMENTO

3.1 EXPERIÊNCIA DE REYNOLDS

No dia a dia é comum fazermos uso de expressões do tipo "(...) o avião enfrentou muita turbulência (...)", "(...) as águas do rio estavam turbulentas (...)" etc., no sentido de transmitir a ideia de um movimento caótico e desordenado de um fluido. Essa caracterização do movimento turbulento é, contudo, apenas qualitativa e, até certo ponto, subjetiva, carecendo de melhor conceituação.

O movimento turbulento de um fluido foi claramente definido a partir de 1883, quando Reynolds publicou os resultados do clássico experimento em duto.

A Figura 3.1 apresenta o esquema do aparato experimental utilizado por Reynolds, extraído do seu artigo de 1883.

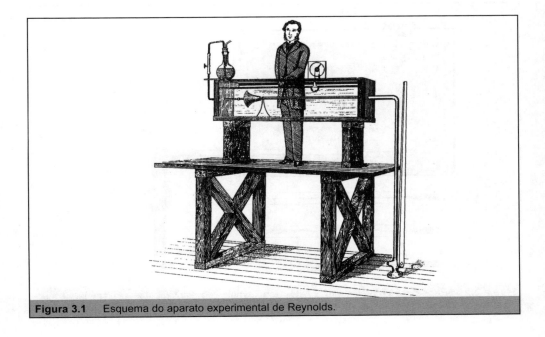

Figura 3.1 Esquema do aparato experimental de Reynolds.

O aparato consistia de um duto de vidro com entrada em contração gradual, imerso em um tanque de água com paredes laterais de vidro que permitiam a visualização do escoamento através do duto, uma vez tendo sido injetado corante contido em um reservatório.

Variando a velocidade do escoamento no duto, por meio de uma válvula acionada por uma alavanca (vista na extrema direita), Reynolds descreve dois tipos contrastantes de movimento: retilíneo e sinuoso (ou na terminologia atual, laminar e turbulento). Nas palavras de Reynolds: "*O movimento interno da água assume essencialmente uma ou outra de duas formas distintas – ou os elementos do fluido seguem uns aos outros ao longo de linhas de movimento que os conduzem da maneira mais direta aos seus destinos, ou eles redemoinham em trajetórias sinuosas mais indiretamente possível*".

A Figura 3.2 apresenta uma reprodução dos esquemas feitos por Reynolds dos movimentos por ele observados: laminar (a), turbulento (b) e (c) visualização da condição (b) com faísca elétrica. Essa última condição mostra que o movimento turbulento é, na realidade, composto por um conjunto de redemoinhos coerentes.

Os estudos de visualização do escoamento com corante realizados por Reynolds mostraram que, para uma faixa de velocidades do escoamento, diâmetros de duto e viscosidades, a transição laminar-turbulenta ocorria aproximadamente para um mesmo valor do monômio adimensional que recebeu seu nome.

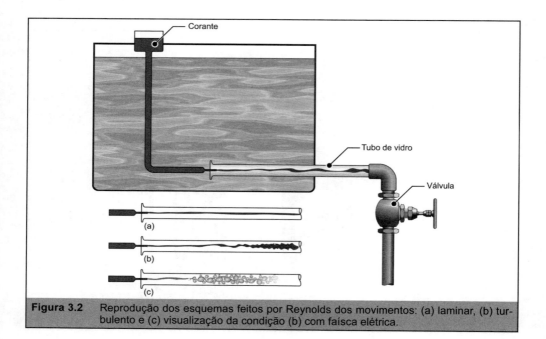

Figura 3.2 Reprodução dos esquemas feitos por Reynolds dos movimentos: (a) laminar, (b) turbulento e (c) visualização da condição (b) com faísca elétrica.

CAPÍTULO 3 – Fluidos em movimento ∎ 77

$$\text{Número de Reynolds: } Re = \frac{\rho VD}{\mu} = \frac{VD}{v}, \tag{3.1}$$

onde ρ é a massa específica do fluido, μ e v sua viscosidade dinâmica e cinemática, respectivamente, V a velocidade da água no duto[1] e D o diâmetro do duto.

Reynolds verificou que a transição laminar–turbulenta ocorria para um número de Reynolds denominado de *crítico* Re_{crit}, que não era único, já que era afetado pelo grau de perturbações presentes.

O valor normalmente aceito para o número de Reynolds crítico de projeto é $Re_{crit} \approx 2.300$. Contudo, dependendo das condições experimentais, Re_{crit} poderá ocorrer com valores bem mais elevados.

Na realidade, dependendo de condições tais como: rugosidade superficial do duto, vibrações na bancada, período de repouso da água no tanque etc., se verifica que pode aparecer um terceiro movimento com características intermediárias, ou seja, nem laminar, tampouco turbulento, completamente desenvolvido, movimento chamado de *transição*.

Na maioria das situações práticas de escoamentos no interior de dutos, as faixas de números de Reynolds normalmente aceitas para a ocorrência desses três movimentos são as seguintes:

Re < 2.300, movimento laminar;
2.300 < Re < 4.000, movimento de transição;
Re > 4.000, movimento turbulento.

A Figura 3.3 apresenta tomadas fotográficas do escoamento de água com injeção de corante em um duto nos regimes: (a) laminar, (b) de transição e (c) turbulento. No regime laminar (a), o corante não se difunde na água. Quando o número de Reynolds excede pouco o valor crítico de 2.300, o filete de corante inicialmente oscila, apresentando, mais adiante, alguns surtos irregulares de redemoinhos, características do regime de transição (b). No regime turbulento (c), se estabelece uma mistura de redemoinhos, em decorrência do desenvolvimento de turbulência.

A contribuição de Reynolds foi marcante para o avanço da Mecânica dos Fluidos, pelas seguintes razões:

1. Por meio da técnica de visualização de escoamento, ele descobriu o comportamento do fluido nos movimentos laminar e turbulento, estabelecendo as características qualitativas de ambos;

2. Com o descobrimento do número de Reynolds, ele conseguiu estabelecer a universalidade da ocorrência desses movimentos, inde-

---

[1] Essa velocidade é a velocidade média no duto, a ser definida no item 3.3.1.

pendentemente do tipo de fluido, da velocidade do escoamento e da dimensão do duto;

3. Por meio do número de Reynolds crítico, ele estabeleceu uma medida objetiva da transição de movimento laminar para turbulento.

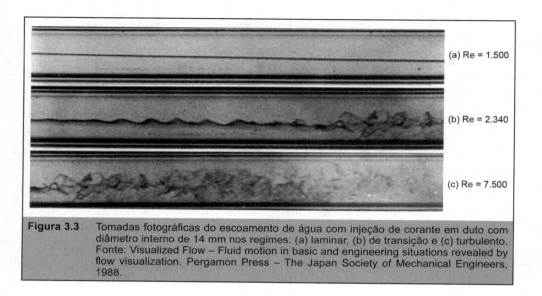

Figura 3.3 Tomadas fotográficas do escoamento de água com injeção de corante em duto com diâmetro interno de 14 mm nos regimes: (a) laminar, (b) de transição e (c) turbulento. Fonte: Visualized Flow – Fluid motion in basic and engineering situations revealed by flow visualization. Pergamon Press – The Japan Society of Mechanical Engineers, 1988.

Em resumo: calcule o n° de Reynolds e você saberá a natureza do escoamento antes de vê-lo!

3.1.1 Tensão de cisalhamento turbulenta

A Figura 3.4 apresenta comparativamente os típicos perfis de velocidade para escoamento laminar e turbulento no interior de dutos. Atendendo ao princípio da aderência completa, tanto para o escoamento laminar quanto para o turbulento, é nula a velocidade junto à parede do duto, a partir de onde a velocidade cresce, atingindo, em ambos os casos, o valor máximo no eixo do duto.

Pode-se mostrar que, para escoamento laminar no interior de dutos cilíndricos de seção circular de raio R, o perfil de velocidades é parabólico e dado por

$$v(r) = V_{\text{máx}}\left(1 - \frac{r^2}{R^2}\right), \tag{3.2}$$

onde $V_{\text{máx}}$ é a velocidade no eixo do duto.

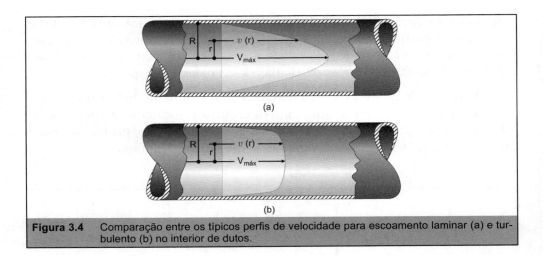

Figura 3.4 Comparação entre os típicos perfis de velocidade para escoamento laminar (a) e turbulento (b) no interior de dutos.

Já para escoamento turbulento, o perfil de velocidades segue aproximadamente a relação

$$v(r) = V_{\text{máx}}\left(1 - \frac{r}{R}\right)^{1/7}. \quad (3.3)$$

A marcante diferença entre estes dois perfis de velocidade se deve à natureza de ambos os movimentos. Na experiência de Reynolds, o regime laminar foi caracterizado pelo movimento retilíneo do corante, significando que as partículas do corante percorrem uma lâmina exclusiva sem migrar para lâminas adjacentes. Como essas partículas não migram para lâminas adjacentes, o mesmo deve ocorrer para as partículas de fluido ao redor da lâmina de corante, sendo o resultado um movimento de partículas em lâminas retilíneas e paralelas, daí o nome de laminar ao movimento com essas características.

Já na experiência de Reynolds de movimento turbulento, uma vez o corante tendo sido lançado no eixo da tubulação, verifica-se que, logo adiante, todo o fluido estará tingido, revelando que as partículas de corante adquiriram movimento transversal, migrando para camadas[2] vizinhas e, como consequência, deslocando as partículas do fluido não tingido para outras camadas, sendo o resultado uma intensa troca de partículas entre as diversas camadas.

Ocorre que não há somente troca de massa entre as camadas, mas também troca de quantidade de movimento. De fato, conforme ilustra a Figura 3.5, quando uma partícula fluida se desloca de uma camada de menor velocidade, para outra de maior velocidade, ela chega com uma velocidade menor do que aquela que aí prevalece. Como consequência, essa partícula tende

---

[2]No movimento turbulento não nos referimos mais a lâminas e sim a camadas, uma vez que nesse movimento as lâminas perdem sua identidade em razão da intensa troca de partículas entre as camadas.

a retardar as partículas que ocupam a camada hospedeira. Inversamente, quando uma partícula se desloca de uma camada de maior velocidade, para outra de menor velocidade, ela chega a essa camada com uma velocidade maior, tendendo a acelerar as partículas dessa camada hospedeira.

O resultado desse processo de troca de quantidade de movimento entre partículas fluidas de camadas com diferentes velocidades é uma tendência à uniformização do perfil de velocidades do movimento turbulento, como mostra a Figura 3.4, comparativamente ao movimento laminar[3].

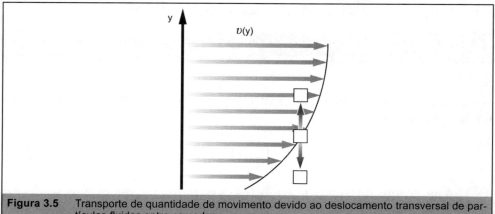

Figura 3.5 Transporte de quantidade de movimento devido ao deslocamento transversal de partículas fluidas entre camadas.

De acordo com a 2ª lei de Newton, a variação da quantidade de movimento na camada dá origem a uma força que, por unidade da área transversal atravessada pelas partículas fluidas, resulta em uma tensão de cisalhamento denominada de *tensão de cisalhamento turbulenta*.

Por analogia com a tensão viscosa vista no item 1.4.3, a tensão turbulenta τ_{turb} pode ser expressa por

$$\tau_{turb} = \mu_t \frac{dv}{dy}, \qquad (3.4)$$

onde μ_t é a assim chamada *viscosidade turbulenta*.

Diferentemente da viscosidade dinâmica μ, a viscosidade turbulenta μ_t *não* é uma propriedade do fluido, sendo que seu valor depende das condições do escoamento. A viscosidade turbulenta depende da velocidade na

---
[3]No movimento laminar, o fluxo de quantidade de movimento entre as lâminas é molecular e, portanto, muito menor.

camada, com seu valor variando de zero na parede do duto até algumas vezes o valor da viscosidade molecular na região central do duto. Adicionalmente, a viscosidade turbulenta aumenta com o aumento do número de Reynolds. Por essas razões, o conceito de viscosidade turbulenta tem uso prático bastante limitado.

A *tensão de cisalhamento total* τ_{total} no escoamento turbulento é dada pela soma da tensão viscosa τ_v com a tensão turbulenta τ_{turb}

$$\tau_{total} = \tau_v + \tau_{turb} = (\mu + \mu_t)\frac{dv}{dy}. \qquad (3.5a, b)$$

A Figura 3.6 apresenta a variação da tensão de cisalhamento total τ_{total} e de suas componentes (tensão viscosa τ_v e tensão turbulenta τ_{turb}) com a distância radial do duto.

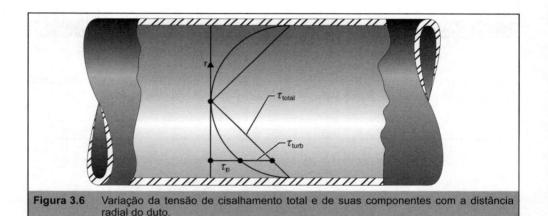

Figura 3.6 Variação da tensão de cisalhamento total e de suas componentes com a distância radial do duto.

3.2 LINHA DE CORRENTE E TUBO DE CORRENTE

Imaginemos uma massa de ar se deslocando e identifiquemos, em uma região de interesse por onde essa massa de ar passa, uma série de pontos fixos no espaço. Suponhamos conhecidos os vetores velocidades das partículas que, em dado instante, passam por esses pontos.

Conforme mostra a Figura 3.7, a linha traçada tangente aos vetores velocidades nos pontos e instante considerados é denominada de *linha de corrente*.

Observe que as linhas de corrente, por serem construídas em pontos fixos do espaço atravessados pelo fluido, não acompanham o fluido em seu movimento. A análise do escoamento em pontos fixos do espaço é conhecida como *ponto de vista de Euler*, em contraposição ao *ponto de vista de La-*

grange, que consiste em analisar o escoamento acompanhando as partículas fluidas em movimento.

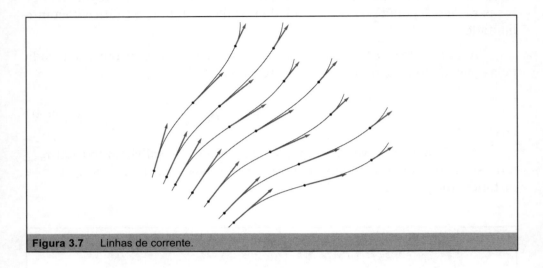

Figura 3.7 Linhas de corrente.

A Figura 3.8 mostra um tubo cuja parede Σ é formada por um conjunto de linhas de corrente. Esse tubo é chamado de *tubo de corrente*.

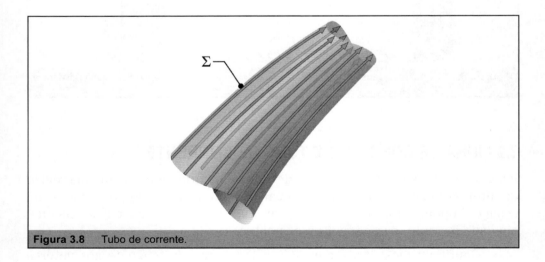

Figura 3.8 Tubo de corrente.

O tubo de corrente tem a forma que se queira, sendo a única exigência que sua parede seja construída a partir de linhas de corrente em um mesmo instante.

As partículas fluidas sempre se movem tangentes às linhas de corrente e, como consequência, as partículas fluidas não atravessam as paredes de tubos de corrente. Por não serem atravessadas pelo fluido, pode-se dizer, então, que as paredes dos tubos de corrente são impermeáveis.

3.2.1 Seção de escoamento

Seção de escoamento é uma secção transversal (corte transversal) do tubo de corrente, normal em cada um de seus pontos, às linhas de corrente internas ao tubo de corrente.

Em regiões do tubo de corrente onde as linhas de corrente são retas paralelas, as seções de escoamento são planas. A Figura 3.9 mostra uma seção de escoamento atravessada por linhas de corrente divergentes, e uma seção de escoamento plana.

3.2.2 Regime permanente

Define-se *regime permanente*, (também denominado *regime estacionário*), abreviatura RP, o regime de escoamento onde nos diversos pontos do espaço atravessados pelo fluido em movimento, as partículas fluidas passam por esses pontos sempre com os mesmos valores de determinada grandeza associada à partícula fluida, quer seja essa grandeza escalar, como a pressão, massa específica etc.; ou vetorial, como a velocidade, quantidade de movimento etc.

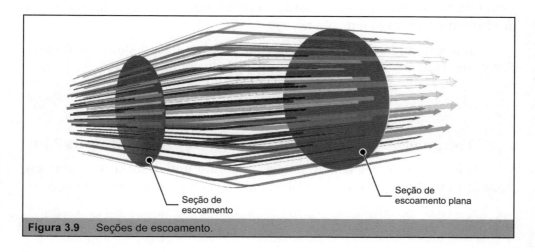

Figura 3.9 Seções de escoamento.

A definição de regime permanente apenas requer a invariância ao longo do tempo, das grandezas associadas à partícula fluida ao passar por determinado ponto, não restringindo, obviamente, que essas grandezas variem de ponto para ponto em um mesmo instante. Em regime permanente, as linhas de corrente são linhas fixas no espaço e, por consequência, os tubos de corrente também são fixos no espaço ao longo do tempo.

84 ■ Mecânica dos Fluidos

Finalmente, cabe observar que, quando um fluido em movimento ocupa todo o volume interno de um duto de paredes rígidas, esse duto é naturalmente um tubo de corrente.

3.3 VAZÃO EM VOLUME

Define-se *fluxo de volume* ou *vazão em volume* ou simplesmente *vazão*, símbolo Q, o volume de fluido que atravessa a seção do escoamento na unidade de tempo e que pode ser calculado por meio de

$$Q = \int_S v \cdot dS. \tag{3.6}$$

Conforme mostra a Figura 3.10, v é a velocidade com que a partícula fluida atravessa o elemento de área dS em um dado instante, sendo S a área da seção do escoamento.

As unidades de vazão em volume são $[Q] = \mathrm{m}^3 \cdot \mathrm{s}^{-1}$, $l \cdot \mathrm{s}^{-1}$ etc.

3.3.1 Velocidade média na seção de escoamento

A *velocidade média* na seção de escoamento é uma velocidade fictícia uniforme na seção que, quando substitui o perfil real de velocidades na seção, produz a mesma vazão em volume.

Uma vez conhecida a vazão em volume Q em uma dada seção de área S, a velocidade média V poderá ser obtida por meio de

$$V = \frac{Q}{S}. \tag{3.7}$$

O perfil uniforme com velocidade média V é mostrado na Figura 3.10.

O conceito de velocidade média é de vital importância na estratégia adotada neste livro para o desenvolvimento das equações de conservação.

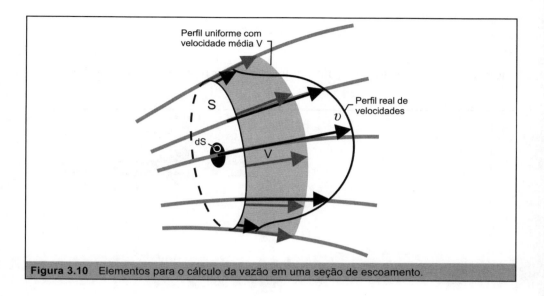

Figura 3.10 Elementos para o cálculo da vazão em uma seção de escoamento.

3.3.2 Método da coleta para determinação da vazão em volume

De acordo com a Eq. (3.6), a obtenção da vazão em volume em uma dada seção de escoamento requer o conhecimento do perfil de velocidades na seção. Trata-se, portanto, de uma tarefa trabalhosa a obtenção da vazão em volume por esse método, pois, além da integração, o método requer o levantamento experimental do perfil de velocidades na seção.

Alternativamente, quando um escoamento de líquido puder ser desviado para um recipiente de coleta, a vazão em volume poderá ser obtida de uma maneira muito mais simples, por meio do *método da coleta*.

Nesse método, o escoamento em regime permanente de um líquido é desviado para o recipiente de coleta, enquanto se cronometra o intervalo de tempo Δt necessário para coletar um determinado volume de líquido no recipiente $\forall_{coletado}$. A Figura 3.11 apresenta o esquema de um aparato que poderá ser utilizado para esse fim.

Todo o volume de líquido que escoou durante o intervalo de tempo Δt através da seção de saída de área S, encontra-se coletado no recipiente; portanto, a vazão em volume através de S será dada por

$$Q = \frac{\forall_{coletado}}{\Delta t}.$$

De onde se poderá obter a velocidade média na seção de saída de área S por meio da Eq. (3.7).

Alternativamente, poderá medir-se o peso de líquido coletado no lugar de medir-se o volume, sendo que, nesse caso, a vazão em volume será dada por

$$Q = \frac{G_{\text{coletado}}}{\gamma \cdot \Delta t},$$

onde G_{coletado} é o peso de líquido coletado e γ o peso específico do líquido.

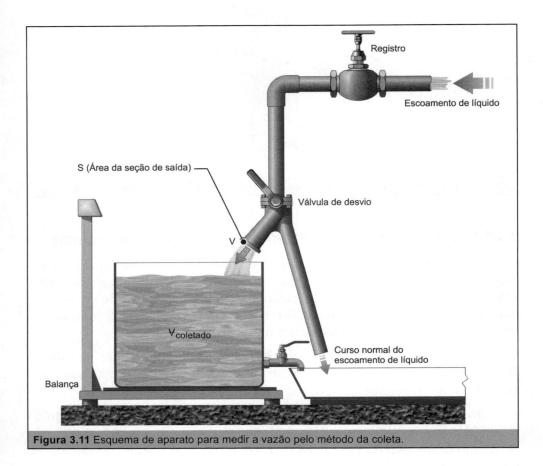

Figura 3.11 Esquema de aparato para medir a vazão pelo método da coleta.

3.4 INTEGRAL GENERALIZADA DE FLUXO

Seja F uma grandeza, escalar ou vetorial, associada à partícula de volume $\forall$, que, animada da velocidade v, atravessa o elemento de área dS da seção de escoamento de área S.

Dá-se o nome de *fluxo ou vazão de F através de S*, Φ, à integral

$$\Phi = \int_S f \cdot v \cdot dS, \tag{3.8}$$

com $f = \dfrac{F}{\forall}$.

A grandeza F associada à partícula fluida poderá ser o volume $\forall$, a massa m, o peso G, a energia potencial $G \cdot z$ (onde z é altura da partícula fluida em relação a um plano horizontal de referência), a energia cinética $\frac{m \cdot v^2}{2}$ (onde v é o módulo da velocidade da partícula fluida $\vec{v}$), a energia de pressão $p \cdot \forall$, a quantidade de movimento $m \cdot \vec{v}$ etc.

Como exemplo de aplicação da integral generalizada de fluxo, a vazão em volume Q poderá ser alternativamente obtida colocando $F = \forall$, resultando em $f = 1$, que, uma vez levado à Eq. (3.8), resulta na Eq. (3.6).

Outros fluxos de interesse serão obtidos a seguir.

3.4.1 Vazão em massa

A *vazão em massa* Q_m será obtida colocando $F = m$, resultando em $f = \rho$, e que levado à Eq. (3.8) fornece

$$Q_m = \int_S \rho \cdot v \cdot dS. \qquad (3.9)$$

Na hipótese de que a massa específica seja uniforme na seção do escoamento, pode-se reescrever a Eq. (3.9) das seguintes formas

$$Q_m = \rho \int_S v \cdot dS = \rho \cdot Q. \qquad (3.10a, b)$$

As unidades de vazão em massa são $[Q_m] = \text{kg} \cdot \text{s}^{-1}$ etc.

3.4.2 Vazão em peso

A *vazão em peso* Q_G será obtida colocando $F = G$, resultando em $f = \gamma$ e, que levado à Eq. (3.8), fornece

$$Q_G = \int_S \gamma \cdot v \cdot dS. \qquad (3.11)$$

Na hipótese de que o peso específico seja uniforme na seção do escoamento, pode-se reescrever a Eq. (3.11) das seguintes formas

$$Q_G = \gamma \int_S v \cdot dS = \gamma \cdot Q. \qquad (3.12a, b)$$

As unidades de vazão em peso são $[Q_G] = \text{N} \cdot \text{s}^{-1}$, $\text{kgf} \cdot \text{s}^{-1}$ etc.

88 ■ Mecânica dos Fluidos

3.4.3 Vazão de energia potencial

A *vazão de energia potencial* Q_{Pot} será obtida colocando $F = G \cdot z$, resultando em $f = \gamma \cdot z$ e, que levado à Eq. (3.8), fornece

$$Q_{Pot} = \int_S \gamma \cdot z \cdot v \cdot dS. \qquad (3.13)$$

Na hipótese de que o peso específico seja uniforme na seção do escoamento, e que z seja a altura do centro de gravidade da seção do escoamento em relação a um plano horizontal de referência, tomada como representativa da altura dos outros pontos da seção do escoamento, pode-se reescrever a Eq. (3.13) das seguintes formas

$$Q_{Pot} = \gamma \cdot z \int v \cdot dS = \gamma \cdot z \cdot Q = z \cdot Q_G. \qquad (3.14a, b, c)$$

As unidades de vazão de energia potencial são $[Q_{Pot}] = J \cdot s^{-1}$, watt etc.

3.4.4 Vazão de energia cinética

A *vazão de energia cinética* Q_{Cin} será obtida colocando $F = \frac{m \cdot v^2}{2}$, resultando em $f = \frac{\rho \cdot v^2}{2}$ e, que, levado à Eq. (3.8), fornece

$$Q_{Cin} = \int_S \frac{\rho \cdot v^2}{2} \cdot v \cdot dS. \qquad (3.15)$$

Na hipótese de que a massa específica seja uniforme na seção do escoamento, pode-se reescrever a Eq. (3.15) da seguinte forma

$$Q_{Cin} = \frac{\rho}{2} \int_S v^3 \cdot dS. \qquad (3.16)$$

Esse resultado indica que a vazão de energia cinética não pode ser simplesmente expressa em função da vazão em volume, como ocorreu com as outras vazões apresentadas até aqui, requerendo o conhecimento do perfil de velocidades na seção de escoamento caso a caso, a fim de operar a integração.

Ocorre que, apesar dessa dificuldade, gostaríamos de ter uma expressão simples para a vazão de energia cinética em função da velocidade média V. Para tanto, definimos o *coeficiente de energia cinética* α, tal que

$$Q_{Cin} = \alpha \frac{\rho \cdot V^3 \cdot S}{2} = \alpha \frac{\rho \cdot Q \cdot V^2}{2}, \qquad (3.17a, b)$$

com $Q = V \cdot S$

Comparando as Eqs. (3.17 a) e (3.16), resulta na seguinte expressão para o coeficiente de energia cinética

$$\alpha = \frac{1}{V^3 \cdot S} \int_S v^3 \cdot dS. \tag{3.18}$$

Uma vez conhecido o perfil de velocidades na seção do escoamento, a Eq. (3.18) permite obter o coeficiente de energia cinética.

Conforme visto no item 3.1.1, o perfil de velocidades no interior de dutos cilíndricos de seção circular é dado pela Eq. (3.2) para escoamento laminar, e pela Eq. (3.3) para escoamento turbulento. Ao levarmos estes perfis de velocidade à Eq. (3.18), obtém-se $\alpha = 2$ para o escoamento laminar, e $\alpha \cong 1$ para escoamento turbulento a números de Reynolds suficientemente elevados. Este último resultado indica que o perfil de velocidade média é praticamente igual ao perfil de velocidades do escoamento turbulento.

Finalmente, as unidades de vazão de energia cinética são $[Q_{Cin}] = J \cdot s^{-1}$, watt etc.

3.4.5 Vazão de energia de pressão

A pressão em uma seção de escoamento tem capacidade de realização de trabalho. Para comprovar esse fato, basta tentar impedir, com a mão, o fluxo de água na extremidade aberta de uma mangueira. De fato, verifica-se que a pressão exercida na mão tende a empurrá-la com uma força no sentido de permitir o reestabelecimento do fluxo, força que é dada pelo produto da pressão pela área da seção do escoamento que está sendo obstruída.

A Figura 3.12 mostra uma pressão uniforme p sendo exercida na seção de escoamento de área S. Na área elementar dS passa a partícula fluida animada da velocidade v, submetida a uma força elementar dF dada por $dF = p \cdot dS$.

O trabalho elementar dessa força de pressão sobre a partícula $d\tau_{pre}$ será dado por $d\tau_{pre} = p \cdot dS \cdot l$, onde $l = v \cdot \Delta t$ é a distância percorrida pela partícula fluida animada da velocidade v, no intervalo de tempo Δt. Verifica-se, na figura, que o produto $dS \cdot l$ pode ser confundido com o volume elementar $d\forall$ do cilindro com área de base dS e altura l. Isso permite reescrever o trabalho elementar da força de pressão da seguinte forma $d\tau_{pre} = p \cdot d\forall$. O trabalho total das forças de pressão nessa seção do escoamento será então dado por $\tau_{pre} = \int p \cdot d\forall = p \cdot \forall$, onde $\forall$ é o volume do cilindro de altura l e que tem como base a seção de escoamento de área S.

Energia é capacidade de realização de trabalho; logo, o trabalho das forças de pressão se confunde com a energia de pressão. Então, na seção do escoamento a energia de pressão escreve-se $p \cdot \forall$.

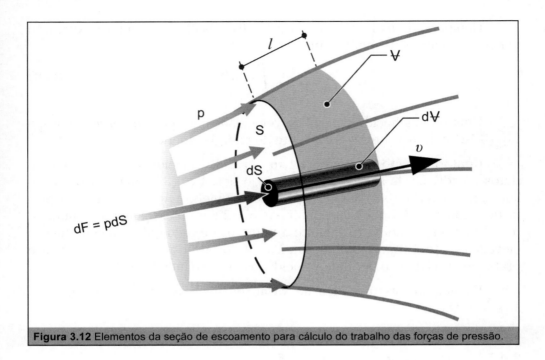

Figura 3.12 Elementos da seção de escoamento para cálculo do trabalho das forças de pressão.

A vazão de energia de pressão Q_{Pre} será obtida colocando $F = p \cdot \forall$, resultando em $f = p$ e, que levado à Eq. (3.8), fornece

$$Q_{Pre} = \int_S p \cdot v \cdot dS. \qquad (3.19)$$

Na hipótese de que a pressão seja uniforme na seção do escoamento, pode-se reescrever a Eq. (3.19) das seguintes formas

$$Q_{Pre} = p \int_S v \cdot dS = p \cdot Q. \qquad (3.20a, b)$$

Finalmente, as unidades de vazão de energia pressão são $[Q_{Pre}]$ = $J \cdot s^{-1}$, watt etc.

3.4.6 Vazão de quantidade de movimento

A *vazão de quantidade de movimento* $\vec{Q}_{Q.Mov}$ será obtida colocando-se $F = m \cdot \vec{v}$, resultando em $f = \rho \cdot \vec{v}$ e, que levado à Eq. (3.8), fornece

$$\vec{Q}_{Q.Mov} = \int_S \rho \cdot \vec{v} \cdot v \cdot dS. \qquad (3.21)$$

CAPÍTULO 3 – Fluidos em movimento ∎ 91

Cabe observar que o fluxo da quantidade de movimento é, a rigor, uma grandeza vetorial. Em uma seção de escoamento plana, que é o caso mais frequente na prática, o vetor velocidade $\vec{v}$ em qualquer ponto da seção do escoamento está orientado segundo a normal $\vec{n}$ a esta seção; ou seja: $\vec{v} = v\,\vec{n}$. Nesse caso, e na hipótese de que a massa específica seja uniforme na seção do escoamento, pode-se reescrever a Eq. (3.21) das seguintes formas

$$\vec{Q}_{Q.\text{Mov}} = \int_S \rho \cdot v \cdot v \cdot dS\ \vec{n} = \rho \int_S v^2 \cdot dS\ \vec{n}. \qquad (3.22\text{a, b})$$

Assim como ocorreu com a vazão de energia cinética, esse resultado indica que a vazão de quantidade de movimento também não pode ser simplesmente expressa em função da vazão em volume.

Novamente, gostaríamos de ter uma expressão simples para a vazão de quantidade de movimento em função da velocidade média V. Para tanto, definimos o *coeficiente de quantidade de movimento* β, tal que

$$\vec{Q}_{Q.\text{Mov}} = \beta \cdot \rho \cdot V^2 \cdot S\vec{n} = \beta \cdot \rho \cdot Q \cdot V\vec{n}, \qquad (3.23\text{a, b})$$

com $Q = V \cdot S$.

Comparando as Eqs. (3.23 a) e (3.22 b), resulta na seguinte expressão para o coeficiente de quantidade de movimento

$$\beta = \frac{1}{V^2 \cdot S} \int_S v^2 \cdot dS. \qquad (3.24)$$

Uma vez conhecido o perfil de velocidades na seção do escoamento, a Eq. (3.24) permite obter o coeficiente de quantidade de movimento.

Conforme visto no item 3.1.1, o perfil de velocidades no interior de dutos cilíndricos de seção circular é dado pela Eq. (3.2) para escoamento laminar, e pela Eq. (3.3) para escoamento turbulento. Ao levarmos esses perfis de velocidade na Eq. (3.24), obtém-se $\beta = 4/3$ para o escoamento laminar e $\beta \cong 1$ para escoamento turbulento a números de Reynolds suficientemente elevados. Esse último resultado indica novamente que o perfil de velocidade média é praticamente igual ao perfil de velocidades do escoamento turbulento.

As unidades de vazão de quantidade de movimento são $[\vec{Q}_{Q.\text{Mov}}]$ = newton (N), kgf etc.

Finalmente, cabe observar que, no próximo capítulo, as vazões em volume, massa e peso, serão utilizadas na derivação da equação da continuidade. As vazões de energia potencial, cinética e de pressão serão utilizadas na derivação da equação da energia. A vazão de quantidade de movimento será utilizada na derivação da equação da quantidade de movimento.

3.4.7 Quadro sumário das vazões na seção de escoamento

F	f	Φ	Vazão em (de)	Fórmulas de cálculo	Unidade
A	1	Q	Volume	$S \cdot V$	$m^3 \cdot s^{-1}, l \cdot s^{-1}$
m	ρ	Q_m	Massa	$\rho \cdot Q = \rho \cdot V \cdot S$	$kg \cdot s^{-1}$
G	γ	Q_G	Peso	$\gamma \cdot Q = \gamma \cdot V \cdot S$	$N \cdot s^{-1}, kgf \cdot s^{-1}$
$G \cdot z$	$\gamma \cdot z$	Q_{Pot}	Energia potencial	$z \cdot Q_G = z \cdot \gamma \cdot Q = z \cdot \gamma \cdot V \cdot S$	watt (W)
$\dfrac{m \cdot v^2}{2}$	$\dfrac{\rho \cdot v^2}{2}$	Q_{Cin}	Energia cinética	$\alpha \dfrac{Q_m \cdot V^2}{2} = \alpha \dfrac{\rho \cdot Q \cdot V^2}{2} = \alpha \dfrac{\rho \cdot V^3 \cdot S}{2}$	watt (W)
$A \cdot d$	d	Q_{Pre}	Energia de pressão	$p \cdot Q = p \cdot V \cdot S$	watt (W)
$m \cdot \vec{v}$	$\rho \cdot \vec{v}$	$\vec{Q}_{Q.Mov}$	Quantidade de movimento	$\beta \cdot Q_m \cdot \vec{Vn} = \beta \cdot \rho \cdot Q \cdot \vec{Vn} = \beta \cdot \rho \cdot V^2 \cdot \vec{Sn}$ Nota: estas fórmulas somente se aplicam às seções de escoamento planas de normal $\vec{n}$	newton (N), kgf

Exemplo de aplicação de determinação de fluxos na seção de escoamento

Determinar a vazão em volume, velocidade média, coeficientes α e β, bem como os fluxos de energia cinética e de quantidade de movimento na seção de escoamento que dista r do centro C, onde duas placas de largura b concorrem formando um ângulo $\theta = \pi/6$, conforme mostra a Figura 3.13.

A velocidade radial para o escoamento entre as placas é dada por $v = \frac{1}{r}$.

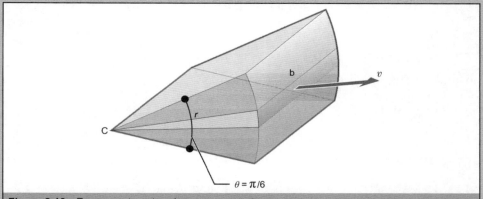

Figura 3.13 Escoamento entre placas concorrentes.

Solução

A vazão em volume será obtida por meio da Eq. (3.6)

$$Q = \int_S v \cdot dS,$$

com $S = b \cdot r \cdot \theta \left(\theta = \frac{\pi}{6}\right)$ e com $dS = b \cdot r \cdot d\theta$.

Levando esses resultados na integral, temos

$$Q = \int_S v \cdot dS = b \cdot \int_\theta \frac{1}{r} \cdot r \cdot d\theta = b \cdot \int_\theta d\theta = |b \cdot \theta|_{\theta = \pi/6} = \frac{b \cdot \pi}{6}.$$

A velocidade média será dada por

$$V = \frac{Q}{S} = \frac{b \cdot \frac{\pi}{6}}{b \cdot r \cdot \frac{\pi}{6}} = \frac{1}{r}.$$

Observando que, como $V = v$, temos $\alpha = \beta = 1$.

O fluxo de energia cinética será obtido por meio da Eq. (3.17 b)

$$Q_{\text{Cin}} = \alpha \frac{\rho \cdot Q \cdot V^2}{2} = \frac{\rho \cdot b \cdot \pi}{12 \cdot r^2}.$$

Por não se tratar de uma seção de escoamento plana, o fluxo de quantidade de movimento não poderá ser obtido por meio da Eq. (3.23 b). Nesse caso, teremos que utilizar a Eq. (3.21); logo

$$\vec{Q}_{\text{Q.Mov}} = \int_S \rho \cdot \vec{v} \cdot v \cdot dS,$$

com $\vec{v} = \frac{1}{r}\vec{e}_r$, $S = b \cdot r \cdot \theta \left(\theta = \frac{\pi}{6}\right)$ e com $dS = b \cdot r \cdot d\theta$.

Levando esses resultados na integral temos

$$\vec{Q}_{\text{Q.Mov}} = \int_S \rho \cdot \vec{v} \cdot v \cdot dS = \int_{\theta = \pi/6} \rho \cdot \frac{1}{r}\vec{e}_r \cdot \frac{1}{r} \cdot b \cdot r \cdot d\theta = \rho \cdot b \cdot \frac{1}{r} \int_{\theta = \pi/6} \vec{e}_r \cdot d\theta.$$

Em coordenadas cartesianas os versores $\vec{e}_r$ e $\vec{e}_\theta$ escrevem-se

$$\vec{e}_r = (\cos\ \theta)\vec{e}_x + (\text{sen}\ \theta)\vec{e}_y,$$

$$\vec{e}_\theta = (-\text{sen}\ \theta)\vec{e}_x + (\cos\ \theta)\vec{e}_y.$$

Derivemos $\vec{e}_\theta$ com relação a θ

$$\frac{\vec{e}_\theta}{d\theta} = (-\cos\ \theta)\vec{e}_x + (-\text{sen}\ \theta)\vec{e}_y,$$

resultado que se reconhece como igual a $-\vec{e}_r$; logo,

$$-\vec{e}_r = \frac{d\vec{e}_\theta}{d\theta}.$$

Esse resultado permite reescrever o fluxo de quantidade de movimento da seguinte forma

$$\vec{Q}_{\text{Q.Mov}} = \rho \cdot b \cdot \frac{1}{r} \int_{\theta = \pi/6} \vec{e}_r \cdot d\theta = \rho \cdot b \cdot \frac{1}{r} \int_{\vec{e}_{\theta_1}}^{\vec{e}_{\theta_2}} -d\vec{e}_\theta = \rho \cdot b \cdot \frac{1}{r}\left(\vec{e}_{\theta_1} - \vec{e}_{\theta_2}\right).$$

Conforme mostra a Figura 3.14, o vetor $(\vec{e}_{\theta_1} - \vec{e}_{\theta_2})$ é um vetor radial dado por

$$(\text{sen}\ \theta)\vec{e}_x + (1 - \cos\ \theta)\vec{e}_y = 0{,}5\vec{e}_x + 0{,}134\vec{e}_y = 0{,}518\vec{e}_r.$$

Finalmente, o fluxo de quantidade de movimento escreve-se

$$\vec{Q}_{Q.Mov} = 0{,}518 \cdot \rho \cdot b \cdot \frac{1}{r} \vec{e}_r.$$

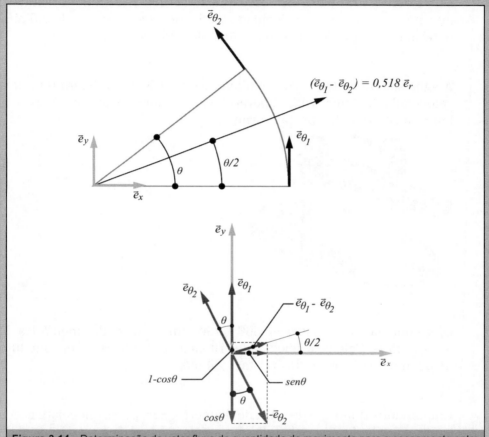

Figura 3.14 Determinação do vetor fluxo de quantidade de movimento para o escoamento entre placas concorrentes.

3.5 EXERCÍCIOS

1. Mostre que o número de Reynolds é um adimensional.

2. Um líquido newtoniano apresenta viscosidade dinâmica igual a 0,38 N · s/m² e densidade igual a 0,91 escoando num tubo de 25 mm de diâmetro interno. Sabendo que a velocidade média do escoamento é de 2,6 m/s, determine o valor do número de Reynolds. Resposta: 156.

3. A água saindo da torneira com diâmetro de 1,5 cm da figura tem uma velocidade de 2 m/s. Você esperaria um escoamento laminar ou turbulento? Justifique. Resposta: Turbulento.

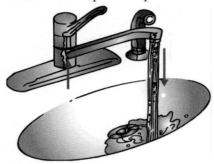

4. Óleo com massa específica de 860 kg/m³ tem viscosidade cinemática de 4×10^{-5} m²/s. Calcule a velocidade crítica quando ele escoa em um duto de 50 mm de diâmetro. Resposta: 1,84 m/s.

5. Em um duto cilíndrico de 6 cm de diâmetro, xarope de chocolate escoa com vazão de 4 m³/s. Sabendo que a massa específica e a viscosidade do xarope valem respectivamente 1.268 kg/m³ e 17 N · s/m², verifique se o escoamento é laminar ou turbulento. Resposta: Turbulento.

6. Um fluido escoa em regime turbulento a número de Reynolds de 6.283 e com vazão de 3,5 m³/s, através de um duto cilíndrico com seção de escoamento de 0,5 m². Determine a massa específica do fluido, sabendo que sua viscosidade vale 1,2 N · s/m². Resposta: 1.400 kg/m³.

7. Qual a vazão com que a água escoa em uma tubulação de 2 cm de diâmetro, sabendo-se que o número de Reynolds do escoamento é igual a 2×10^5? Resposta: 3,14 *l*/s.

8. A tabela abaixo foi utilizada junto com o método da coleta na determinação das características de um escoamento de água à temperatura ambiente, no interior de um duto com diâmetro de 0,036 m. Pede-se completar a tabela com o que se pede.

∀ (l)	Δt (s)	Q (l/s)	V (m/s)	Re	Regime	α	β	Q_m (kg/s)	Q_G (N/s)	Q_{Cin} (watt)	Q_{QMov} (newton)	Representação gráfica do corante
2	39											⊂⊃
10	24											⊂⊃

9. Para um filme de líquido escoando na direção z em uma placa vertical, o perfil de velocidades é dado por:

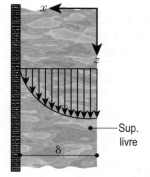

$$v_z = \frac{\rho g \delta^2}{2\mu}\left[1-\left(\frac{x}{\delta}\right)^2\right]$$

— Sup. livre

onde δ é a espessura do filme, x é a distância a partir da superfície livre do filme em direção à placa e v_z é a velocidade à distância x da superfície livre. Nestas condições pedem-se: a) a vazão em volume $Q = \int v dS$, observando que $dS = bdx$, onde b é a largura do filme normal ao plano da figura. Resposta: $Q = \frac{b\rho g \delta^3}{3\mu}$. b) A velocidade média V, a velocidade máxima $v_{máx}$ e a relação entre elas. Resposta: $V = \frac{\rho g \delta^2}{3\mu}$; $v_{máx} = \frac{\rho g \delta^2}{2\mu}$; $\frac{V}{v_{máx}} = \frac{2}{3}$. c) A vazão em massa Q_m e a vazão em peso Q_G. Resposta: $Q_m = \frac{b\rho^2 g \delta^3}{3\mu}$; $Q_G = \frac{b\rho^2 g^2 \delta^3}{3\mu}$. A vazão de quantidade de movimento $\vec{Q}_{QMov}$. e β. Resposta: $\vec{Q}_{Q.Mov} = \frac{13}{60}\frac{b\rho^3 g^2 \delta^5}{\mu^2}(-\vec{e}_z)$; $\beta = \frac{39}{20} = 1{,}95$. A vazão de energia cinética Q_{Cin} e α. Resposta: $Q_{Cin} = \frac{1}{35}\frac{b\rho^4 g^3 \delta^7}{\mu^3}$; $\alpha = \frac{54}{35} \cong 1{,}54$.

10. Por convenção, a normal nas seções de entrada e de saída em tubos de corrente sempre apontam para fora do tubo. Sabendo-se que o fluxo de quantidade de movimento na seção é dado por $\vec{Q}_{QMov} = \int \rho \vec{v} \cdot \vec{v} \times \vec{n} dS$, onde (·) indica simples produto e (×) indica *produto escalar*, mostrar que em seções de escoamento planas, a direção e sentido do vetor flu-

fluxo de quantidade de movimento coincide com o da normal na seção. Note que $\vec{v} \times \vec{n}_e = -v\vec{n}_e$ nas seções de entrada do tubo de corrente, e que $\vec{v} \times \vec{n}_s = +v\vec{n}_s$ nas seções de saída do tubo de corrente.

11. Determine a vazão em volume, velocidade média, coeficientes α e β, bem como os fluxos de energia cinética e de quantidade de movimento dos escoamentos a seguir.

    a) Canal de largura b e altura h:
    $$v = V_{\text{máx}}\left[1 - \left(1 - \frac{y}{h}\right)^2\right],$$
    onde y é a coordenada vertical, com origem no fundo do canal, e $V_{\text{máx}}$ é a velocidade máxima que ocorre na superfície livre do líquido no canal. Respostas:
    $$Q = \frac{2}{3}V_{\text{máx}}bh, \quad V = \frac{2}{3}V_{\text{máx}}, \quad \alpha = 1,54, \quad \beta = 1,2,$$
    $$Q_{\text{Cin}} = 0,228\rho V_{\text{máx}}^3 bh, \quad Q_{\text{Q.Mov}} = 0,533\rho V_{\text{máx}}^2 bh.$$

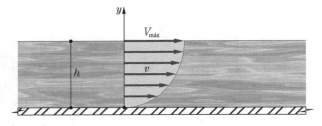

    b) Placas planas fixas e paralelas distanciadas em $2h$:
    $$v = V_{\text{máx}}\left(1 - \frac{y^2}{h^2}\right),$$
    onde y é a coordenada vertical e $V_{\text{máx}}$ é a velocidade máxima que ocorre no eixo entre as placas, o qual fica equidistante das placas. Respostas:
    $$Q = \frac{4}{3}V_{\text{máx}}bh, \quad V = \frac{2}{3}V_{\text{máx}}, \quad \alpha = 1,54, \quad \beta = 1,2,$$
    $$Q_{\text{Cin}} = 0,456\rho V_{\text{máx}}^3 bh, \quad Q_{\text{Q.Mov}} = 1,067\rho V_{\text{máx}}^2 bh.$$

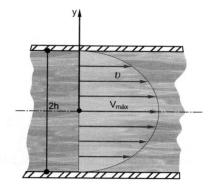

c) Movimento laminar em duto cilíndrico circular de raio R:

$$v = V_{\text{máx}}\left(1 - \frac{r^2}{R^2}\right),$$

onde $V_{\text{máx}}$ é a velocidade máxima que ocorre no eixo do duto. Respostas:

$$Q = \frac{1}{2}V_{\text{máx}}\pi R^2, \quad V = \frac{V_{\text{máx}}}{2}, \quad \alpha = 2, \quad \beta = 4/3,$$

$$Q_{\text{Cin}} = \frac{\pi \rho R^2 V_{\text{máx}}^3}{8}, \quad Q_{Q.\text{Mov}} = \frac{\pi \rho R^2 V_{\text{máx}}^2}{3}.$$

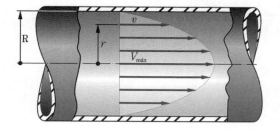

d) Movimento turbulento em duto cilíndrico circular de raio R:

$$v = V_{\text{máx}}\left(1 - \frac{r}{R}\right)^{1/7},$$

onde $V_{\text{máx}}$ é a velocidade máxima que ocorre no eixo do duto. Respostas:

$$Q = \frac{98}{120}V_{\text{máx}}\pi R^2, \quad V = \frac{98}{120}V_{\text{máx}}, \quad \alpha = 1{,}06, \quad \beta = 1{,}2,$$

$$Q_{\text{Cin}} = 0{,}907 \rho R^2 V_{\text{máx}}^3, \quad Q_{Q.\text{Mov}} = 2{,}137 \rho R^2 V_{\text{máx}}^2.$$

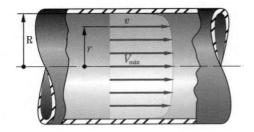

e) Duto cilíndrico circular de raio R, com perfil cônico de velocidades:

$$v = V_{máx}\left(1 - \frac{r}{R}\right),$$

onde $V_{máx}$ é a velocidade máxima que ocorre no eixo do duto. Respostas:

$$Q = \frac{1}{3}V_{máx}\pi R^2, \quad V = \frac{1}{3}V_{máx}, \quad \alpha = 2{,}7, \quad \beta = 1{,}5,$$

$$Q_{Cin} = 0{,}157\rho R^2 V_{máx}^3, \quad Q_{Q.Mov} = 0{,}524\rho R^2 V_{máx}^2.$$

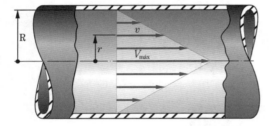

CAPÍTULO 4

EQUAÇÕES DE CONSERVAÇÃO PARA TUBO DE CORRENTE

O objetivo deste capítulo é desenvolver as equações que expressam os princípios de conservação de: massa, energia, quantidade de movimento e momento da quantidade de movimento, para escoamentos de fluido incompressível, em regime permanente, através de tubo de corrente.

4.1 EQUAÇÃO DA CONTINUIDADE

A equação da continuidade expressa o princípio da conservação de massa para o fluido em movimento.

A Figura 4.1 mostra duas seções de escoamento de um tubo de corrente. Na seção S_1, entra a vazão em massa Q_{m_1}, enquanto, na seção S_2 sai a vazão em massa Q_{m_2}. Por se tratar de um tubo de corrente em regime permanente, a sua superfície lateral Σ não é atravessada pelo fluido; logo,

$$Q_{m_1} = Q_{m_2} = Q_m = \text{cte.} \qquad (4.1)$$

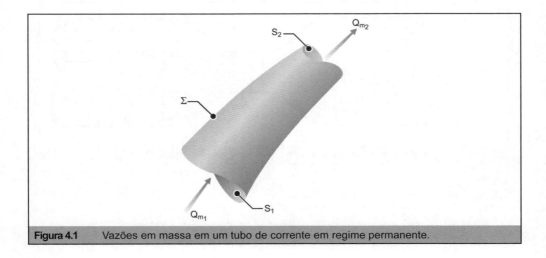

Figura 4.1 Vazões em massa em um tubo de corrente em regime permanente.

Como as seções S_1 e S_2 são arbitrárias, este resultado mostra que, em regime permanente, a vazão em massa se conserva nas seções de escoamento de um tubo de corrente.

A Eq. (4.1) poderá ser reescrita da seguinte forma

$$\rho_1 \cdot Q_1 = \rho_2 \cdot Q_2. \tag{4.2}$$

Para fluido incompressível $\rho_1 = \rho_2$, e nesse caso a Eq. (4.2) escreve-se

$$Q_1 = Q_2 = Q. \tag{4.3}$$

Vê-se, então, que, para fluido incompressível em regime permanente, a vazão em volume se conserva nas seções de escoamento de um tubo de corrente; ou seja, nesse caso, o princípio da conservação de massa se transforma no princípio da conservação de volume.

A Eq. (4.3) pode ser reescrita da seguinte forma

$$V_1 \cdot S_1 = V_2 \cdot S_2, \tag{4.4}$$

onde V_1 e V_2 são as velocidades médias nas seções S_1 e S_2, respectivamente.

Esse último resultado mostra que a velocidade média é inversamente proporcional à área da seção de escoamento de um tubo de corrente.

Exemplo de aplicação da equação da continuidade ao venturi

A Figura 4.2 mostra um tubo convergente/divergente, conhecido como *venturi*[*]. A seção mínima do venturi é chamada de garganta. Determine a velocidade média na garganta de área S_g, sabendo-se que na seção de entrada de área S a vazão em volume de um fluido incompressível é Q.

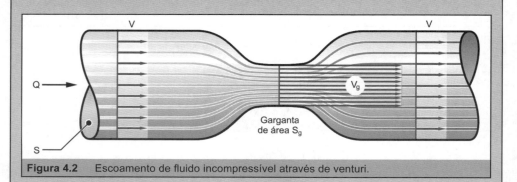

Figura 4.2 Escoamento de fluido incompressível através de venturi.

*Trata-se de um aparato criado pelo físico italiano Giovanni Battista Venturi (1746-1822), que produz o *efeito venturi* (a ser visto em outro exemplo de aplicação neste capítulo), cuja aplicação prática é a medida da vazão em dutos por meio do *tubo venturi* ou *venturímetro* (a ser visto no item 7.1).

Solução

Por tratar-se de fluido incompressível, aplica-se a equação da continuidade na forma da Eq. (4.3); ou seja,

$$Q = Q_g,$$

onde Q_g é a vazão em volume na garganta.

Aplicando a Eq. (4.4) a esse resultado, temos

$$V \cdot S = V_g \cdot S_g,$$

onde V e V_g são as velocidades médias na seção de entrada e na garganta, respectivamente. Daí

$$V_g = \frac{S}{S_g} V.$$

Esse resultado é apresentado na Figura 4.2, onde estão esquematizados os perfis de velocidade média na entrada, na garganta e na saída do venturi. Há um aumento da velocidade média na garganta com relação à velocidade média na entrada, seguida de uma redução da velocidade média até a saída do venturi. Isso deve ocorrer para satisfazer a equação da continuidade para fluido incompressível em regime permanente.

Encontram-se também esquematizadas na Figura 4.2 as linhas de corrente no interior do venturi. Observa-se, então, que o aumento da velocidade média na garganta veio acompanhado da (ou foi causado pela) convergência das linhas de corrente. O oposto ocorre entre a garganta e a seção de saída do venturi. Nesse caso, a divergência das linhas de corrente vem acompanhada de uma redução da velocidade média.

Esses resultados são gerais e permitem inferir variações de velocidades em regiões do escoamento pela simples inspeção da configuração das linhas de corrente, observando que a velocidade é maior onde as linhas de corrente estão próximas e menor onde estão afastadas.

4.2 EQUAÇÃO DA ENERGIA

A equação da energia expressa o princípio da conservação de energia para o fluido em movimento. Nesse desenvolvimento, consideraremos apenas a conservação da energia mecânica (potencial e cinética) e a energia de pressão. Não será considerada a conservação de outras formas de energia, como, por exemplo, a energia interna (função em geral da temperatura e das velocidades de dilatação do fluido), a energia nuclear, a magnética etc.

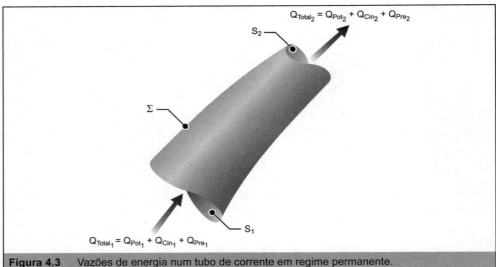

Figura 4.3 Vazões de energia num tubo de corrente em regime permanente.

A Figura 4.3 mostra duas seções de escoamento de um tubo de corrente. Na seção S_1 entram: a vazão de energia potencial Q_{Pot_1}, a vazão de energia cinética Q_{Cin_1} e a vazão de energia de pressão Q_{Pre_1}. Na seção S_2 saem: a vazão de energia potencial Q_{Pot_2}, a vazão de energia cinética Q_{Cin_2} e a vazão de energia de pressão Q_{Pre_2}. Por se tratar de um tubo de corrente em regime permanente, a sua superfície lateral Σ não é atravessada por nenhuma vazão de energia transportada por massa; logo,

$$Q_{Pot_1} + Q_{Cin_1} + Q_{Pre_1} = Q_{Pot_2} + Q_{Cin_2} + Q_{Pre_2}. \tag{4.5}$$

Como as seções S_1 e S_2 são arbitrárias, este resultado mostra que, em regime permanente, a vazão total de energia se conserva nas seções de escoamento de um tubo de corrente; ou seja,

$$Q_{Total_1} = Q_{Total_2} = Q_{Total} = \text{cte}, \tag{4.6}$$

onde $Q_{Total} = Q_{Pot} + Q_{Cin} + Q_{Pre}$.

Dividamos Q_{Total} pela vazão em peso $Q_G = g \cdot Q_m = \gamma \cdot Q$

$$\frac{Q_{Total}}{Q_G} = \frac{Q_{Pot}}{Q_G} + \frac{Q_{Cin}}{g \cdot Q_m} + \frac{Q_{Pre}}{\gamma \cdot Q}. \tag{4.7}$$

Com auxílio dos resultados apresentados no Quadro 3.4.7, explicitemos, na Eq. (4.7), as fórmulas de cálculo das vazões que aí aparecem

$$\frac{Q_{Total}}{Q_G} = \frac{z \cdot Q_G}{Q_G} + \alpha \frac{Q_m \cdot V^2}{2g \cdot Q_m} + \frac{p \cdot Q}{\gamma \cdot Q}. \tag{4.8}$$

CAPÍTULO 4 – Equações de conservação para tubo de corrente ∎ 105

$\frac{Q_{Total}}{Q_G} = H_{Total}$, recebe o nome de *carga*[1] *total na seção*, com unidades de comprimento, $[H] = m$ etc., resultado da divisão de fluxo de energia (em watts) pela vazão em peso (em newton por segundo).

Em termos de carga, a Eq. (4.8) pode ser escrita da seguinte forma

$$H = z + \alpha \frac{V^2}{2g} + \frac{p}{\gamma}. \tag{4.9}$$

Vê-se, então, que a carga total na seção de escoamento é composta da *carga potencial* z, da *carga cinética* $\alpha \frac{V^2}{2g}$ e *da carga de pressão* $\frac{p}{\gamma}$.

Por sua vez, a Eq. (4.6) em termos de carga escreve-se

$$H_1 = H_2 = H = \text{cte}, \tag{4.10}$$

que se traduz na conservação da carga total nas seções de escoamento de um tubo de corrente.

Em termos das cargas potencial, cinética e de pressão nas seções de escoamento 1 e 2, a Equação (4.10) é reescrita na forma

$$z_1 + \alpha_1 \frac{V_1^2}{2g} + \frac{p_1}{\gamma_1} = z_2 + \alpha_2 \frac{V_2^2}{2g} + \frac{p_2}{\gamma_2}, \tag{4.11}$$

Finalmente, na hipótese de incompressibilidade do fluido ($\gamma_1 = \gamma_2 = \gamma$ = cte), a Eq. (4.11) se reduz a

$$z_1 + \alpha_1 \frac{V_1^2}{2g} + \frac{p_1}{\gamma} = z_2 + \alpha_2 \frac{V_2^2}{2g} + \frac{p_2}{\gamma} \tag{4.12}$$

resultado esse conhecido como *equação de Bernoulli*.

A Figura 4.4 apresenta as grandezas que aparecem na Eq. (4.11). Deve-se notar a presença do chamado *plano horizontal de referência* PHR, a partir do qual são medidas as alturas dos centros de gravidade das seções de escoamento.

A equação de Bernoulli sofre de uma séria restrição, pois não considera perdas de energia devidas às tensões viscosas e turbulentas, vistas no Capítulo 3. Tais tensões se manifestam no interior do tubo de corrente, gerando uma perda de energia que se degrada em calor. Na prática, esse calor terá

---

[1] "Head" na língua inglesa, símbolo H. De agora em diante, o subscrito Total não será mais utilizado, sendo que H designará carga total na seção de escoamento.

dois destinos, em geral combinados em maior ou menor intensidade: uma parte é liberada ao meio ambiente e a outra aumenta a energia interna do fluido. Em termos de carga, essa perda de energia é chamada de *perda de carga*, símbolo ΔH.

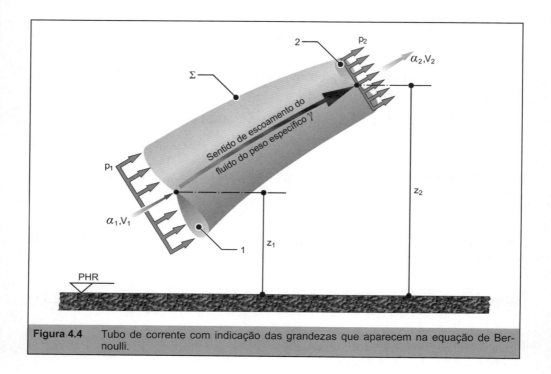

Figura 4.4 Tubo de corrente com indicação das grandezas que aparecem na equação de Bernoulli.

Então, estritamente falando, a equação de Bernoulli se aplica unicamente ao fluido fictício não viscoso chamado de *fluido perfeito*. Contudo, sabemos que os fluidos da natureza e os fluidos sintéticos, os chamados *fluidos reais* têm todos viscosidade – poderão ter baixos valores de viscosidade, mas são sempre viscosos. Portanto, a perda de carga sempre existirá no escoamento do fluido real. Porém, há certos casos em que a perda de carga é pequena quando comparada com as demais cargas, podendo, então, ser desprezada na prática. O exemplo de aplicação a seguir apresenta um destes casos.

Para finalizar, é bom ressaltar as hipóteses para validade da equação de Bernoulli: escoamento em regime permanente, de fluido perfeito e incompressível, através de tubo de corrente.

Exemplo de aplicação da equação de Bernoulli – tubo de Pitot

Deseja-se medir a velocidade com que as partículas fluidas passam pelo ponto (2) do escoamento de líquido através da tubulação da Figura 4.5, utilizando o chamado *tubo de Pitot*, mostrado na Figura 4.6.

O tubo de Pitot é um instrumento usado para medir a velocidade de fluidos e que foi inventado pelo engenheiro francês Henri Pitot em 1732.

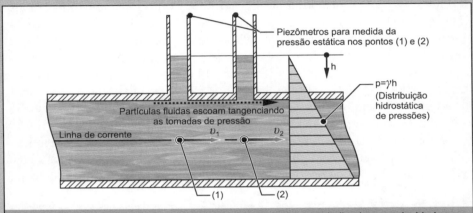

Figura 4.5 Escoamento através de uma tubulação, onde estão indicadas as velocidades nos pontos (1) e (2) pertencentes à mesma linha de corrente e dois piezômetros para medida da pressão estática nesses pontos.

Apliquemos, então, a equação de Bernoulli entre os pontos (1) e (2) em duas situações: antes e após a colocação do tubo de Pitot no escoamento. O ponto (2) é escolhido muito próximo ao ponto (1), de tal sorte que se possa desprezar a perda de carga por atrito (viscoso/turbulento). Em outras palavras, estamos admitindo escoamento de fluido perfeito, que é uma das hipóteses para a aplicabilidade da equação de Bernoulli.

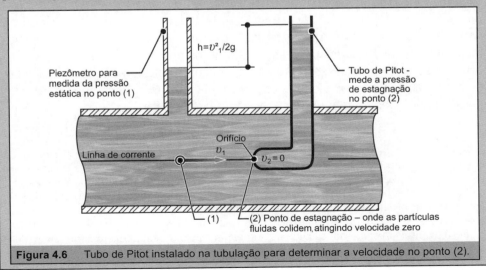

Figura 4.6 Tubo de Pitot instalado na tubulação para determinar a velocidade no ponto (2).

108 ▌ Mecânica dos Fluidos

Primeiramente, escrevamos a equação de Bernoulli com seus termos em unidades de pressão, multiplicando a Eq. (4.12) por γ, resultando em

$$\gamma \cdot z_1 + \alpha_1 \frac{\rho \cdot V_1^2}{2} + p_1 = \gamma \cdot z_2 + \alpha_2 \frac{\rho \cdot V_2^2}{2} + p_2. \qquad (A)$$

Devemos observar que não estamos mais aplicando a equação de Bernoulli entre duas seções do escoamento, e sim entre dois pontos do escoamento pertencentes a uma mesma linha de corrente. Contudo, isso não altera a essência da equação de Bernoulli, podendo essa equação, com duas adaptações, continuar a ser aplicada nessa nova situação. A primeira adaptação surge do modo como a equação de Bernoulli está sendo aplicada ao longo de uma linha de corrente. As velocidades médias serão substituídas pelas velocidades com que as partículas fluidas passam pelos pontos (1) e (2). A segunda adaptação é consequência da primeira, já que não faz mais sentido a presença dos coeficientes de energia cinética na Eq. (A), pois não estamos mais tratando com velocidades médias. Notando, também, que, sendo horizontal a linha de corrente que passa pelos pontos (1) e (2), a altura desses pontos é a mesma; ou seja, $z_1 = z_2$, e então, neste caso, a Eq. (A) poderá ser reescrita na forma

$$\frac{\rho \cdot v_1^2}{2} + p_1 = \frac{\rho \cdot v_2^2}{2} + p_2. \qquad (B)$$

Observe, nessa equação, que os termos que aí aparecem estão escritos em unidades de pressão, sendo, então, o termo $\frac{\rho \cdot v^2}{2}$ denominado de *pressão dinâmica*, por incluir a velocidade.

Antes da colocação do tubo de Pitot no escoamento

Dois piezômetros são alinhados verticalmente com os pontos (1) e (2), conforme indica a Figura 4.5. A pressão medida pelos piezômetros é denominada de *pressão estática*, pois nessa situação as partículas fluidas escoam tangenciando as tomadas de pressão. Como os pontos (1) e (2) estão muito próximos, a perda de pressão por atrito (viscoso/turbulento) é desprezível e, portanto, as alturas nos piezômetros serão as mesmas[*]. Invocando a Eq. (B) nessas condições, resulta em $v_1 = v_2$.

---

[*]Esta é a primeira vez que estamos utilizando piezômetros para medir pressões em um fluido que não se encontra em repouso. Como visto no Capítulo 2, a medição da pressão com o piezômetro tem por base a lei de Stevin que, a rigor, só se aplica ao fluido em repouso. Contudo, pode-se mostrar que a distribuição de pressões na vertical de fluidos escoando em linhas de corrente retas, não necessariamente paralelas, é hidrostática, podendo-se aplicar a lei de Stevin nesses casos. A nota de rodapé do exemplo de aplicação da equação de Bernoulli generalizada neste capítulo, discute um caso de líquido em movimento, em que a pressão não poderá ser obtida aplicando a lei de Stevin, pois as linhas de corrente não são retas naquele caso.

Após a colocação do tubo de Pitot no escoamento

O tubo de Pitot é uma sonda utilizada para medir a velocidade em determinado ponto do escoamento. Conforme ilustra a Figura 4.6, trata-se essencialmente de um tubo oco e curvado a 90°, com uma das extremidades mais fechada que o espaço interno do tubo, formando um pequeno orifício.

A extremidade que contém o orifício é, então, colocada no ponto do escoamento onde se deseja medir a velocidade, tomando cuidado para alinhar o trecho retilíneo do tubo após o orifício, paralelamente à linha de corrente que passa por esse ponto. Tendo o orifício dimensões relativamente pequenas, ele passará a receber as partículas do líquido que percorrem a linha de corrente que conduz ao orifício. Decorrido tempo, o tubo se enche de líquido até certa altura, aí permanecendo enquanto persistir o regime permanente.

Após a altura da coluna de líquido no tubo de Pitot ter-se estabilizado (o que, na prática, ocorre rapidamente), a extremidade aberta do tubo passa a ser um obstáculo para as partículas que passam a aí incidir. Nessa situação, as partículas fluidas passam pelo ponto (1) com a mesma velocidade v_1 que tinham antes da colocação do tubo de Pitot no escoamento. Só que, agora, à medida que partículas fluidas avançam em direção ao ponto (2), elas vão se desacelerando, atingindo velocidade zero na extremidade do tubo de Pitot. Por esse motivo, o ponto (2) é chamado de *ponto de estagnação*, sendo que a pressão que aí se desenvolve é chamada de *pressão de estagnação* ou *pressão total*. A partir do ponto (2), as partículas mudam de direção, contornam o obstáculo (extremidade do tubo de Pitot), continuando a escoar para *jusante*[*].

Equacionemos, então, o tubo de Pitot da Figura 4.6 com o objetivo de determinar a velocidade das partículas que passam pelo ponto (2), antes da colocação do tubo de Pitot nesse ponto, através da aplicação da equação de Bernoulli entre os pontos (1) e (2).

Observando que, com o tubo de Pitot presente no escoamento, o ponto (2) passa a ser um ponto de estagnação ($v_2 = 0$) e, como tal, a pressão aí é a pressão de estagnação; logo $p_2 = p_{\text{estagnação}}$. Nessas condições, invocando novamente a Eq. (B) resulta em

$$\frac{\rho \cdot v_1^2}{2} + p_1 = p_{\text{estagnação}}. \tag{C}$$

Esse resultado mostra que a pressão de estagnação é dada pela soma da pressão estática $p_{\text{estática}} = p_1$ com a pressão dinâmica $p_{\text{dinâmica}} = \frac{\rho v_1^2}{2}$

$$p_{\text{estagnação}} = p_{\text{estática}} + p_{\text{dinâmica}}. \tag{D}$$

---

[*]Para onde o escoamento se destina em contraposição à montante, de onde provém o escoamento.

110 ∎ Mecânica dos Fluidos

O que ocorre no tubo de Pitot, tendo em vista o princípio da conservação de energia, é que, como a carga estática não se altera entre os pontos (1) e (2), a carga cinética se transforma totalmente em carga de pressão no ponto de estagnação [ponto (2)], gerando no tubo de Pitot a altura adicional h igual a $\frac{v_1^2}{2g}$.

Como antes da colocação do tubo de Pitot $v_1 = v_2$, e como após a colocação do tubo de Pitot v_1 não se alterou, a velocidade medida pelo tubo de Pitot é também a velocidade no ponto (2) v_2, que existia antes da colocação do tubo de Pitot nesse ponto.

Feitas essas observações e chamando a velocidade v_2 simplesmente de v (ficando, então, entendido que essa é a velocidade no ponto do escoamento antes da colocação do tubo de Pitot nesse ponto), podemos reescrever a Eq. (C) da seguinte forma

$$v = \sqrt{\frac{2\left(p_{\text{estagnação}} - p_{\text{estática}}\right)}{\rho}}.$$

(E)

Como estagnação $\frac{\left(p_{\text{estagnação}} - p_{\text{estática}}\right)}{\gamma} = h$, a velocidade v de acordo com a Eq. (E) será dada por

$$v = \sqrt{2 \cdot g \cdot h}.$$

(F)

Observe que a chave para estimativa da velocidade em um ponto do escoamento com o tubo de Pitot é a medida da diferença entre a pressão de estagnação e a pressão estática. Dependendo das necessidades, existem outras formas de se medir essa diferença de pressões. Por exemplo, no caso de escoamento de gases, pode-se utilizar o manômetro diferencial com líquido manométrico ilustrado na Figura 4.7.

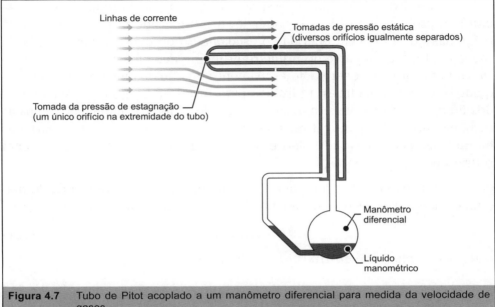

Figura 4.7 Tubo de Pitot acoplado a um manômetro diferencial para medida da velocidade de gases.

4.2.1 Equação de Bernoulli generalizada

Reconhecemos a potencialidade da equação de Bernoulli no sentido de equacionar a energia mecânica e de pressão entre duas seções de escoamento de um tubo de corrente. Contudo, conforme já discutido no item anterior, esta equação sofre restrições por não se aplicar ao escoamento do fluido real, pois não considera a perda de energia por atrito viscoso/turbulento[2], que denominamos perda de carga.

Gostaríamos, então, de adaptar a equação de Bernoulli para que possa ser utilizada para o caso do fluido real. Como, em razão da perda de carga, a carga total se reduz no sentido do escoamento, a carga total na seção 2 H_2 será menor que a carga total na seção 1 H_1, por causa da perda de carga entre as seções 1 e 2 $\Delta H_{1,2}$. Então, a equação de Bernoulli adaptada para levar em conta a perda de carga escreve-se

$$H_1 = H_2 + \Delta H_{1,2}. \tag{4.13}$$

Não é possível calcular a perda de carga para qualquer tubo de corrente. Contudo é possível calcular a perda de carga em dutos retilíneos, sendo que isso será feito no Capítulo 6.

---

[2] Note que estamos ampliando a nossa compreensão da tensão viscosa/turbulenta, já nos referindo a elas na forma de atrito viscoso/turbulento.

112 ▌ Mecânica dos Fluidos

Uma outra adaptação necessária na equação de Bernoulli para capacitá-la a problemas práticos é poder levar em consideração a presença de máquinas que fornecem energia ao escoamento ou que retiram energia do escoamento. Fazem parte do primeiro grupo de máquinas: as bombas, utilizadas para fornecer energia ao escoamento dos fluidos incompressíveis (líquidos), e os ventiladores, utilizados para fornecer energia ao escoamento dos fluidos compressíveis (ar). Já no segundo grupo de máquinas, temos as turbinas, utilizadas para retirar energia do escoamento de águas (turbinas hidráulicas das usinas hidroelétricas), e as turbinas eólicas, utilizadas para retirar energia dos ventos.

A equação de Bernoulli que leva em consideração a presença de máquina entre as seções de escoamento 1 e 2 de um tubo de corrente é escrita

$$H_1 + H_M = H_2, \tag{4.14}$$

onde H_M é a chamada *altura manométrica da máquina*.

Quando a máquina é bomba, $H_M = H_B > 0$, onde H_B é a altura manométrica da bomba. Quando a máquina é turbina, $H_M = H_T < 0$, onde H_T é a altura manométrica da turbina. Na ausência de máquina $H_M = 0$.

A *potência hidráulica* da máquina é dada por

$$W_M = \gamma \cdot Q \cdot H_M, \tag{4.15}$$

onde Q é a vazão que escoa através da máquina.

As ineficiências do processo de transferência de energia que ocorrem nas máquinas são decorrentes das perdas de energia inerentes ao seu funcionamento. Essas perdas de energia são de três tipos: viscosa, volumétrica e mecânica. A perda viscosa resulta da dissipação viscosa no escoamento no interior da máquina. A perda volumétrica é provocada pelo escoamento "marginal" que se estabelece entre as regiões de alta pressão e de baixa pressão no interior da máquina. Finalmente, a perda mecânica se deve ao atrito nos mancais, gaxetas e selos de vedação da máquina.

A soma da potência útil com a potência dissipada em perdas, resulta na potência total aplicada à máquina.

Define-se *rendimento da bomba* η_B, a razão entre a potência hidráulica da bomba W_B (potência útil) e a potência aplicada ao seu eixo de acionamento W

$$\eta_B = \frac{W_B}{W}. \tag{4.16}$$

Define-se *rendimento da turbina* η_T, a razão entre a potência recebida do seu eixo W (potência útil) e a potência hidráulica aplicada à turbina W_T

$$\eta_T = \frac{W}{W_T}. \qquad (4.17)$$

A equação da energia que leva em consideração a perda de carga e a presença de máquina entre as seções de escoamento 1 e 2 de um tubo de corrente é aqui denominada equação de Bernoulli generalizada e escreve-se

$$H_1 + H_M = H_2 + \Delta H_{1,2}. \qquad (4.18)$$

A Figura 4.8 mostra um tubo de corrente com perda de carga e máquina intercalada entre as seções de escoamento 1 e 2.

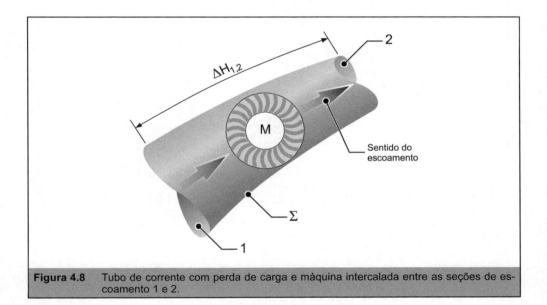

Figura 4.8 Tubo de corrente com perda de carga e máquina intercalada entre as seções de escoamento 1 e 2.

Finalmente, cabe observar que a Equação (4.18) foi escrita supondo que o sentido do escoamento é aquele indicado na Figura 4.8; ou seja, da seção de escoamento 1 para a seção de escoamento 2, sendo essa equação válida para escoamento de fluido real e incompressível, em regime permanente.

Exemplo de aplicação da equação de Bernoulli generalizada

Na instalação da Figura 4.9, verifique se a máquina é uma bomba ou turbina, determinando sua potência hidráulica e a potência fornecida à máquina, ou dela recebida, se o rendimento da máquina é de 75%. Sabe-se que a pressão indicada por um manômetro metálico instalado na seção de escoamento 2 é de 1,6 kgf · cm^{-2}, que a vazão de água que escoa através da instalação é de 10 l/s, que a área da secção transversal dos tubos é uniforme e igual a 10 cm^2 e que a perda de carga entre as seções de escoamento 1 e 4 é de 2 m. Admita $g = 10$ m · s^{-2} e $\gamma_{\text{água}} = 10^3$ kgf · m^{-3}.

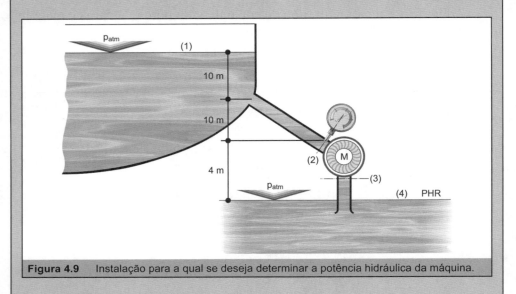

Figura 4.9 Instalação para a qual se deseja determinar a potência hidráulica da máquina.

Nota: não é dado o sentido do escoamento.

Solução

Inicialmente, observe que o PHR foi escolhido como coincidente com o plano da superfície livre do reservatório inferior.

Como se desconhece o sentido do escoamento, não é possível escrever a equação de Bernoulli generalizada entre duas seções de escoamento. Contudo, o sentido do escoamento poderá ser determinado, comparando-se a carga total entre duas seções de escoamento, onde não exista máquina entre elas, uma vez que o sentido do escoamento será o das cargas totais decrescentes.

As seções de escoamento a serem escolhidas, deverão conter todas as informações que permitam o cálculo das cargas potencial, cinética e de pressão.

CAPÍTULO 4 – Equações de conservação para tubo de corrente ▌ 115

Na seção de escoamento onde a tubulação se conecta ao reservatório superior, desconhece-se a pressão e, portanto, esta seção de escoamento não serve aos nossos propósitos[*].

Façamos a comparação entre a carga total na seção de escoamento 1 (superfície livre do reservatório superior) e a carga total na seção de escoamento 2 (seção de escoamento onde está instalado o manômetro metálico). Nessas duas seções de escoamento, é possível obter todas as cargas parciais (potencial, cinética e de pressão), conforme demonstrado a seguir.

Carga total na seção de escoamento 1:

$$H_1 = z_1 + \alpha_1 \frac{V_1^2}{2g} + \frac{p_1}{\gamma},$$

onde $z_1 = 24$ m, $p_1 = 0$ (superfície submetida à pressão atmosférica) e $V_1 \approx 0$ m/s, por se tratar da superfície livre de um reservatório, que, normalmente, considera-se como de grandes dimensões, de tal sorte que a velocidade de rebaixamento do nível do reservatório possa ser admitida com desprezível.

Logo $H_1 = z_1 = 24$ m.

Carga total na seção de escoamento 2:

$$H_2 = z_2 + \alpha_2 \frac{V_2^2}{2g} + \frac{p_2}{\gamma},$$

onde $z_2 = 4$ m, $p_2 = 1{,}6$ kgf/cm$^2 = 1{,}6 \times 10^4$ kgf/m^2. A velocidade média na seção de escoamento 2 é desconhecida, mas poderá ser obtida lembrando-se que $V_2 = Q/S_2$, com $Q = 10$ l/s $= 10^{-2}$ m^3/s (dado) e com $S^2 = 10$ cm$^2 = 10^{-3}$ m^2 (dado). Assim temos que $V_2 = \frac{10^{-2}}{10^{-3}} = 10$ m/s.

Admitindo escoamento turbulento nessa seção de escoamento, temos que $\alpha_2 \cong 1{,}0$. Logo $H_2 = 4 + 1{,}0 \cdot \frac{10^2}{2 \times 10} + \frac{1{,}6 \times 10^4 \text{ kgf} \cdot \text{m}^{-2}}{10^3 \text{ kgf} \cdot \text{m}^{-3}} = 4 + 5 + 16 = 25$ m.

Como $H_2 > H_1$, o sentido do escoamento é da seção de escoamento 2 para a seção de escoamento 1.

---

[*]O leitor poderá ser seduzido a utilizar a lei de Stevin para obter a pressão nessa seção de escoamento, uma vez que se conhece a sua profundidade com relação à superfície livre do reservatório superior. Não obstante, o leitor deverá ser alertado para a incorreção dessa iniciativa, já que, nessa seção de escoamento, o fluido encontra-se em movimento, com um padrão curvo das linhas de corrente (convergentes se o sentido do escoamento for do reservatório para a tubulação e divergentes, caso contrário), onde a distribuição de pressões não é mais hidrostática e, portanto, a lei de Stevin não se aplica.

116 ▌ Mecânica dos Fluidos

Uma vez que já foi determinado o sentido do escoamento (do reservatório inferior para o reservatório superior), podemos, então, aplicar a equação de Bernoulli generalizada entre a seção de escoamento 4 (superfície livre do reservatório inferior) e a seção de escoamento 1 (superfície livre do reservatório superior)

$$H_4 + H_M = H_1 + \Delta H_{4,1}.$$

Similarmente à seção de escoamento 1, a carga total na seção de escoamento 4 será dada por $H_4 = z_4 = 0$ m, uma vez que a altura desta seção de escoamento coincide com o PHR. Aqui, $\Delta H_{4,1} = \Delta H_{1,4} = 2$ m (dado); logo, temos

$$H_M = -H_4 + H_1 + \Delta H_{4,1} = 0 + 24 + 2 = 26 \text{ m}.$$

Como $H_M > 0$, a máquina é bomba.

A potência hidráulica da bomba será dada pela Eq. (4.15), com $W_M = W_B$, $H_M = H_B = 26$ m, $\gamma = 10^3$ kgf $\cdot$ m^{-3} = 10^4 N $\cdot$ m^{-3} e com $Q = 10$ l/s = 10^{-2} m^3/s; logo

$$W_B = \gamma \cdot Q \cdot H_B = 10^4 \cdot 10^{-2} \cdot 26 = 2,6 \text{ kW}.$$

A potência aplicada ao eixo de acionamento da bomba W será obtida por meio da Eq. (4.16), com $\eta_B = 0,75$ e com $W_B = 2,6$ kW; logo

$$W = \frac{W_B}{\eta_B} = \frac{2,6}{0,75} \cong 3,47 \text{ kW}.$$

4.3 EQUAÇÃO DA QUANTIDADE DE MOVIMENTO

A 2ª lei de Newton, ou teorema da quantidade de movimento mostra que a variação da quantidade de movimento de um corpo com relação ao tempo é igual ao somatório das forças externas às quais o corpo está submetido. Na Mecânica dos Fluidos, a equação da quantidade de movimento expressa o teorema da quantidade de movimento para um corpo fluido em movimento.

A primeira coisa a se observar é que a equação da quantidade de movimento é uma equação vetorial – com módulo, direção e sentido. O corpo fluido que ocupa o tubo de corrente em determinado instante terá, em regime permanente, a mesma configuração em qualquer outro instante. Em regime permanente, não há variação da quantidade de movimento com relação ao tempo do corpo fluido que ocupa o tubo de corrente em qualquer instante; ou seja, decorrido tempo, as partículas fluidas, que compõem o corpo fluido, têm sempre a mesma quantidade de movimento. Entretanto, a todo instante, há quantidade de movimento sendo injetada e ejetada do tubo de corrente. Em outras palavras, há fluxos de quantidade de movimento nas seções de saída e entrada do tubo de corrente que, em regime permanente, são dois vetores invariantes no tempo. Como cada um desses vetores tem módulo em unidades de quantidade de movimento por unidade de tempo, ou seja, unidades de força; então, se a soma vetorial destes vetores resultar em um vetor não nulo, este vetor corresponderá à resultante das forças externas aplicadas ao tubo de corrente; ou seja:

$$\left(\vec{Q}_{Q.Mov}\right)_{saída} + \left(\vec{Q}_{Q.Mov}\right)_{entrada} = \vec{F}_{externas}. \tag{I}$$

A força peso $\vec{G}$ é uma força externa a distância, que atua no corpo fluido contido no tubo de corrente. Outras forças externas são as forças de contato. As superfícies disponíveis no tubo de corrente para atuação das forças de contato são: a parede impermeável Σ e as seções de escoamento de entrada e saída. As forças de contato atuantes nas seções de entrada e saída são as forças de pressão nessas seções. Chamemos a resultante das forças de contato que agem na parede Σ do tubo de corrente de $\vec{R}$. Então a resultante das forças externas que agem no tubo de corrente será dada por:

$$\vec{F}_{externas} = \vec{G} + \left(\vec{F}_{pressão}\right)_{entrada} + \left(\vec{F}_{pressão}\right)_{saída} + \vec{R}. \tag{II}$$

Estamos agora em condições de escrever a equação da quantidade de movimento, uma vez que a variação da quantidade de movimento foi identificada como sendo a soma vetorial dos vetores fluxos de quantidade de movimento nas seções de entrada e saída do tubo de corrente (I), e as forças externas atuantes no corpo fluido no interior do tubo de corrente são a força peso, as forças de pressão nas seções de entrada e saída e a resultante das forças de contato que agem na parede do tubo de corrente (II). Ou seja, substituindo (II) em (I) resulta em

$$\left(\vec{Q}_{Q.Mov}\right)_{saída} + \left(\vec{Q}_{Q.Mov}\right)_{entrada} = \vec{G} + \left(\vec{F}_{pressão}\right)_{entrada} + \left(\vec{F}_{pressão}\right)_{saída} + \vec{R}.$$

Escrevendo os fluxos de quantidade de movimento em termos das velocidades médias nas seções de entrada e saída, e as forças de pressão em termos das pressões e áreas dessas seções resulta em

$$(\beta_s \cdot Q_m \cdot V_s)\vec{n}_s + (\beta_e \cdot Q_m \cdot V_e)\vec{n}_e = \vec{G} - p_e \cdot S_e \vec{n}_e - p_s \cdot S_s \vec{n}_s + \vec{R}.$$

Rearranjando, temos que

$$\vec{G} + \vec{R} = (p_e \cdot S_e + \beta_e \cdot Q_m \cdot V_e)\vec{n}_e + (p_s \cdot S_s + \beta_s \cdot Q_m \cdot V_s)\vec{n}_s.$$

Finalmente

$$\vec{G} + \vec{R} = \Phi_e \vec{n}_e + \Phi_s \vec{n}_s, \tag{4.19}$$

onde $\vec{n}_e$ é a normal da seção de escoamento de entrada do tubo de corrente, e $\vec{n}_s$ é a normal da seção de escoamento de saída do tubo de corrente. É importante observar que tanto $\vec{G}$ quanto $\vec{R}$ são forças externas ao corpo fluido contido no tubo de corrente.

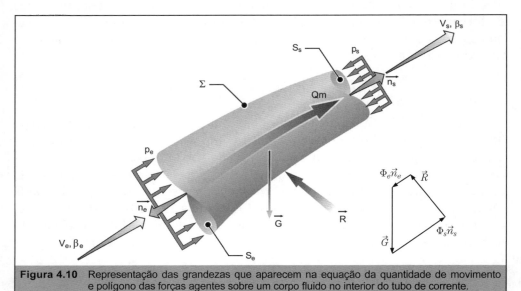

Figura 4.10 Representação das grandezas que aparecem na equação da quantidade de movimento e polígono das forças agentes sobre um corpo fluido no interior do tubo de corrente.

As funções Φ_e e Φ_s serão dadas por:

$$\Phi = p \cdot S + \beta \cdot Q_m \cdot V, \tag{4.20}$$

onde p é a pressão, S é a área, β é o coeficiente da quantidade de movimento, Q_m é a vazão em massa e V é a velocidade média, todas essas grandezas obtidas nas respectivas seções de escoamento de entrada e de saída do tubo de corrente.

Observe que a Eq. (4.19) é uma equação vetorial, em que, normal- mente, nas aplicações, as incógnitas são as componentes de $\vec{R}$. Essa equação é válida para o fluido real e incompressível, escoando através de tubo de corrente, em regime permanente.

Nas aplicações, normalmente o tubo de corrente estabelece contato com uma superfície sólida. Nesses casos, $\vec{R}$ é a resultante das forças de contato exercidas pela superfície sólida no corpo fluido contido no tubo de corrente.

Exemplo de aplicação da equação da quantidade de movimento ao problema do desviador de fluxo (clássico)

A Figura 4.11 mostra um jato de líquido de massa específica ρ sendo lançado na atmosfera a partir de um bocal e incidindo em um desviador de fluxo. São dados: área da secção transversal do jato na saída do bocal S_j, velocidade média do jato na saída do bocal V_j, ângulo de desvio do jato com relação à horizontal θ, $\beta_e = \beta_s = 1,0$. Pede-se determinar a força que o jato aplica no desviador de fluxo.

Solução

Conforme mostra a Figura 4.11, o tubo de corrente de interesse coincide com a porção do jato que se encontra sobre o desviador. Indica-se também nessa figura, um sistema de referência Oxy, com o versor $\vec{e}_x$ na horizontal e orientado da esquerda para a direita, e com o versor $\vec{e}_y$ orientado segundo a vertical ascendente.

Nesse tubo de corrente, estão indicados os versores normais às seções de escoamento de entrada e de saída $\vec{n}_e$ e $\vec{n}_s$, respectivamente. É de fundamental importância a correta indicação desses versores (sempre apontando para fora do tubo de corrente, por convenção), bem como conhecimento de suas relações com o sistema de referência Oxy adotado.

A força que o desviador aplica ao jato será obtida por meio de suas componentes nas direções Ox e Oy. Observando que $\vec{n}_e = -\vec{e}_x$ e que $\vec{n}_s = \cos\theta\,\vec{e}_x + \operatorname{sen}\theta\,\vec{e}_y$, as componentes da Eq. (4.19) segundo Ox e Oy serão, respectivamente, dadas por

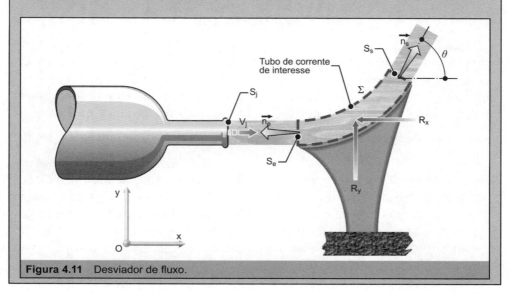

Figura 4.11 Desviador de fluxo.

120 ▮ Mecânica dos Fluidos

$$G_x + R_x = -(p_e \cdot S_e + \beta_e \cdot Q_m \cdot V_e)\vec{e}_x + \cos\theta \cdot (p_s \cdot S_s + \beta_s \cdot Q_m \cdot V_s)\vec{e}_x, \quad \text{(A)}$$

$$G_y + R_y = \operatorname{sen}\theta \cdot (p_s \cdot S_s + \beta_s \cdot Q_m \cdot V_s)\vec{e}_y. \quad \text{(B)}$$

Nessas equações, $G_x = 0$ e $G_y = -G_l\,\vec{e}_y$, onde G_l é o peso do líquido no tubo de corrente que está sobre o desviador, $p_e = p_s = 0$ (jato é lançado na atmosfera, $p_{\text{atm}} = 0$) e $\beta_e = \beta_s = 1,0$. Sabemos da equação da continuidade, que a vazão em massa Q_m que escoa através do tubo de corrente que vai desde a seção de saída do bocal até a seção de escoamento de área S_s na saída do desviador é constante e igual a $Q_m = \rho \cdot S_j \cdot V_j$. Já as velocidades médias nas diversas seções de escoamento desse tubo de corrente, não necessariamente se mantêm constantes. Para determinar as velocidades V_e e V_s, teremos de aplicar a equação de Bernoulli generalizada nas seções de escoamento de áreas: S_j, S_e, S_s. Apliquemos, primeiramente, a equação de Bernoulli generalizada entre as seções de escoamento S_j e S_e

$$z_j + \alpha_j \frac{V_j^2}{2g} + \frac{p_j}{\gamma} = z_e + \alpha_e \frac{V_e^2}{2g} + \frac{p_e}{\gamma} + \Delta H_{j,e}, \quad \text{(C)}$$

com $z_j = z_e$ (porção horizontal do jato), $\alpha_j = \alpha_e = 1,0$ (pois é dado que $\beta_e = \beta_s = 1,0$ – escoamento turbulento), $p_j = p_e = 0$ (jato é lançado na atmosfera, $p_{\text{atm}} = 0$). Vê-se, então, na Eq. (C), que somente na hipótese de que a perda de carga $\Delta H_{j,e}$ seja zero é que $V_j = V_e$. Admitamos que seja esse o caso, pois é desprezível o atrito do jato de líquido com o ar atmosférico estacionário.

Aplicando, agora, a equação de Bernoulli generalizada entre as seções de escoamento S_e e S_s, resulta em

$$V_s^2 = V_e^2 - 2g \cdot (\Delta H_{e,s} + \Delta z_{s,e}), \quad \text{(D)}$$

onde $\Delta H_{e,s}$ é a perda de carga entre as seções de entrada e de saída do tubo de corrente que está sobre o desviador e $\Delta z_{s,e} = z_s - z_e$. Aqui, somente quando se despreza a perda de carga $\Delta H_{e,s}$ e a diferença de alturas $\Delta z_{s,e}$ é que resulta em $V_s = V_e$. Sem prejuízo de serem levados em conta esses efeitos sobre as velocidades, admitamos, por simplicidade, que eles sejam desprezíveis.

Logo, tendo em vista as hipóteses simplificadoras supraenunciadas, temos que $V_j = V_e = V_s$.

Observe, contudo, na Equação (C), que a perda de carga e a diferença de cotas agem, ambas, no sentido de redução da velocidade média do jato ao longo do desviador, pois a carga cinética se reduz à medida que o jato avança, a fim de suprir a carga potencial (que aumenta à medida que o jato sobe) e a perda de carga. Tudo isso para atender à equação da energia. Porém, a equação da continuidade tem, também, que ser simultaneamente satisfeita.

CAPÍTULO 4 – Equações de conservação para tubo de corrente ▮ **121**

De fato, haverá um aumento de área das seções de escoamento do jato ao longo do desviador, para compensar a redução da velocidade média ao longo do desviador e, assim, manter vazão constante.

Temos, agora, todos os elementos para reescrever as Eqs. (A e B) nas formas

$$R_x = \rho \cdot S_J \cdot V_j^2 \cdot (\cos \theta - 1)\vec{e}_x, \tag{E}$$

$$R_y = (G_l + \rho \cdot S_j \cdot V_j^2 \cdot \operatorname{sen} \theta)\vec{e}_y. \tag{F}$$

Sabemos que R_x e R_y são as componentes da força externa aplicada pelo desviador ao corpo fluido contido no tubo de corrente. Pelo princípio da ação–reação, esse corpo fluido aplica no desviador uma força com componentes de mesmo módulo e direção, porém em sentido contrário àquele dado pelas Eqs. (E, F). Caso o desviador não esteja fixado ao solo, ele tombará para a direita.

Outro exemplo de aplicação da equação da quantidade de movimento

Conforme mostra a Figura 4.12, a água escoa em regime permanente, por um cotovelo a 180°, sendo descarregada na atmosfera através de um bocal. A pressão indicada pelo manômetro metálico à montante do cotovelo é de 96 kPa. As áreas de entrada no cotovelo e de saída do bocal são $S_e = 2.600$ mm^2 e $S_s = 650$ mm^2, respectivamente, e a velocidade na entrada do cotovelo é $V_e = 3,05$ m/s. Determine a força que a água exerce no cotovelo. Admita escoamento turbulento e $\rho_{\text{água}} = 10^3$ kg $\cdot$ m^{-3}.

Solução

As componentes da Eq. (4.19), já escritas para o tubo de corrente dentro do cotovelo e do bocal, são

$$R_x = - (p_e \cdot S_e + \beta_e \cdot Q_m \cdot V_e)\vec{e}_x - (\beta_s \cdot Q_m \cdot V_s)\vec{e}_x, \tag{A}$$

$$R_y = G_l\,\vec{e}_y, \tag{B}$$

onde G_l é o peso da água que ocupa o interior do cotovelo e do bocal, $\beta_e = \beta_s = 1,0$ (escoamento turbulento) e Q_m é a vazão em massa, dada por $Q_m = \rho_{\text{água}} \cdot V_e \cdot S_e = 10^3 \cdot 3,05 \cdot 2.600 \times 10^{-6} = 7,93$ kg $\cdot$ s^{-1}. V_s será dado por

$$V_s = \tfrac{S_e}{S_s}V_e = \tfrac{2.600}{650}3,5 = 12,2 \text{ m} \cdot \text{s}^{-1}.$$

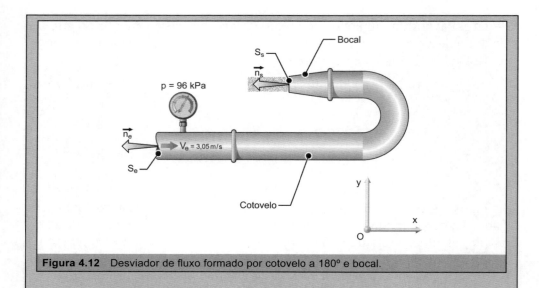

Figura 4.12 Desviador de fluxo formado por cotovelo a 180° e bocal.

Substituindo esses valores e os demais dados numéricos na Eq. (A), resulta em

$$R_x = [-(96 \times 10^3 \times 2{,}6 \times 10^{-3} + 1{,}0 \times 7{,}93 \times 3{,}05) - \\ - (1{,}0 \times 7{,}93 \times 12{,}2)]\vec{e}_x = 370{,}5\ N\ (-\vec{e}_x).$$

R_x e R_y são as componentes da força externa aplicada pelo cotovelo à água contida no cotovelo e no bocal. Esta, por sua vez, exerce no cotovelo uma força com componentes de mesmo módulo e direção, porém em sentido contrário. De fato, o cotovelo deverá ser fixado na tubulação de adução, para que o fluxo de água não o desloque para a direita (segundo $\vec{e}_x$), inviabilizando o desvio do jato de 180°.

4.4 EQUAÇÃO DO MOMENTO DA QUANTIDADE DE MOVIMENTO

A equação do momento da quantidade de movimento útil nas aplicações é aquela referida a um eixo (Oz, por exemplo, orientado como se indica na Figura 4.13).

Para escoamento de fluido real e incompressível, em regime permanente, através de tubo de corrente, a equação do momento da quantidade de movimento com relação ao eixo Oz, em coordenadas cilíndricas, é dada por

$$\left(M_z\right)_{\text{ext}} = \left(\overline{r}_2 \cdot V_{2,\theta} - \overline{r}_1 \cdot V_{1,\theta}\right) \cdot Q_m, \tag{4.21}$$

onde $(M_z)_{\text{ext}}$, é o momento externo em relação ao eixo Oz que deve ser aplicado ao tubo de corrente para manter o regime permanente. No sistema de coordenadas cilíndrico, $\bar{r}_1$ e $\bar{r}_2$ são as coordenadas radiais dos centros de gravidade das seções de escoamento 1 e 2, respectivamente, $V_{1,\theta}$ e $V_{2,\theta}$ são as componentes azimutais das velocidades médias V_1 e V_2, respectivamente. Q_m é a vazão em massa que escoa através do tubo de corrente.

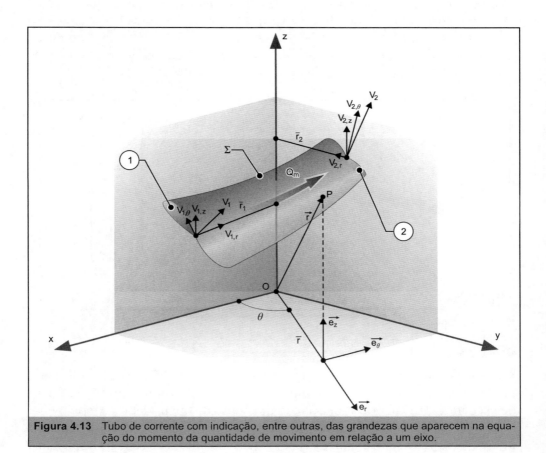

Figura 4.13 Tubo de corrente com indicação, entre outras, das grandezas que aparecem na equação do momento da quantidade de movimento em relação a um eixo.

Note, na Eq. (4.21), que o momento na seção de escoamento 1 vem afetado do sinal negativo, uma vez que ele é devido ao fluxo que *entra* no tubo de corrente, em contraposição ao momento devido ao fluxo que *sai* do tubo de corrente pela seção de escoamento 2, que vem afetado do sinal positivo.

Exemplo de aplicação da equação do momento da quantidade de movimento em relação a um eixo

A Figura 4.14 mostra um aspersor de água com dois bocais. Os bocais de saída formam um ângulo reto com os braços do aspersor e um ângulo φ com relação à horizontal. Sendo dadas a vazão em massa na entrada do aspersor Q_{m_0} e a velocidade média nos bocais de saída V e sabendo que o comprimento de cada braço do aspersor é $L/2$, determinar o momento externo em relação ao eixo Oz $(M_z)_{\text{ext}}$ para manter o aspersor imóvel.

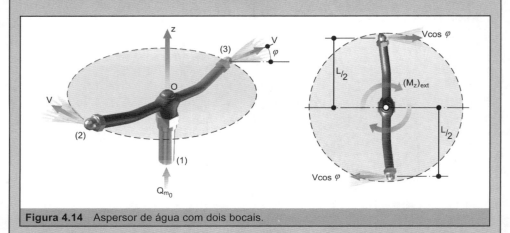

Figura 4.14 Aspersor de água com dois bocais.

Solução

A primeira coisa a se observar é que, considerando o fluxo de entrada e os fluxos de saída nos dois bocais, temos um tubo de corrente com três seções de escoamento. Embora a equação do momento da quantidade de movimento [Eq. (4.21)] tenha sido apresentada para apenas duas seções de escoamento, a extensão dessa equação para levar em conta três ou mais seções de escoamento é imediata, bastando acrescentar o momento dos demais fluxos, cada um deles afetado do respectivo sinal: negativo se for um fluxo que entra no tubo de corrente; positivo em caso contrário.

Então, a equação do momento da quantidade de movimento em relação ao eixo Oz do aspersor, considerando as três seções de escoamento, escreve-se

$$(M_z)_{\text{ext}} = \bar{r}_2 \cdot V_{2,\varphi} \cdot Q_{m_2} + \bar{r}_3 \cdot V_{3,\varphi} \cdot Q_{m_3} - \bar{r}_1 \cdot V_{1,\varphi} \cdot Q_{m_0}, \quad \text{(A)}$$

onde $\bar{r}_2$ e $\bar{r}_3$ são as coordenadas radiais dos centros de gravidade das seções de escoamento 2 e 3, localizadas nos bocais de saída, $\bar{r}_1$ é a coordenada radial do centro de gravidade da seção de escoamento 1, localizada na entrada. Q_{m_2} e Q_{m_3} são as vazões em massa nas seções de escoamento 2 e 3, localizadas nos bocais de saída e Q_{m_0} (dada), a vazão na entrada do aspersor, $V_{1,\varphi}$, $V_{2,\varphi}$ e

$V_{3,\varphi}$ são as componentes azimutais das velocidades médias V_1, V_2 e V_3, nas seções de escoamento 1, 2 e 3, respectivamente.

É fácil verificar que, sendo a seção de escoamento de entrada do aspersor normal ao eixo Oz, $\bar{r}_1 = 0$ e $V_{1,\varphi} = 0$; o fluxo na seção de entrada não gera momento em relação ao eixo Oz.

Como os braços do aspersor são iguais e simétricos, e tendo em vista a equação da continuidade, podemos considerar que a vazão de entrada se divide igualmente entre os braços; logo,

$$Q_{m_2} = Q_{m_3} = \frac{Q_{m_0}}{2}.$$

Uma vez reconhecendo que $\bar{r}_2 = \bar{r}_3 = \frac{L}{2}$, e que $V_{2,\varphi} = V_{3,\varphi} = V \cdot \cos\varphi$, de acordo com a Eq. (A) temos, finalmente,

$$\left(M_z\right)_{\text{ext}} = \frac{L}{2} \cdot V \cdot \cos\varphi \cdot \frac{Q_{m_0}}{2} + \frac{L}{2} \cdot V \cdot \cos\varphi \cdot \frac{Q_{m_0}}{2} = \frac{L}{2} \cdot Q_{m_0} \cdot V \cdot \cos\varphi,$$

no sentido horário.

Portanto, um momento no sentido horário de magnitude $\frac{L}{2} \cdot Q_{m_0} \cdot V \cdot \cos\varphi$, deverá ser aplicado ao aspersor para mantê-lo imóvel (que por sua vez aplica-o à água contida no tubo de corrente), uma vez que a água no interior do tubo de corrente considerado, escoando nas paredes internas do aspersor, tenderá a girá-lo no sentido anti-horário.

Note, finalmente, que esses resultados podem, também, ser obtidos aplicando-se a equação da quantidade de movimento.

4.5 APLICABILIDADE DAS EQUAÇÕES DE CONSERVAÇÃO INCOMPRESSÍVEIS NO ESCOAMENTO DE GASES[3]

Foi indicado, no item 1.5, que gases escoando sob determinadas condições podem ser considerados como incompressíveis. Resta definir, então, as condições que devem ser atendidas para que um gás em escoamento se comporte como um fluido incompressível.

Para tanto, vamos analisar, primeiramente, o caso de uma máquina que transfere energia a um fluido compressível[4]. Apliquemos a Equação da Ener-

---

[3] O entendimento deste item requer o conhecimento de alguns conceitos básicos da Termodinâmica.

[4] Adaptado de *Ventiladores: Conceitos Gerais, Classificação, Curvas Características Típicas e "Leis dos Ventiladores"*. Disponível em: <http://www.fem.unicamp.br/~em712>. Acesso em: 19 dez. 2008.

126 ▌ Mecânica dos Fluidos

gia entre a seção de entrada (1) e de saída (2) da máquina. Por se tratar de fluido compressível, podemos desprezar a diferença de carga potencial entre a entrada e a saída da máquina. Uma vez reconhecendo que no caso de fluido compressível a variação da carga de pressão entre as seções (1) e (2) é dada por $\frac{1}{g}\int_1^2 \frac{dp}{\rho}$, a Equação da Energia escreve-se

$$H_M = \frac{V_2^2 - V_1^2}{2g} + \frac{1}{g}\int_1^2 \frac{dp}{\rho},$$

A variação de massa específica do fluido, quando ele é comprimido na máquina, poderá ser obtida dessa equação quando relacionarmos a pressão com a massa específica do fluido. Se o processo ocorrendo na máquina se dá sem troca de calor com o meio ambiente (processo adiabático), então,

$$\frac{p}{\rho^k} = \frac{p_1}{\rho_1^k} = \frac{p_2}{\rho_2^k},$$

onde k é a razão dos calores específicos.

Tendo em vista esse último resultado, a Equação da Energia escreve-se

$$H_M = \frac{V_2^2 - V_1^2}{2g} + \frac{1}{g}\frac{p_1^{1/k}}{\rho_1}\int_1^2 \frac{1}{p^{1/k}}dp,$$

ou, se o gás é ideal ($p/\rho = RT$),

$$H_M = \frac{V_2^2 - V_1^2}{2g} + \frac{1}{g}\left(\frac{k}{k-1}\right)RT_1\left[\left(\frac{\rho_2}{\rho_1}\right)^{k-1} - 1\right].$$

O que desejamos obter dessa equação? A variação de massa específica do escoamento! Melhor ainda: a "máxima variação possível" de massa específica que pode ocorrer em um escoamento de gás ideal que foi comprimido adiabaticamente. A variação de massa específica será máxima quando houver uma desaceleração do escoamento através da máquina ($V_2 < V_1$), uma ocorrência que não é usual.

Logo, a máxima variação possível de massa específica ocorrerá quando a carga cinética entre a entrada e a saída da máquina fica inalterada; ou seja, quando toda a altura manométrica da máquina é utilizada no trabalho de compressão do fluido. Assim, se o primeiro caso não é o usual, podemos escrever:

$$H_M \approx \frac{1}{g}\left(\frac{k}{k-1}\right)RT_1\left[\left(\frac{\rho_2}{\rho_1}\right)_{máx}^{k-1} - 1\right].$$

Entretanto, antes de montarmos uma tabela para quantificar variações de massa específica para diversas alturas manométricas da máquina, analisemos a situação de um tubo de corrente sem máquina onde escoa um fluido compressível. Nesse caso, a Equação da Energia será reduzida a um balanço entre as cargas cinéticas, de pressão e a perda de carga

$$-\frac{V_2^2-V_1^2}{2g} = \frac{1}{g}\int_1^2 \frac{dp}{\rho} + \Delta H_{1,2}.$$

Para simplificar nossa análise, vamos admitir um processo em que a perda de carga seja desprezível frente aos demais termos e que esse processo ocorra em uma expansão súbita, quando a seção de escoamento aumenta bruscamente, $S_2 \gg S_1$ (ver Figura 4.15). A expansão brusca é uma idealização de uma compressão adiabática. Como consequência, a variação de pressão resultante deste processo imporá uma variação máxima da massa específica

$$\left(\frac{V_1^2}{2g}\right) \approx \frac{1}{g}\int_1^2 \frac{dp}{\rho},$$

$$\left(\frac{V_1^2}{2g}\right) \approx \frac{1}{g}\left(\frac{k}{k-1}\right)RT_1\left[\left(\frac{\rho_2}{\rho_1}\right)_{\text{máx}}^{k-1} - 1\right].$$

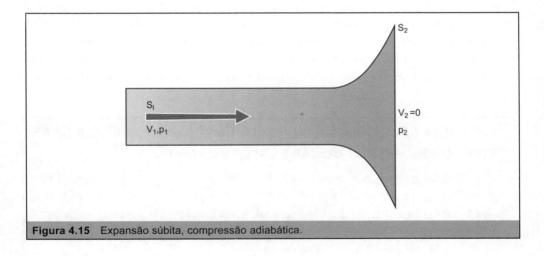

Figura 4.15 Expansão súbita, compressão adiabática.

Podemos, agora, quantificar a variação máxima de massa específica de um escoamento de gás através de uma máquina, quando a altura manométrica H_M é transferida ao escoamento ou quando um escoamento é desacelerado de V_1 até a estagnação.

128 ■ Mecânica dos Fluidos

Na Tabela 4.1, a primeira coluna mostra diversos valores de altura manométrica da máquina para um escoamento de ar à pressão e temperatura de referência (1 atm, 20 °C, $R = 287$ m²/(s² · K), $k = 1,4$); a velocidade V_1 correspondente está na segunda coluna. A terceira coluna mostra a variação máxima de massa específica do escoamento de ar associada a esses valores.

Tabela 4.1 Variação de massa específica quando a altura manométrica H_M é transferida ao escoamento ou quando um escoamento é desacelerado de V_1 até a estagnação

H_M	V_1	$(\Delta\rho/\rho)_{máx}$
(mmca)	(m/s)	(%)
50	28,6	0,40
100	40,5	0,67
200	90,5	4,20

Observe que a variação de massa específica atinge o valor de 0,4% quando a altura manométrica da máquina é da ordem de 50 mmca, e 4,2% quando ela é 500 mmca.

O valor de 500 mmca para a altura manométrica da máquina estabelece um marco para separarmos escoamentos de ar entre incompressíveis e compressíveis: quando uma máquina transfere uma altura manométrica inferior a 500 mmca o processo de compressão é calculado como se o fluido fosse incompressível; da mesma forma, quando a velocidade de ar em um duto é inferior a 100 m/s[5] (pressão dinâmica próxima de 500 mmca), o escoamento é calculado como se fosse o de um fluido incompressível. Em ambos os casos, a análise fica simplificada e é realizada utilizando-se as equações de conservação incompressíveis.

Exemplo de aplicação das equações de conservação incompressíveis no escoamento de gás através do venturi

A Figura 4.16 mostra o mesmo venturi do exemplo de aplicação tratado no item 4.1, só que agora o objetivo é determinar a vazão em massa de ar Q_m que escoa através do venturi, sabendo-se que o desnível entre as colunas de água no manômetro de tubo em "U" é de 10 cm e que as áreas da seção de entrada e da garganta são, respectivamente, de 20 cm² e 10 cm². Admita: $\gamma_{água} = 9.810$ N · m⁻³ e $\gamma_{ar} = 11,77$ N · m⁻³.

---

[5] Essa velocidade corresponde a um número de Mach em torno de 0,3. O número de Mach será definido no próximo capítulo.

Solução

Nenhum escoamento se dá sem satisfazer as equações da continuidade e da energia. Por se tratar de escoamento de ar, admitamos, provisoriamente, que o escoamento seja incompressível, sujeito à verificação dos resultados que forem obtidos utilizando as equações incompressíveis da continuidade e da energia (equação de Bernoulli generalizada).

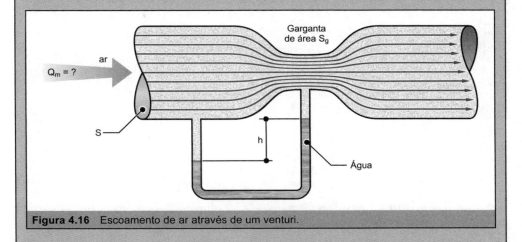

Figura 4.16 Escoamento de ar através de um venturi.

A equação da continuidade para fluido incompressível, Eq. (4.3), será, então, utilizada, resultando em

$$Q = Q_g,$$

onde Q é a vazão em volume na entrada e Q_g é a vazão em volume na garganta do venturi.

Aplicando a Eq. (4.4) a este resultado, temos

$$V \cdot S = V_g \cdot S_g, \tag{I}$$

onde V e V_g são as velocidades médias na seção de entrada e na garganta do venturi, respectivamente.

Esse resultado fornece uma relação entre as velocidades, porém, até aqui, ambas são desconhecidas; portanto, necessitamos de outra equação envolvendo essas velocidades. A escolha óbvia é a equação de Bernoulli generalizada, Eq. (4.18),

$$H_1 + H_M = H_2 + \Delta H_{1,2}.$$

130 ▌ Mecânica dos Fluidos

Nesta equação $H_1 = H$, carga total na seção de entrada, $H_2 = H_g$, carga total na garganta, $H_M = 0$, não há máquina entre a seção de entrada e a garganta, $\Delta H_{1,2} \cong 0$, pois como a seção de entrada e a garganta estão muito próximas, a perda de carga entre essas duas seções será desprezível.

Assim, a equação de Bernoulli generalizada se simplifica para a equação de Bernoulli original

$$H = H_g,$$

que, em termos das cargas potencial, cinética e de pressão, se escreve

$$z + \alpha \frac{V^2}{2g} + \frac{p}{\gamma_{ar}} = z_g + \alpha_g \frac{V_g^2}{2g} + \frac{p_g}{\gamma_{ar}}.$$

Como o venturi está na horizontal $z = z_g$, e admitindo escoamento turbulento $\alpha = \alpha_g \cong 1,0$, temos

$$\frac{p - p_g}{\gamma_{ar}} = \frac{1}{2g} = \left(V_g^2 - V^2\right). \tag{II}$$

Temos, agora, uma segunda equação envolvendo as velocidades, só que essa equação introduziu uma nova incógnita – a diferença de pressões $p - p_g$.

A 3ª equação que será utilizada para fechar o sistema e equações é a *equação manométrica*[*]

$$\frac{p - p_g}{\gamma_{ar}} = h\left(\frac{\gamma_{água}}{\gamma_{ar}} - 1\right). \tag{III}$$

Substituindo a Eq. (III) na Eq. (II) resulta em

$$h\left(\frac{\gamma_{água}}{\gamma_{ar}} - 1\right) = \frac{1}{2g}\left(V_g^2 - V^2\right). \tag{IV}$$

Da Eq. (I) temos que $V_g = \frac{S}{S_g}V$, resultado esse que, uma vez substituído na Eq. (IV), fornece

$$h\left(\frac{\gamma_{água}}{\gamma_{ar}} - 1\right) = \frac{1}{2g}V^2\left(\frac{S^2}{S_g^2} - 1\right).$$

---

[*]A equação manométrica é a equação que relaciona pressões com colunas de fluidos nos manômetros de tubo. Recomenda-se ao leitor tentar obter a Eq. (III) como exercício.

CAPÍTULO 4 – Equações de conservação para tubo de corrente ■ 131

Isolando V no primeiro membro desta equação, resulta em

$$V = \left[\frac{2gh}{\left(\dfrac{S^2}{S_g^2} - 1 \right)} \left(\frac{\gamma_{\text{água}}}{\gamma_{\text{ar}}} - 1 \right) \right]^{1/2}.$$

Substituindo valores numéricos nesta equação, resulta em

$$V = \left[\frac{2 \times 9{,}81 \times 0{,}10}{\left(\dfrac{400}{100} - 1 \right)} \left(\frac{9810}{11{,}77} - 1 \right) \right]^{1/2} = 23{,}33 \text{ m/s}.$$

que é o valor da velocidade na seção de entrada do venturi.

Na garganta a velocidade será de

$$V_g = \frac{S}{S_g} V = \frac{20}{10} \times 23{,}33 = 46{,}66 \text{ m/s}.$$

Esse resultado mostra que foi válido utilizar as equações da continuidade e da energia para fluido incompressível, pois a velocidade de maior valor que ocorre na garganta ficou abaixo da velocidade limite de 100 m/s para o ar.

Finalmente, para $\rho_{\text{ar}} = \gamma_{\text{ar}}/g = 11{,}77/9{,}81 = 1{,}2 \text{ kg} \cdot \text{m}^{-3}$, a vazão em massa de ar que escoa através do venturi será de

$$Q_m = \rho_{\text{ar}} \cdot V \cdot S = 1{,}2 \frac{\text{kg}}{\text{m}^3} \times 23{,}33 \frac{\text{m}}{\text{s}} \times 20 \times 10^{-4} \text{ m}^2 \cong 5{,}60 \times 10^{-2} \frac{\text{kg}}{\text{s}}.$$

Um comentário final é que o aumento da velocidade média na garganta implicou uma redução da pressão (como demonstra o desnível das colunas de líquido manométrico no manômetro de tubo em "U"), a fim de satisfazer a equação da conservação de energia (equação de Bernoulli). Este é o chamado "efeito venturi" em que a convergência das linhas de corrente implica o aumento da velocidade média, a qual vem acompanhada de uma redução da pressão e vice-versa.

4.6 EXERCÍCIOS

Equação da continuidade

1   Água escoa para dentro do tanque cilíndrico de diâmetro $D = 65$ cm da figura, através do duto cilíndrico com diâmetro $D_1 = 75$ mm com velocidade de 2 m/s e sai através dos dutos cilíndricos de diâmetro $D_2 = 50$ mm, e $D_3 = 60$ mm com velocidade de 0,8 m/s e 1 m/s, respec-

tivamente. O tubo cilíndrico de diâmetro $D_4 = 50$ mm ventila para a atmosfera. Nessas condições, pedem-se: a) determine a velocidade da superfície livre da água no tanque; b) admitindo-se que o escoamento de ar através do duto de diâmetro D_4 é incompressível, determine a velocidade média de escape de ar. Respostas: a) 0,0134 m/s; b) 2,26 m/s.

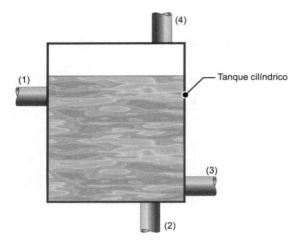

2 Água escoa através do duto 1 com vazão de 5 m³/s para dentro do tanque retangular A, que tem comprimento de 5 m e largura de 5 m. No instante de interesse, a vazão de água do tanque A para o tanque B, através do duto 3 é de 4 m³/s e, nesse instante, o nível da água do tanque B cai a uma velocidade de 2 m/s. O tanque B é também retangular e tem comprimento de 8 m e largura de 5 m. Pedem-se: a) determine a vazão através do duto 2 e o seu sentido no instante de interesse; b) determine a velocidade do nível da água do tanque A e o seu sentido no instante de interesse. Respostas: a) 84 m³/s (saindo); b) 0,04 m/s (subindo).

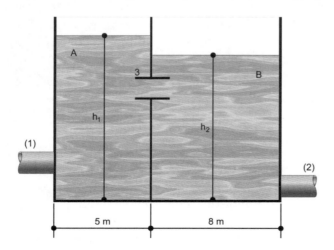

3   O acumulador hidráulico da figura foi projetado para reduzir as pulsações de pressão do sistema hidráulico de uma máquina operatriz. Para o instante indicado, determine a taxa de perda ou ganho de volume de óleo hidráulico do acumulador. Resposta: perda de 0,59 l/s.

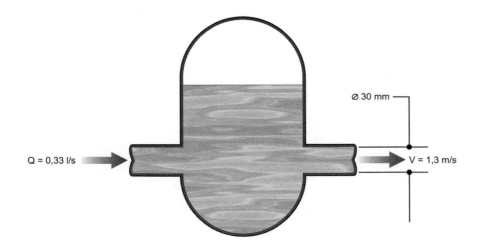

4   A bomba de jato da figura injeta ar com velocidade $V_1 = 40$ m/s através de um tubo com 75 mm de diâmetro e promove um escoamento secundário de ar, com velocidade $V_2 = 3$ m/s, na região anular em torno do tubo pequeno. Os dois escoamentos ficam completamente misturados a jusante, onde V_3 é aproximadamente uniforme. Para escoamento incompressível e em regime permanente, calcule V_3. Resposta: 6,33 m/s.

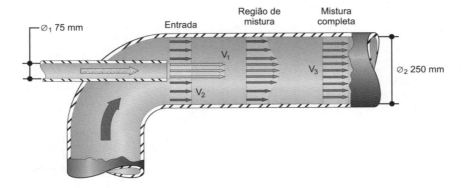

Equação da energia

5 Um jato de água emana verticalmente para cima de um orifício circular de 25 mm de diâmetro, e com velocidade de 12 m/s, conforme indica a figura. Admitindo que o jato permaneça circular e desprezando as perdas de carga, determine o diâmetro do jato a 4,5 m de altura acima da seção do orifício. Resposta: 32 mm.

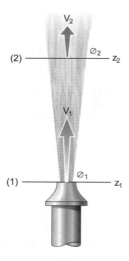

6 No escoamento da figura, a velocidade média no ponto A é 18 m/s. Admitindo escoamento turbulento através do tubo de corrente entre as seções B e A, determine a pressão no ponto B, desprezando a perda de carga. Resposta: 370 kPa.

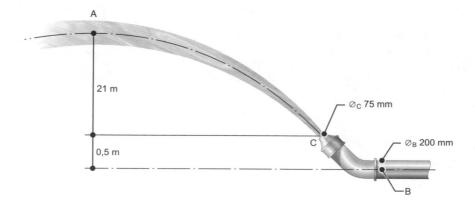

7   O venturi desenvolve um escoamento de baixa pressão na garganta capaz de aspirar água para cima de um reservatório, como o da figura. Aplicando a equação de Bernoulli, deduza uma expressão para a velocidade V_1 suficiente para começar a trazer o fluido do reservatório para a garganta. Resposta:

$$V_1 \geq \sqrt{\frac{2gh}{1-\left(1/r^4\right)}}, \text{ onde } r = D_2/D_1.$$

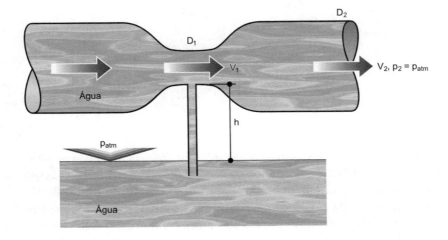

8   Água escoa em regime turbulento através da contração indicada na figura. Determine a vazão em volume desprezando a perda de carga, sabendo que a velocidade na tomada do tubo de Pitot fornece uma boa estimativa da velocidade média na seção (1). Resposta: 5,65 l/s.

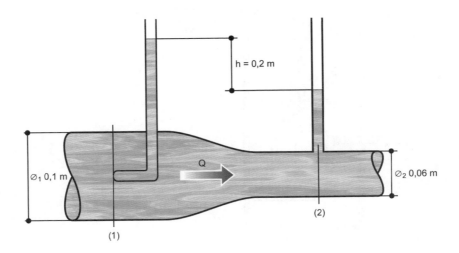

9   Estime a força agindo sobre a superfície externa do farol de diâmetro $d = 15$ cm de um carro viajando a 120 km/h, supondo que os efeitos de atrito são pequenos. Considere escoamento incompressível, com massa específica $\rho_{ar} = 1,23$ kg/m^3. Resposta: 12,1 N.

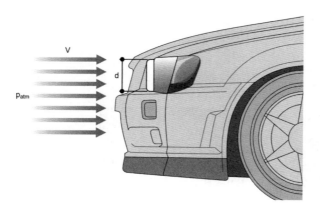

10 Querosene ($\rho = 804$ Kg · m^{-3}, $\mu = 1,92 \times 10^{-3}$ N · s · m^{-2}) escoa através da instalação da figura com uma vazão de 0,065 m^3/s. A bomba requer em seu eixo uma potência de 6.500 W, e opera com um rendimento de 65%. A perda de carga entre (1) e (2) é de 2,4 m. A diferença de pressões entre (1) e (2) é medida por meio de um manômetro que usa mercúrio como fluido manométrico ($\rho_{mercúrio} = 13.600$ kg/m^3). Considerando $g = 10$ m/s^2, pedem-se: a) determine a altura manométrica da bomba; b) determine a diferença de pressões entre as seções (1) e (2); c) determine a diferença de alturas h no manômetro de tubo em "U" com mercúrio. Respostas: a) 8,08 m; b) –115.133 Pa; c) 1,0 m.

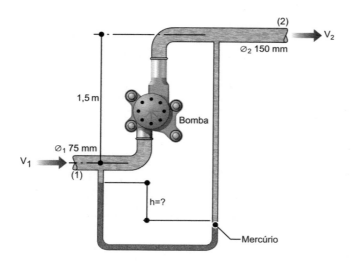

11 Na instalação da figura, uma turbina retira energia do escoamento de água com rendimento de 86%. São dados: diâmetro da tubulação $D = 0,20$ m, velocidade média no bocal de saída $V_5 = 10$ m/s, diâmetro do bocal de saída $d = 0,10$ m, perda de carga ao longo da tubulação é de 0,10 m por metro de tubulação, a perda de carga na entrada da tubulação e no bocal são desprezíveis. Pedem-se: a) determine as cargas totais nas seções de escoamento 2 e 3 (respectivamente, entrada e saída da turbina); b) determine a potência disponível no eixo da turbina. Respostas: a) 26 m, 6 m; b) 13,5 kW.

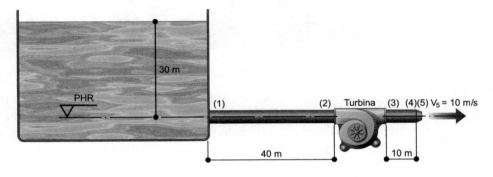

12 Água escoa em movimento turbulento verticalmente para cima através da tubulação, e penetra na região anular entre as placas circulares, conforme indica a figura. A partir daí, o escoamento é radial formando na saída um jato na forma de anel circular. Determine a vazão que escoa entre as placas, sabendo-se que a pressão na seção A é 69 kPa e que a perda de carga é desprezível. Resposta: 0,407 m³/s.

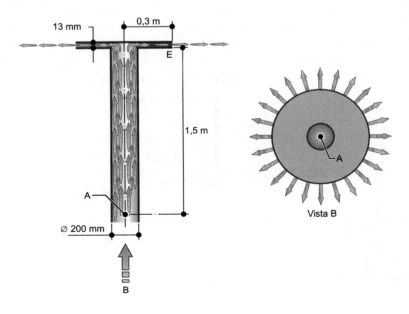

13 Considerando que a perda de carga na tubulação da instalação esquematizada na figura é dada por $3{,}5 \cdot V^2$, onde V é a velocidade média na tubulação, estime a vazão máxima que pode escoar na instalação, quando o desnível entre as superfícies livres dos reservatórios é de 80 m. Resposta: 2,40 m³/s.

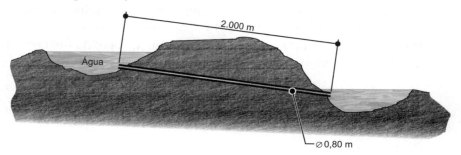

14 A figura mostra um bocal horizontal descarregando na atmosfera. A área da seção de escoamento na entrada vale 600 mm² e na saída vale 200 mm². Calcule a vazão quando a pressão na entrada vale 400 Pa, desprezando a perda de carga. Dado: $\rho_{\text{água}} = 1.000$ kg/m³. Resposta: 0,19 l/s.

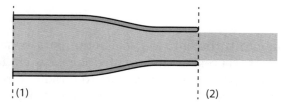

15 A figura mostra uma bomba alimentando um reservatório elevado de grandes dimensões com vazão de 1,4 l/s, através de uma tubulação de 30 mm de diâmetro. Sabendo-se que o peso específico da água vale 9.810 N/m³ e que a perda de carga na instalação é de 5 m, determine a pressão p_1 indicada pelo manômetro de Bourdon em kgf/cm². Adote: $g = 9{,}81$ m/s²; 1 N = 9,81 kgf. Resposta: 2,98 kgf/cm².

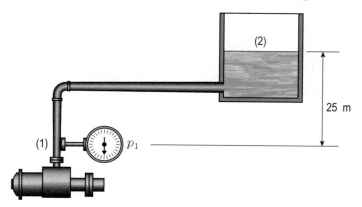

16 Uma mangueira de plástico com diâmetro de 15 mm e 10 m de comprimento, drena uma piscina d'água. Desprezando a perda de carga, determine a vazão que escoa através da mangueira. Resposta: 0,512 l/s.

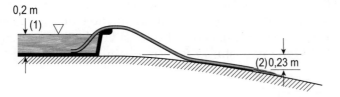

17 Desprezando a perda de carga, determinar para o sifão da figura: a vazão Q de água e as pressões em B, C, D, e E. Respostas: $Q = 3,77$ l/s, $p_B = -4,5$ kPa, $p_C = -16,27$ kPa, $p_D = -4,5$ kPa, $p_E = 24,93$ kPa.

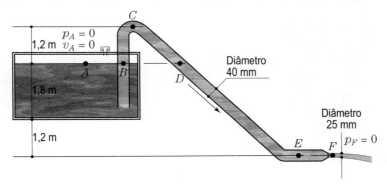

Equação da quantidade de movimento

18 Água escoa na curva mostrada na figura. As pressões efetivas nas seções (1) e (2) valem, respectivamente, 207 kPa e 165 kPa. Determine as componentes da força para ancorar a curva nas direções x e y. Dado: $\rho_{água} = 10^3$ kg/m³. Resposta: $R_x = 0$, $R_y = -7,76$ kN $\vec{e}_y$.

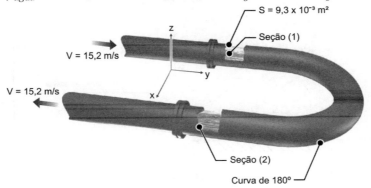

19   Determine a força (módulo, direção e sentido) necessária para imobilizar o bocal cônico da figura, instalado na seção de descarga de uma torneira de laboratório, sabendo-se que a vazão de água na torneira é de 0,6 l/s. A massa do bocal é igual a 0,1 kg, a massa de água no bocal é igual a 0,0028 kg e os diâmetros das seções de alimentação e descarga são de 16 mm e 5 mm, respectivamente. O bocal está na vertical e a pressão na seção (1) é de 464 kPa. Resposta: 77,8 N (para cima).

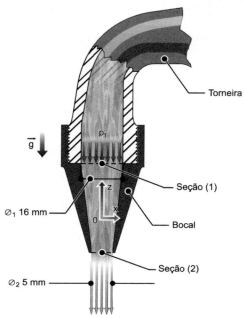

20   Qual a força necessária para manter a placa com orifício presa à tubulação, desprezando a perda de carga? Dado: $\rho_{água} = 1.000$ kg/m^3. Resposta: 353,74 kN.

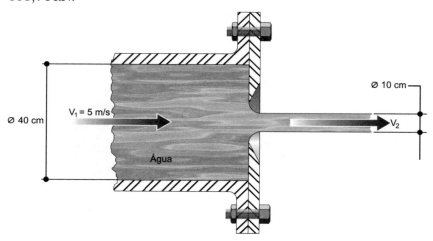

21 Os resultados de um ensaio em túnel de vento de seção de testes aberta à atmosfera, para determinar o arrasto em um corpo podem ser assim resumidos: na seção de montante (1), a velocidade é uniforme e igual a 30 m/s; na seção de jusante (2), a distribuição de velocidades é simétrica em relação à linha central e é assumida como sendo uniforme por etapas. Pedem-se: a) utilizando a equação da continuidade, determinar a distância h entre as linhas de corrente divisórias. Resposta: 1,33 m. b) Utilizando a equação da quantidade de movimento, determinar a força de arrasto por unidade de comprimento do corpo. Resposta: 500 N/m $\vec{e}_x$.

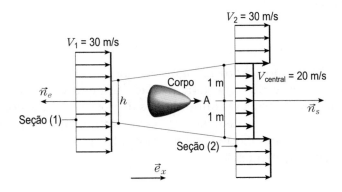

22 Um jato d'água emana de uma mangueira com 20 mm de diâmetro, em cuja extremidade está fixado um bocal com 5 mm de diâmetro. Se a pressão na seção 1 é de 200 kN/m², determinar a força (módulo, direção e sentido) necessária para fixar o bocal na mangueira, desprezando a perda de carga no bocal. Resposta: –55,4 N $\vec{e}_x$.

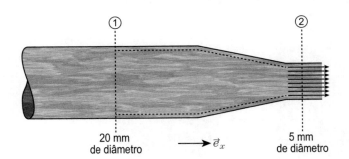

23 Qual a força horizontal que é aplicada na contração (módulo, direção e sentido) para uma vazão de água 0,707 m³/s, sabendo-se que a perda de carga na contração pode ser aproximada por $0{,}1V_2^2/2g$ e que $p_1 = 50$ kPa? Resposta: 8,16 kN $\vec{e}_x$.

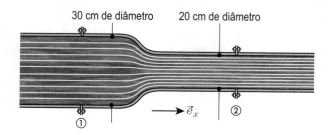

24 Os quatro dispositivos mostrados na figura se apoiam em rodízios sem atrito. A pressão na entrada e na saída de cada um é atmosférica, e o escoamento é incompressível. O conteúdo dos dispositivos é desconhecido. Quando liberados, quais dispositivos mover-se-ão para a direita, e quais para a esquerda? Justifique cada resposta. Respostas: a) direita; b) direita; c) direita; d) esquerda.

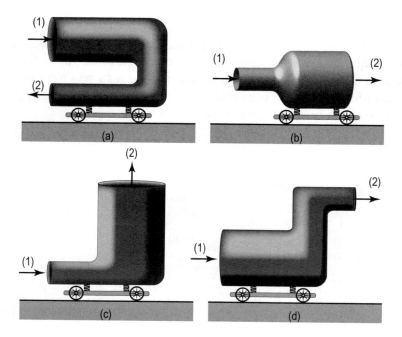

Equação do momento da quantidade de movimento

25 Admita que o aspersor da Figura 4.14 girasse a N RPM no sentido anti-horário e que as demais condições de operação do aspersor sejam as mesmas dadas no exemplo de aplicação do item 4.4. Determine a potência disponível no eixo do aspersor. Note que as velocidades médias nos bocais $V_{2,\varphi} = V_{3,\varphi} = V \cdot \cos \varphi$, passam a ser agora $V_{2_r,\varphi} = V_{3_r,\varphi} = V_r \cdot \cos \varphi$, onde V_r é a velocidade média relativa do jato, pois a água no bocal também se move à velocidade V_{bocal}, no sentido oposto ao da descarga do jato. Assim, $V_r = V - V_{\text{bocal}}$, onde $V_{\text{bocal}} = \omega \cdot \bar{r}$, em que ω é a velocidade angular do bocal, em radianos por segundo, dada por $\omega = 2 \cdot \pi \cdot N/60$, e $\bar{r} = L/2$.

Resposta: $\dfrac{\pi \cdot N \cdot L \cdot Q_{m_0}}{60} \cdot \left(V - \dfrac{\pi \cdot N \cdot L}{60} \right) \cdot \cos\varphi,$ com $\left(V > \dfrac{\pi \cdot N \cdot L}{60} \right).$

CAPÍTULO 5

ANÁLISE DIMENSIONAL E MODELOS FÍSICOS

5.1 MOTIVAÇÃO DO ESTUDO

Escrevamos a equação cinemática para determinação do espaço s, percorrido por um ponto material animado da velocidade v e da aceleração a, após o tempo t

$$s - vt - \frac{1}{2}at^2 = 0 \tag{5.1}$$

Dividamos a Eq. (5.1) por vt, obtendo

$$\pi_1 - \pi_2 - 1 = 0, \tag{5.2}$$

onde $\pi_1 = \frac{s}{vt}$ e $\pi_2 = \frac{at}{2v}$, observando que esses monômios são adimensionais.

A Figura 5.1 apresenta o gráfico da função descrita pela Eq. (5.2).

A Eq. (5.2) apresenta uma vantagem evidente em relação à Eq. (5.1) – o menor número de variáveis – quatro na Eq. (5.1) $f(s,v,a,t) = 0$, e duas na Eq. (5.2) $\emptyset(\pi_1, \pi_2) = 0$ –, não tendo ocorrido nenhuma perda de informação nessa transformação.

A redução do número de variáveis que controlam determinado fenômeno, por meio de monômios adimensionais, é a principal motivação para o estudo da análise dimensional, particularmente quando se desconhece a função que relaciona as variáveis envolvidas.

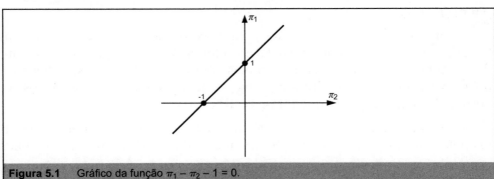

Figura 5.1 Gráfico da função $\pi_1 - \pi_2 - 1 = 0$.

De fato, seja, por exemplo, determinar a força F, que o escoamento com velocidade V, de um fluido com massa específica ρ e viscosidade μ, aplica na esfera de diâmetro D, conforme ilustra a Figura 5.2[1]. Ocorre aqui que, diferentemente do exemplo da cinemática supra, onde se conhece a relação entre as variáveis envolvidas na determinação do espaço percorrido pelo ponto material, não se conhece a função que relaciona as variáveis envolvidas para determinação da força de arrasto sobre a esfera; ou seja, $F \stackrel{?}{=} f(\rho, V, D, \mu)$.

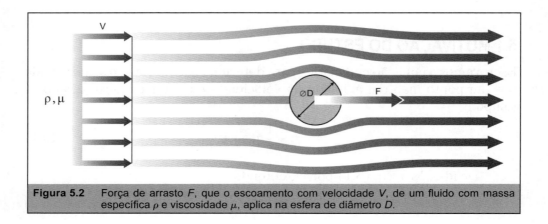

Figura 5.2 Força de arrasto F, que o escoamento com velocidade V, de um fluido com massa específica ρ e viscosidade μ, aplica na esfera de diâmetro D.

Uma opção seria tentar obter essa função experimentalmente. O procedimento experimental consistiria em se colocar esferas de diferentes diâmetros, uma de cada vez, na seção de testes de um túnel de vento (ρ_{ar}, μ_{ar}), conforme indica a Figura 5.3. Para cada esfera de diâmetro D, a força F seria medida (por meio de um dinamômetro acoplado à esfera), para diferentes valores da velocidade V.

Os resultados desses experimentos poderiam ser apresentados de forma gráfica, por exemplo, conforme Figura 5.4, onde a força de arrasto F é apresentada em função do diâmetro da esfera D, tendo a velocidade V como parâmetro, onde todos os ensaios foram realizados com o ar, para o qual $\rho = \rho_{ar}, \mu = \mu_{ar}$.

Uma vez ajustadas curvas aos pontos experimentais, o gráfico da Figura 5.4 permitiria obter, por interpolação, a força de arrasto que o escoamento de ar, com velocidade distinta daquelas utilizadas nos ensaios, aplicaria a uma esfera com um diâmetro que estivesse dentro da faixa de diâmetros coberta pelos experimentos que foram realizados.

Além das limitações relativas às faixas de valores das grandezas cobertas pelos ensaios, este gráfico sofre de uma séria restrição, pois só se aplica

---

[1] Na Mecânica dos Fluidos, essa força é denominada de *força de arrasto*.

ao escoamento de ar e, portanto, não poderia ser utilizado para determinação da força de arrasto sobre uma esfera imersa no escoamento de outro fluido (por exemplo, a água).

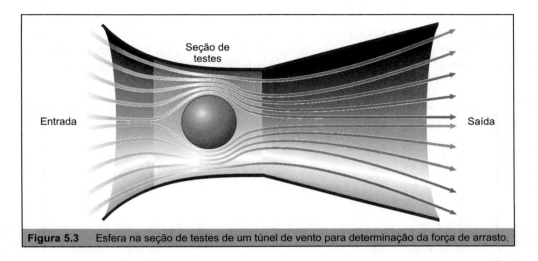

Figura 5.3 Esfera na seção de testes de um túnel de vento para determinação da força de arrasto.

Seria, portanto, necessário desenvolver experimentos complementares, utilizando outros fluidos, permitindo, então, gerar gráficos similares ao da Figura 5.4, para fluidos com diferentes massas específicas e com diferentes viscosidades.

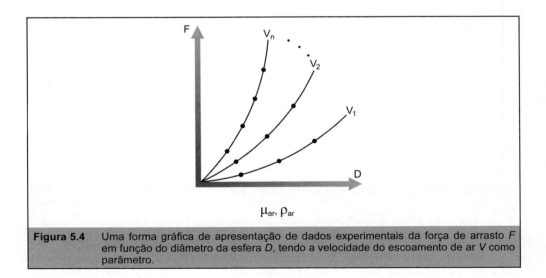

Figura 5.4 Uma forma gráfica de apresentação de dados experimentais da força de arrasto F em função do diâmetro da esfera D, tendo a velocidade do escoamento de ar V como parâmetro.

Conforme mostra a Figura 5.5, todos esses gráficos poderiam ser, então, dispostos como elementos de uma matriz, em que os elementos das linhas são gráficos $F \times D$, gerados com ρ fixo e μ variável, implicando, portanto, colunas onde os elementos são gráficos $F \times D$, gerados com μ fixo e ρ variável.

Contudo, a matriz da Figura 5.5 só poderia ser gerada na hipótese de haver fluidos com um mesmo valor de massa específica e com diferentes valores de viscosidade, e outros fluidos com um mesmo valor de viscosidade e com diferentes valores de massas específicas. Ocorre que a gama de fluidos existente, simplesmente não permite tanta flexibilidade e, portanto, é experimentalmente impossível gerar uma matriz completa da forma apresentada na Figura 5.5.

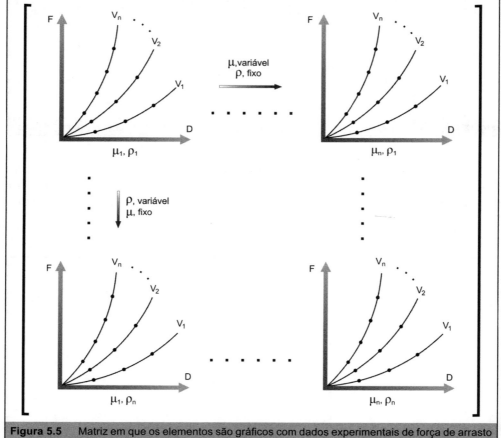

Figura 5.5 Matriz em que os elementos são gráficos com dados experimentais de força de arrasto F sobre esfera de diâmetro D, em escoamento com velocidade V, de fluido com massa específica ρ e viscosidade μ.

Mesmo que existissem fluidos com tais características, o número de ensaios seria tão grande, que o tempo necessário para a sua realização e os custos envolvidos tornariam proibitivo um estudo experimental dessa natureza. Uma estimativa do tempo necessário na hipótese de se utilizar, por exemplo, dez valores distintos para as quatro grandezas que controlam o fenômeno de

CAPÍTULO 5 – Análise dimensional e modelos físicos ∎ 149

saios distintos. Na hipótese, bastante otimista, de que cada ensaio levasse 30 minutos para ser realizado, implicaria um total de 5.000 horas de atividades de laboratório, o que resulta em 25 meses com 200 horas de trabalho por mês!

Conclui-se, então, que a determinação experimental completa da função $F = f(\rho, V, D, \mu)$ é inviável, se não impossível.

Será mostrado, a seguir, como os monômios adimensionais poderão ser utilizados com vantagem na determinação experimental da função que relaciona as grandezas que controlam esse fenômeno.

Tendo em vista a impossibilidade de se determinar experimentalmente a função $F = f(\rho, V, D, \mu)$, tentaremos, por alternativa, determinar experimentalmente a função $\pi_1 = \psi(\pi_2)$, onde π_1 e π_2 são monômios adimensionais formados pelas grandezas envolvidas na determinação da força de arrasto na esfera; quais sejam, F, ρ, V, D, μ.

Postulemos que π_1 e π_2 sejam dados por

$$\pi_1 = \frac{F}{\rho V^2 D^2}, \qquad \pi_2 = \frac{\rho V D}{\mu}.$$

O adimensional π_2 reconhece-se como o número de Reynolds, já apresentado no Capítulo 3, sendo o adimensional π_1 denominadode *número de Euler*. Observe que as grandezas que controlam esse fenômeno aparecem em pelo menos um dos adimensionais.

Tentaremos estabelecer experimentalmente a função que relaciona esses dois adimensionais, utilizando uma única esfera de diâmetro D, bem como um único fluido de massa específica ρ e viscosidade μ (podendo ser até mesmo o ar).

O procedimento experimental consiste em colocar a esfera na seção de testes do túnel de vento, medindo-se a força de arrasto na esfera, para n diferentes velocidades. Lançam-se, em seguida, esses valores numa tabela, conforme indica a Figura 5.6.

V	F	n. Euler (Eu)	n. Reynolds (Re)
V_1	F_1	Eu_1	Re_1
V_2	F_2	Eu_2	Re_2
.	.	.	.
.	.	.	.
.	.	.	.
V_n	F_n	Eu_n	Re_n

Figura 5.6 Exemplo de tabela para lançamento de dados experimentais de força de arrasto sobre esfera para determinação da relação entre número de Euler e número de Reynolds.

Observe que se conseguiu variar o número de Reynolds simplesmente variando a velocidade, sendo que a variação do número de Euler foi obtida com a variação da velocidade e com a força de arrasto correspondente medida.

Como dispomos de n números de Reynolds e os n valores correspondentes de números de Euler, podemos lançá-los todos num gráfico do tipo Eu × Re, obtendo, assim, uma curva que descreve a função procurada $\pi_1 = \psi(\pi_2)$, ou Eu = ψ(Re). Essa curva é mostrada no gráfico da Figura 5.7, com o número de Reynolds lançado no eixo horizontal e o número de Euler no eixo vertical desse gráfico.

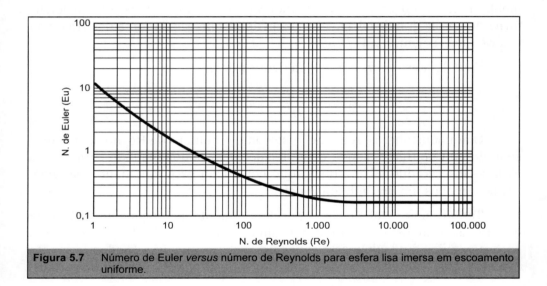

Figura 5.7 Número de Euler *versus* número de Reynolds para esfera lisa imersa em escoamento uniforme.

O resultado é que a curva da Figura 5.7 resolve o problema de determinação da força de arrasto numa esfera lisa de qualquer diâmetro, imersa no escoamento de um fluido qualquer e escoando com qualquer velocidade, e por essa razão essa curva é denominada de *curva universal do fenômeno*.[2]

Constata-se, pois, que, com um trabalho experimental de envergadura muito menor que o anterior, conseguiu-se estabelecer uma relação entre as grandezas que controlam o fenômeno, mesmo que tenha sido por via indireta, por meio dos adimensionais correspondentes. Ocorre que, conforme já demonstrado no exemplo da cinemática apresentado no início deste capítulo, não há nenhuma restrição, tampouco qualquer perda de informação, em se estabelecer uma função envolvendo os adimensionais, no lugar da função que envolve as grandezas originais.

---

[2] Essa curva foi obtida para esfera parada e fluido em movimento, sendo desnecessário dizer que se aplica igualmente para fluido parado e esfera em movimento.

CAPÍTULO 5 – Análise dimensional e modelos físicos ∎ 151

Uma forma de se comprovar a generalidade da curva universal da Figura 5.7 é por meio de um exemplo de aplicação, no qual se adota uma situação arbitrária de escoamento em torno de esfera, para o qual se deseja determinar a força de arrasto sobre ela.

Exemplo de aplicação de determinação da força de arrasto sobre uma esfera, utilizando a curva universal desse fenômeno

Uma esfera lisa de diâmetro $D = 6$ cm, se desloca com a velocidade $V = 0,1$ m/s imersa num óleo com massa específica $\rho = 900$ kg/m^3 e viscosidade cinemática $v = 10^{-5}$ m^2/s. Determine a força de arrasto na esfera.

Solução

Determinemos primeiro o número de Reynolds desse escoamento

$$\mathrm{Re} = \frac{\rho VD}{\mu} = \frac{VD}{v} = \frac{0,1 \cdot 0,06}{10^{-5}} = 600.$$

Para este número de Reynolds, a curva universal do fenômeno da Figura 5.7 fornece um número de Euler em torno de 0,2.

A força de arrasto F será, então, obtida para Eu = 0,2; ou seja,

$$Eu = \frac{F}{\rho V^2 D^2} = 0,2 \Rightarrow F = 0,2\rho V^2 D^2 = 0,2 \times 900 \times (0,1)^2 \times (0,06)^2 = 6,48 \times 10^{-3} \text{ N.}$$

Verifica-se, então, que cada ponto da curva universal pode ser obtido com qualquer combinação de valores das grandezas que controlam o fenômeno, representando o caso recém-tratado, uma das combinações possíveis. Dessa forma, o problema da força de arrasto sobre a esfera imersa em escoamento com velocidade uniforme fica resolvido de uma vez por todas.

Em virtude de sua utilidade, estamos agora suficientemente motivados para trabalhar com os adimensionais, restando apenas definir como gerá-los, lembrando que foi postulada a existência dos dois adimensionais para determinação da força de arrasto sobre a esfera (não se mostrou como foram obtidos).

152 ∎ Mecânica dos Fluidos

5.2 PROCEDIMENTO PARA OBTENÇÃO DE MONÔMIOS ADIMENSIONAIS

Um procedimento bastante difundido para obtenção dos adimensionais é aquele que se baseia no teorema de Vaschy-Buckingham-Riabouchinsky, em homenagem aos seus primeiros autores. Basicamente, esse teorema delineia o procedimento para obtenção de adimensionais, genericamente denominados pela letra grega Pi.

Por esse motivo, esse teorema se popularizou com o nome de teorema Pi de Buckingham.

Apliquemos o procedimento delineado no teorema Pi de Buckingham, por exemplo, na obtenção dos adimensionais que controlam a força de arrasto na esfera, que já sabemos de antemão serem os números de Reynolds e de Euler.

Esse procedimento envolve as seguintes cinco etapas:

1. Listar e contar as n grandezas que controlam o fenômeno

A melhor forma de fazer isto é escrever a função envolvendo as grandezas que controlam o fenômeno que está sendo estudado na forma implícita $f(F, \rho, V, D, \mu) = 0$, onde fica fácil contar as n grandezas envolvidas. Verifica-se, no caso, que $n = 5$.

2. Escrever a base dimensional fundamental completa que permita expressar as unidades de todas as grandezas

Em problemas da Mecânica dos Fluidos, normalmente é suficiente escrever a base dimensional fundamental da mecânica; qual seja: M (*massa*), L (*comprimento*), T (*tempo*). O número m de elementos desta base é três e, assim, $m = 3$.

Observe que no caso de um problema cinemático, a base dimensional fundamental completa é: L (*comprimento*), T (*tempo*).

Já no caso de um problema termo-fluido, há necessidade da inclusão da base dimensional de temperatura e, nesse caso, a base dimensional fundamental completa seria: M (*massa*), L (*comprimento*), T (*tempo*), θ (temperatura).

Uma vez cumprida esta etapa, já se sabe o número de adimensionais que serão gerados pelo procedimento, e que será dado por: *número de adimensionais* $= n - m = 5 - 3 = 2$.

CAPÍTULO 5 – Análise dimensional e modelos físicos ▌ 153

3. Escolha dos elementos da "nova base"

Escolhem-se entre as grandezas listadas, aquelas que possam servir como uma nova base dimensional. Em outras palavras, precisamos escolher entre as grandezas listadas na 1ª etapa, uma delas para servir de base dimensional de massa, uma segunda grandeza para servir de base dimensional de comprimento, e uma terceira grandeza para servir de base dimensional de tempo.

Uma alternativa é adotar a massa específica ρ, com unidades $[\rho] = ML^{-3}$, como base dimensional de massa, o diâmetro D da esfera, com unidades $[D] = L$, como base dimensional de comprimento e a velocidade V, com unidades, $[V] = LT^{-1}$, como base dimensional de tempo.

Observe que essa escolha não é exclusiva, sendo a única exigência que a grandeza utilizada para servir de elemento da nova base deva conter, em suas unidades, obviamente, o elemento que será substituído na base dimensional original. Assim, no lugar da velocidade V, poder-se-ia, por exemplo, adotar a viscosidade μ, com unidades $[\mu] = ML^{-1}T^{-1}$, como base dimensional de tempo da nova base, uma vez que T faz parte das unidades de viscosidade.

Essa flexibilidade de escolha dos elementos da nova base implica adimensionais assumindo diferentes formas para um mesmo problema, o que, na prática, não apresenta nenhum inconveniente. Contudo, a base preferencial da Mecânica dos Fluidos é ρ, V, D, que se recomenda seja escolhida quando presente em determinado problema, para que os adimensionais resultantes dessa escolha resultem escritos na forma usual.

4. Construção dos adimensionais

Como sabemos da 2ª etapa que serão gerados dois adimensionais, π_1 e π_2, constroem-se os adimensionais com os elementos da nova base ρ, V, D, todos eles afetados por expoentes a serem determinados, além de incluir em cada um dos adimensionais uma das grandezas que não fizeram parte da "nova base".

Assim, π_1 será construído incluindo a força F e π_2 incluindo a viscosidade μ.

Os adimensionais terão então as seguintes formas

$$\pi_1 = (\rho^a \, V^b \, D^c)F,$$

$$\pi_2 = (\rho^d \, V^e \, D^f)\mu,$$

onde a, b, c, d, e, e f são expoentes a serem determinados.

Esses expoentes serão obtidos substituindo-se cada grandeza pela equação dimensional correspondente, ou seja,

$$[\pi_1] = (ML^{-3})^a \cdot (LT^{-1})^b \cdot (L)^c \cdot MLT^{-2},$$

$$[\pi_2] = (ML^{-3})^d \cdot (LT^{-1})^e \cdot (L)^f \cdot ML^{-1}T^{-1}.$$

Ocorre que π_1 e π_2 são adimensionais; logo,

$$M^0L^0T^0 = (ML^{-3})^a \cdot (LT^{-1})^b \cdot (L)^c \cdot MLT^{-2},$$

$$M^0L^0T^0 = (ML^{-3})^d \cdot (LT^{-1})^e \cdot (L)^f \cdot ML^{-1}T^{-1}.$$

Observe, nessas equações dimensionais, que os elementos da nova base foram utilizados para adimensionalizar F, na primeira equação e μ na segunda equação, permitindo obter os expoentes dos elementos da nova base, que tornarão adimensionais os monômios π_1 e π_2.

Igualando os expoentes de mesma base nas equações dimensionais, resulta em dois sistemas de equações algébricas que, uma vez resolvidos, fornecem os expoentes a, b, c, d, e, e f.

$$\pi_1 \begin{cases} M : a+1=0 \\ L : -3a+b+c+1=0 \\ T : -b-2=0 \end{cases} \Rightarrow a=-1; \; b=-2, \; c=-2$$

$$\pi_2 \begin{cases} M : d+1=0 \\ L : -3d+e+f-1=0 \\ T : -e-1=0 \end{cases} \Rightarrow d=-1; \; e=-1, f=-1$$

5. Escrever os adimensionais

Uma vez tendo sido determinados os expoentes das equações dimensionais, resta escrever os adimensionais π_1 e π_2, ou seja,

$$\pi_1 = \rho^{-1}V^{-2}D^{-2}F = \frac{F}{\rho V^2 D^2},$$

$$\pi_2 = \rho^{-1}V^{-1}D^{-1}\mu = \frac{\mu}{\rho VD},$$

onde reconhece-se π_1 como o número de Euler e π_2 como o inverso do número de Reynolds. Contudo, a maneira usual de se expressar o número de Reynolds é na forma Re = π_2^{-1}, que, não obstante, continua sendo adimensional.

Exemplo de aplicação do procedimento para obtenção de monômios adimensionais

Obter a fórmula universal de perda de carga distribuída em duto de seção circular de diâmetro D e comprimento L, onde um fluido de massa específica ρ e viscosidade μ escoa com a velocidade média V, na forma: $h_f = f \frac{L}{D} \frac{V^2}{2g}$, onde h_f é a *perda de carga distribuída*, f é o *coeficiente de perda e carga distribuída* e g é a gravidade.

Solução

Como será visto no próximo capítulo, uma das parcelas que contribuem com a perda de carga em dutos é a perda de carga distribuída, assim denominada, pois é a aquela que se distribui ao longo do duto, crescendo linearmente com o seu comprimento.

Posto isso, vamos aplicar as etapas previstas no procedimento para obtenção dos monômios adimensionais que controlam esse fenômeno.

1. Listar e contar as n grandezas que controlam o fenômeno

Nesta listagem, devemos incluir as grandezas que julgamos serem importantes para o estudo do caso, tomando cuidado para não omitir grandezas decisivas, tampouco exagerar na listagem, incluindo grandezas de importância secundária.

Observe que o número de grandezas listadas tem impacto direto no número de adimensionais a ser obtido e na quantidade de trabalho subsequente. A tendência natural é listar poucas grandezas, a fim de simplificar a abordagem do problema, principalmente quando há necessidade de se desenvolver um trabalho experimental baseado nos adimensionais que serão gerados. Nesse caso, a omissão de uma grandeza importante resultará em dados divorciados da realidade do problema, comprometendo todo o trabalho realizado. Por outro lado, a inclusão de grandezas pouco importantes, aumentará o número de adimensionais a serem considerados, aumentado, consequentemente, a abrangência do estudo, com todas as dificuldades associadas à realização de experimentos mais complexos para, tardiamente, se concluir que certos adimensionais poderiam ter sido deixados de lado.

Reconhece-se a dificuldade desta etapa decisiva de escolha das grandezas que controlam o fenômeno, sendo que uma escolha criteriosa depende muito da experiência dos responsáveis pelo estudo.

156 ❚ Mecânica dos Fluidos

No caso que está sendo tratado, algumas das principais grandezas que controlam o fenômeno foram mencionadas no enunciado do problema. Porém, há necessidade de inclusão de mais duas grandezas – a queda de pressão Δp, devida à perda de carga e a rugosidade interna ε do duto, medida em unidades de comprimento.

A Figura 5.8, mostra duas seções de escoamento de um duto horizontal de diâmetro D e com rugosidade ε, distanciadas do comprimento L, e dois manômetros metálicos para medida das pressões

$$p_1 \text{ e } p_2, \text{ com } p_1 - p_2 = \Delta p.$$

Vamos aplicar a equação da energia na forma da Eq. (4.13) entre as duas seções do escoamento desse duto

$$H_1 = H_2 + \Delta H_{1,2}.$$

Em termos das cargas parciais esta equação é reescrita na forma

$$z_1 + \alpha_1 \frac{V_1^2}{2g} + \frac{p_1}{\gamma} = z_2 + \alpha_2 \frac{V_2^2}{2g} + \frac{p_2}{\gamma} + \Delta H_{1,2}$$

Tratando-se de tubulação horizontal, $z_1 = z_2$, tendo o tubo diâmetro uniforme, $V_1 = V_2$ e $\alpha_1 = \alpha_2$ e sendo a perda de carga somente distribuída $\Delta H_{1,2} = h_f$, logo,

$$\frac{p_1 - p_2}{\gamma} = \frac{\Delta p}{\gamma} = h_f$$

Este resultado mostra que em dutos horizontais de seção uniforme, a queda de pressão entre duas seções de escoamento se deve integralmente à perda de carga no trecho.

Feitas essas considerações, estamos agora em condições de listar as grandezas que controlam a perda de carga distribuída em dutos.

$$f(\Delta p, \ \rho, \ \mu, \ V, \ D, \ L, \ \varepsilon) = 0, \text{ logo } n = 7.$$

Observe que no lugar de incluir diretamente a perda de carga distribuída h_f, optamos por incluir a queda de pressão Δp, uma vez que essas duas grandezas diferem apenas da constante γ. Também optamos por incluir ρ no lugar de γ, uma vez que ambas diferem apenas da constante g, e por ser ρ elemento preferencial para formar base na Mecânica dos Fluidos.

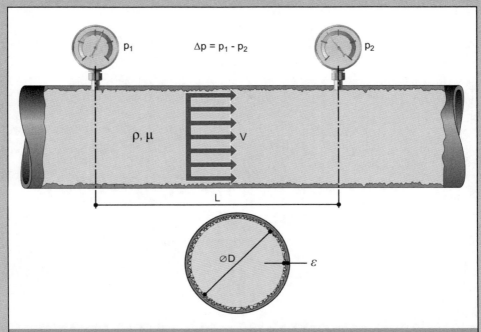

Figura 5.8 Grandezas que controlam a perda de carga distribuída em dutos: massa específica ρ, viscosidade μ, diâmetro D, comprimento L, rugosidade ε, queda de pressão Δp e velocidade média V.

2. Escolha da base dimensional fundamental completa

Utilizando a base dimensional fundamental da mecânica (M, L, T), temos $m = 3$ e, portanto, o número de adimensionais a serem construídos serão quatro $(n - m = 4)$.

3. Escolha dos elementos da nova base

Como a base preferencial da Mecânica dos Fluidos está presente no problema, ela é a escolha natural, sendo ρ, V, D.

4. Construção dos adimensionais

As grandezas que ficaram fora da nova base são: L, ε, μ, Δp. Pela simples inspeção das dimensões dessas grandezas, aliada à experiência anterior adquirida na obtenção dos adimensionais relativos à força de arrasto na esfera, podemos evitar o trabalho de montar e resolver as equações dimensionais, pois é fácil reconhecer que os adimensionais serão os seguintes

$$\pi_1 = \frac{L}{D},$$

$$\pi_2 = \frac{\varepsilon}{D} \text{ (rugosidade relativa)},$$

$$\pi_3 = \frac{\rho VD}{\mu} = \text{Re},$$

$$\pi_4 = \frac{\Delta p}{\frac{1}{2}\rho V^2}.$$

Observe que ao introduzirmos ½ no denominador de π_4, ele fica escrito em termos de pressão dinâmica.

Logo, a função que relaciona esses adimensionais será

$$\psi\left(\frac{L}{D}, \frac{\varepsilon}{D}, \text{Re}, \frac{\Delta p}{\frac{1}{2}\rho V^2}\right) = 0 \tag{A}$$

A tarefa seguinte é tentar determinar a forma da função ψ. Essa não é, normalmente, tarefa fácil, porém, poderemos tentar encontrá-la, nesse caso, analisando fisicamente o problema.

Parece óbvio que a queda de pressão ao longo da tubulação da Figura 5.8, devida à perda de carga distribuída, cresça com o comprimento L. Isso permite reescrever a Eq. (A) na forma

$$\frac{\Delta p}{\frac{1}{2}\rho V^2} = \frac{L}{D}\phi\left(\text{Re}, \frac{\varepsilon}{D}\right). \tag{B}$$

Como $\frac{\Delta p}{\gamma} = h_f$, e $\gamma = \rho g$, reescrevemos a Eq. (B) na forma

$$h_f = \phi\left(\text{Re}, \frac{\varepsilon}{D}\right)\frac{L}{D}\frac{V^2}{2g}. \tag{C}$$

Identifica-se, portanto, que o coeficiente de perda de carga distribuída f é uma função da forma $\phi\left(\text{Re}, \frac{\varepsilon}{D}\right)$, ou seja,

$$f = \phi\left(\text{Re}, \frac{\varepsilon}{D}\right). \tag{D}$$

Isso permite escrever a fórmula universal de perda de carga distribuída na forma pedida no enunciado que é

CAPÍTULO 5 – Análise dimensional e modelos físicos ■ 159

$$h_f = f \frac{L}{D} \frac{V^2}{2g}.$$ (E)

A função $\phi\left(\mathrm{Re}, \frac{\varepsilon}{D}\right)$ para escoamento turbulento deverá ser obtida experimentalmente.

$$f_{\text{turbulento}} = \phi\left(\mathrm{Re}, \frac{\varepsilon}{D}\right).$$

Para escoamento laminar, f independente da rugosidade relativa $\frac{\varepsilon}{D}$, sendo possível obter uma expressão analítica para f na forma

$$f_{\text{laminar}} = \frac{64}{\mathrm{Re}}.$$

Retomaremos esses resultados no próximo capítulo.

5.3 PRINCIPAIS ADIMENSIONAIS DA MECÂNICA DOS FLUIDOS

Os adimensionais não são simplesmente números sem dimensões. Todos eles têm uma interpretação física, que nos auxilia a julgar a relação entre as forças dominantes em determinado escoamento.

Apresentaremos, a seguir, cinco adimensionais que costumam aparecer em problemas de Mecânica dos Fluidos, bem como a interpretação física de cada um deles. Esses adimensionais surgem quando uma determinada grandeza é listada juntamente com a base preferencial (completa ou incompleta) da Mecânica dos Fluidos ρ, V, L.[3]

Número de Reynolds (Re): aparece quando a viscosidade dinâmica μ, ou a viscosidade cinemática v é listada. Esse adimensional expressa a relação entre forças de inércia e as forças viscosas.

$$\mathrm{Re} = \frac{\rho V L}{\mu} = \frac{VL}{v} \Rightarrow \frac{\text{forças de inércia}}{\text{forças viscosas}}$$

Essa relação de forças não é tão evidente para quem examina as grandezas que compõem o número de Reynolds. Vamos, então, mostrar a sua origem, começando de trás para frente, ou seja, a partir de uma análise de ordem de grandeza das forças envolvidas, vamos tentar recuperar o número de Reynolds.

---

[3] Na análise dimensional, quase sempre surge a necessidade de listar uma grandeza que represente a dimensão característica do escoamento, e que nem sempre é um diâmetro D. Assim, L é usado genericamente para representar essa dimensão característica.

160 ▌ Mecânica dos Fluidos

Para tanto, escrevamos uma expressão que forneça a ordem de grandeza da força de inércia ($F_{\text{inércia}} = m \cdot a$), de um corpo fluido de massa específica ρ e de dimensão característica L, animado da velocidade V, na forma

$$F_{\text{inércia}} \propto \rho \cdot L^3 \cdot \frac{V}{T},$$

onde T é o tempo.

Similarmente, escrevamos uma expressão que forneça a ordem de grandeza da força viscosa ($F_{\text{viscosa}} = \tau_v \cdot L^2$) que atua nesse corpo fluido de viscosidade μ, na forma

$$F_{\text{viscosa}} \propto \frac{\mu \cdot V}{L} \cdot L^2 = \mu \cdot V \cdot L,$$

onde utilizamos a lei de Newton da viscosidade para escrever uma expressão para a ordem de grandeza da tensão viscosa.

A razão entre essas duas forças será dada por

$$\frac{F_{\text{inércia}}}{F_{\text{viscosa}}} \propto \frac{\rho \cdot L^3 \cdot \dfrac{V}{T}}{\mu \cdot V \cdot L} = \frac{\rho \cdot L^2 \cdot V^2}{\mu \cdot V \cdot L} = \frac{\rho V L}{\mu}.$$

Vê-se, então, que, de fato, a relação entre a força de inércia e a força viscosa que atua no corpo fluido conduz ao número de Reynolds.

Nos escoamentos laminares, o número de Reynolds tem, naturalmente, valores baixos, pois $\rho V L << \mu$, com as forças viscosas predominando sobre as forças de inércia em oposição aos escoamentos turbulentos, onde o número de Reynolds tem valores elevados, pois $\rho V L >> \mu$, com as forças de inércia predominando sobre as forças viscosas.

Como será visto no próximo item, a interpretação dos adimensionais em termos das forças que eles representam é de grande utilidade para se verificar a importância relativa dessas forças em determinado escoamento.

Número de Euler (Eu): aparece quando uma força F (que na Mecânica dos Fluidos é usualmente uma força originada por uma distribuição de pressões sobre um corpo), ou uma pressão p é listada. Similarmente ao que foi feito para o número de Reynolds, pode-se mostrar que esse adimensional expressa a relação entre a força F que atua no corpo (ou a pressão, uma vez que $p \propto F/L^2$) e as forças de inércia. Assim, as formas em que o número de Euler é normalmente escrito são

$$\text{Eu} = \frac{F}{\dfrac{1}{2}\rho V^2 L^2} = \frac{p}{\dfrac{1}{2}\rho V^2} \Rightarrow \frac{\text{forças de pressão}}{\text{forças de inércia}}$$

CAPÍTULO 5 – Análise dimensional e modelos físicos ∎ 161

O fator ½ é introduzido no denominador para que $\frac{1}{2}\rho V^2$ represente a pressão dinâmica do escoamento.

O número de Euler será utilizado no Capítulo 8, onde estudaremos os escoamentos ao redor de perfis aero/hidrodinâmicos. Nesses escoamentos, ele recebe o nome de *coeficiente de arrasto* C_A, e *coeficiente de sustentação* C_S, coeficientes esses escritos das seguintes formas

$$C_A = \frac{A}{\dfrac{1}{2}\rho V^2 S_{\text{ref}}},$$

$$C_S = \frac{S}{\dfrac{1}{2}\rho V^2 S_{\text{ref}}},$$

onde A é a *força de arrasto* e S é a *força de sustentação* que agem no perfil. S_{ref} é uma área de referência do perfil.

Número de Froude (Fr): aparece quando a gravidade g (grandeza da qual deriva a força gravitacional) é listada. Pode-se mostrar que esse adimensional expressa a relação entre as forças de inércia e a força gravitacional.

$$\text{Fr} = \frac{V}{\sqrt{gL}} \Rightarrow \frac{\text{forças de inércia}}{\text{força gravitacional}}$$

Nos escoamentos que admitem superfície livre, tais como: vertedores[4], canais, ação de ondas em flutuadores etc.; é a gravidade que controla a posição e a geometria da superfície livre do líquido.

Número de Weber (We): aparece quando a *tensão superficial*[5] σ é listada. Esse adimensional expressa a relação entre as forças de inércia e a

---

[4] Os vertedores podem ser definidos como paredes, diques ou aberturas sobre as quais um líquido escoa. O termo aplica-se também aos extravasores de represas, como aqueles utilizados em barragens de hidroelétricas para verter água do reservatório.

[5] O desequilíbrio das forças moleculares na superfície livre dos líquidos (por não haver moléculas de líquido acima da superfície livre) dá origem à tensão superficial. A razão desse termo pode ser explicada por analogia com a película de couro de um tambor quando ela está tensa. Se perfurarmos o couro do tambor com uma agulha, ele se rasga por causa da tensão. Algo semelhante ocorre na superfície do líquido. Nela se forma uma espécie de pele que é uma camada estreita e tensa. A intensidade dessa tensão depende do líquido, sendo também função da temperatura. A tensão superficial pode ser medida pelo efeito de capilaridade, que eleva a coluna de líquido em um tubo capilar, com a superfície da água assumindo uma forma côncava, o menisco, como se diz. O peso da coluna de líquido que é elevada deve ser equilibrado pela componente vertical da tensão superficial ao longo da circunferência de contato entre a água e as paredes do tubo. O peso será o produto do volume da coluna pela massa específica do líquido. Igualando-o a $2 \cdot \sigma \cdot \pi \cdot R \cdot \cos\theta$, onde R é o raio do tubo capilar e θ ângulo de contato, obtemos a tensão superficial σ (vide Exercício 1, deste capítulo). A tensão superficial da água é cerca de 0,075 N/m, à temperatura ambiente. A tensão superficial explica o formato esférico das gotas de água em queda livre e por que as bolhas dentro de um líquido são esféricas.

162 ∎ Mecânica dos Fluidos

$$We = \frac{\rho V^2 L}{\sigma} \Rightarrow \frac{\text{forças de inércia}}{\text{força de tensão superficial}}$$

Os escoamentos de filmes finos e a formação de gotas de líquidos e bolhas de gás são exemplos de escoamentos em que esse adimensional pode ser importante. Os efeitos da tensão superficial podem se manifestar nos modelos em escala reduzida de escoamentos de rios, com a água escoando em um filme fino, onde os efeitos da tensão superficial podem ser significativos, o que não é o caso no escoamento de rios. Medidas experimentais devem ser tomadas para minimizar esses efeitos no modelo, a fim de tornar a modelagem mais realista.

Número de Mach (Ma): aparece quando a *velocidade do som*[6] c é listada. Esse adimensional expressa a relação entre as forças de inércia e as forças de compressibilidade do fluido.

$$Ma = \frac{V}{c} \Rightarrow \frac{\text{forças de inércia}}{\text{forças de compressibilidade}}$$

Como diz o próprio nome, a velocidade do som é a velocidade com que o som viaja no meio fluido e, em sentido mais amplo é, também, a velocidade com que as perturbações de pressão viajam nesse meio, sendo o som nada mais que um tipo de perturbação de pressão.

Conforme já discutido no capítulo anterior, escoamentos de ar a números de Mach inferiores a 0,3 podem ser considerados incompressíveis. Esse número de Mach impõe uma velocidade-limite no escoamento de gases de 100 m/s ou 360 Km/h, o que permite englobar um bom número de escoamento de gases de interesse prático.

À medida que o número de Mach se eleva acima de 0,3, os efeitos de compressibilidade tornam-se cada vez mais importantes, passando este adimensional à também controlar as características do escoamento.

Em escoamentos de fluidos incompressíveis, como o de água, por exemplo, a números de Mach em torno de 0,3, resultam em velocidades da ordem de 440 m/s ou 1.580 Km/h. Desconhecem-se escoamentos de água com velocidades tão elevadas e, portanto, o número de Mach em escoamentos de líquidos tende a ser muito baixo. Por este motivo, o número de Mach não é um adimensional normalmente considerado nos escoamentos de líquidos.

---

[6] A velocidade do som é uma propriedade do fluido, sendo função de sua massa específica e compressibilidade. A velocidade do som c é igual a $(E_v/\rho)^{1/2}$, onde E_v é o módulo de elasticidade volumétrico e ρ é a massa específica. A velocidade do som nos líquidos é muito mais alta do que nos gases. Por exemplo, à temperatura ambiente, a velocidade do som no ar é da ordem de 340 m/s, enquanto que na água é da ordem de 1.480 m/s.

5.4 MODELOS FÍSICOS

São comuns estudos experimentais que utilizam modelos em escala reduzida. Esses modelos são chamados de *modelos físicos*, os quais são construídos à semelhança da estrutura real que está sendo projetada.

A técnica de modelagem física consiste em construir um *modelo* (normalmente, em escala reduzida), o qual é submetido a testes, que fornecem informações de interesse relativas ao desempenho da estrutura real. Por exemplo, suponhamos que a informação de interesse seja a força de arrasto que o escoamento aplica em uma determinada estrutura; como a estrutura foi testada em um modelo, deseja-se saber como se extrapolar a força de arrasto medida nesse modelo, para a escala real da estrutura, chamada de *protótipo*. Esse processo de extrapolação de informações do modelo para o protótipo, e vice-versa, é chamado de *escalonamento*.

A teoria que valida a modelagem física e que estabelece as regras de escalonamento é a chamada *teoria da semelhança*. Essa teoria estabelece duas condições essenciais a serem satisfeitas em estudos que utilizam modelos físicos: uma para a construção do modelo, outra para escalonar informações do modelo para o protótipo.

No que tange à construção do modelo, este deve ser construído em *semelhança geométrica* ao protótipo, o que significa que todas as dimensões do modelo devem estar relacionadas com as respectivas dimensões do protótipo por meio da mesma *escala de semelhança de comprimento* K_L, definida da seguinte forma

$$K_L = L_m/L_p,$$

onde L_m é uma dimensão qualquer do modelo e L_p é a respectiva dimensão do protótipo.

Note que a semelhança geométrica conserva os ângulos, ou seja, os ângulos do modelo serão os mesmos do protótipo.

No que tange ao escalonamento de informações, isso poderá ser feito quando houver *semelhança dinâmica* entre modelo e protótipo. A semelhança dinâmica é garantida quando o valor numérico de cada adimensional que controla o fenômeno for igual no modelo e no protótipo.

Quando na modelagem física há semelhança geométrica e semelhança dinâmica, diz-se, então, que modelo e protótipo estão em *semelhança completa*.

Exemplo de aplicação de modelagem física na determinação da resistência ao avanço em uma embarcação

Um armador deseja construir um cargueiro marítimo e, preocupado com os custos, vai contratar o pré-projeto da embarcação em um estaleiro. O armador fornece ao estaleiro o tamanho e a velocidade de cruzeiro desejada para o cargueiro. O estaleiro, por sua vez, contrata um laboratório especializado para realizar um teste em modelo, a fim de saber qual será a resistência ao avanço da embarcação quando esta se deslocar na velocidade de cruzeiro. Com essa informação, o estaleiro vai dimensionar e estimar o custo dos componentes do sistema de propulsão mecânica do cargueiro, tais como, eixos, hélices, redutores de velocidade e motores de acionamento.

Solução

O primeiro aspecto a se observar é que o estaleiro contratou a execução de testes limitados ao laboratório (deseja apenas saber a resistência ao avanço na velocidade de cruzeiro), pois não é o caso de contratar estudos mais detalhados, por exemplo, para levantamento da curva universal do fenômeno, em virtude do elevado custo de um trabalho dessa natureza.

A maior parcela da resistência ao avanço da embarcação se deve à resistência na geração de ondas[*].

A Figura 5.9 mostra um modelo de embarcação sendo testado em tanque de provas, onde se veem claramente as ondas que se formam ao redor do casco da embarcação.

Do tamanho da embarcação, o laboratório extrai uma dimensão característica, que poderá ser o comprimento do cargueiro L.

Figura 5.9   Modelo de embarcação sendo testado em tanque de provas.

[*]É uma forma de arrasto que afeta embarcações e que reflete a energia requerida para que o casco abra caminho na água e que resulta em ondas ao redor da embarcação.

A partir daí, o laboratório estabelece uma escala de semelhança de comprimento K_L para a construção do modelo e deseja saber com que velocidade deverá testá-lo no seu tanque de provas, a fim de simular, no modelo, a velocidade de cruzeiro do cargueiro, e poder, assim, escalonar para o protótipo a resistência ao avanço medida no modelo.

Para responder a essa questão, o engenheiro do laboratório responsável pelo estudo, constrói primeiro os adimensionais que controlam o fenômeno objeto desse estudo experimental.

O engenheiro inicia o trabalho listando as grandezas que controlam a resistência ao avanço R, quando a embarcação se desloca com a velocidade de cruzeiro V.

Essas grandezas estão indicadas na Figura 5.10 e, além delas, aparecem também: a massa específica do fluido ρ, a viscosidade do fluido μ, a dimensão característica da embarcação L (tomada como o seu comprimento) e, por se tratar de problema de determinação de força devida à ação de ondas em um flutuador, o engenheiro inclui a gravidade g como grandeza representativa da influência da gravidade na geração das ondas.

Figura 5.10 Grandezas que controlam a resistência ao avanço de embarcação.

A função representativa do fenômeno será, então, dada por

$$f(R, \rho, V, L, \mu, g) = 0$$

A partir dessa listagem, o engenheiro verifica que $m = 6$, e, como a base preferencial da Mecânica dos Fluidos está presente no problema (ρ, V, L), $n = 3$, o número de adimensionais a ser construído é três (*número de adimensionais = m − n = 3*).

O engenheiro evita o trabalho de aplicar o procedimento para construção dos adimensionais, inspecionando as grandezas que aparecem na função representativa do problema.

166 ▮ Mecânica dos Fluidos

Dessa inspeção, ele constata que os adimensionais que serão gerados a partir das grandezas listadas já lhes são familiar; sendo eles

$$\text{Número de Euler} = \frac{R}{\frac{1}{2}\rho V^2 L},$$

$$\text{Número de Reynolds} = \frac{\rho VL}{\mu},$$

$$\text{Número de Froude} = \frac{V}{\sqrt{gL}}.$$

A semelhança dinâmica entre modelo e protótipo requer que:

$$\text{Eu}_m = \text{Eu}_p, \ \text{Re}_m = \text{Re}_p, \ \text{Fr}_m = \text{Fr}_p.$$

A próxima tarefa do engenheiro é determinar com que velocidade o modelo será testado[*]. Para tanto, ele inspeciona os adimensionais, observando que a velocidade aparece em todos eles. Ele reserva o número de Euler para escalonar a resistência ao avanço, sendo que então, a velocidade com que o modelo será testado poderá ser obtida da semelhança de Reynolds ou da semelhança de Froude; ou seja, a velocidade de teste do modelo será obtida das seguintes relações: $\text{Re}_m = \text{Re}_p$, $\text{Fr}_m = \text{Fr}_p$. Essas relações, em termos das grandezas que aparecem nos adimensionais, fornecem

$$\frac{\rho_m V_m L_m}{\mu_m} = \frac{\rho_p V_p L_p}{\mu_p}, \tag{A}$$

$$\frac{V_m}{\sqrt{g_m L_m}} = \frac{V_p}{\sqrt{g_p L_p}}. \tag{B}$$

As Eqs. (A, B) poderão ser reescritas em termos das escalas de semelhança, respectivamente, da seguinte forma

$$K_\rho \cdot K_V \cdot K_L \cdot K_\mu^{-1} = 1, \tag{C}$$

$$K_V \cdot K_g^{-1/2} \cdot K_L^{-1/2} = 1, \tag{D}$$

[*]Aqui se procura estabelecer a escala de semelhança de velocidade, o que confere a chamada *semelhança cinemática* entre modelo e protótipo, o que significa que as magnitudes das velocidades nos pontos correspondentes do modelo e do protótipo diferem apenas de um fator de escala constante. Isto também implica que, havendo semelhança geométrica, as velocidades em pontos homólogos do modelo e protótipo estarão na mesma direção; ou seja, haverá semelhança geométrica na configuração das linhas de corrente. Como veremos a seguir, a escala de semelhança de velocidade será encontrada automaticamente, quando a semelhança dinâmica for imposta.

onde $K_\rho = \frac{\rho_m}{\rho_p}$, $K_V = \frac{V_m}{V_p}$, $K_L = \frac{L_m}{L_p}$, $K_\mu \frac{\mu_m}{\mu_p}$, $K_g \frac{g_m}{g_p}$, são as escalas de semelhança de: massa específica, velocidade, comprimento, viscosidade e gravidade, respectivamente.

Como o modelo será testado na superfície da terra, $K_g = 1$. O fluido de teste do tanque de provas de modelos do laboratório é a água doce. O protótipo vai operar, normalmente, em água salgada. O engenheiro sabe que as propriedades de ambos os fluidos pouco diferem, sendo seguro admitir que $\rho_m \cong \rho_p$ *e que* $\mu_m \cong \mu_p$, logo $K_\rho = K_\mu \cong 1$; e assim, as Eqs. (C, D) fornecem, respectivamente

$$K_V = K_L^{-1} \text{ (da semelhança de Reynolds)}, \tag{E}$$

$$K_V = K_L^{1/2} \text{ (da semelhança de Froude)}. \tag{F}$$

Observando as Eqs. (E, F), o engenheiro verifica, então, que o escalonamento da velocidade do protótipo para o modelo é conflitante, sendo que a condição de semelhança dinâmica só será possível de ser atendida para $K_L = 1$, o que, obviamente, não lhe interessa, pois isso significa construir um modelo com as mesmas dimensões do protótipo.

A semelhança completa não será possível nesse caso e, portanto, o engenheiro se vê forçado a aceitar a *semelhança incompleta*. Isso vai produzir um desvio com relação à realidade, introduzindo o chamado *efeito de escala*. O que ele espera é poder corrigir esses desvios nos resultados obtidos.

O engenheiro, então, terá que decidir qual a semelhança (de Reynolds ou de Froude) será mais importante para ser considerada no problema que está sendo estudado. A sua decisão será tomada tendo por base a interpretação física dos adimensionais envolvidos no problema.

O engenheiro sabe que o número de Reynolds representa a relação entre as forças de inércia e as forças viscosas. No protótipo, o escoamento será, certamente, francamente turbulento. Com um modelo construído com dimensões que garantam condições de escoamento turbulento[**], isso se traduz em predominância das forças de inércia sobre as forças viscosas em ambas as escalas. Em outras palavras, as forças viscosas que se manifestam no casco da embarcação serão de importância secundária em ambas as escalas.

[**]$\frac{\text{Re}_m}{\text{Re}_p} = \frac{L_m}{L_p} = K_L$, o que significa que no escoamento do modelo, o número de Reynolds será reduzido pela escala de semelhança de comprimento com relação ao número de Reynolds do protótipo. Isso coloca um limite inferior na escala de semelhança de comprimento, a fim de garantir que o escoamento no modelo seja turbulento e, assim, livre da influência dos efeitos viscosos que se manifestam com baixos valores do número de Reynolds.

Feitas essas considerações, o engenheiro se sente inclinado a optar pela semelhança de Froude. Ele se certifica de que essa é a melhor opção, reconhecendo, primeiramente, que o foco central do estudo é a determinação da resistência na geração de ondas. Ele também sabe que o número de Froude representa a relação entre as forças de inércia e a força gravitacional, sendo essa última força determinante da posição e da geometria das ondas geradas pela embarcação.

Tendo em vista a importância do número de Froude nesse escoamento, o engenheiro, finalmente, se decide pela semelhança de Froude em detrimento da semelhança de Reynolds.

A Figura 5.11(a) apresenta uma tomada fotográfica de helicóptero, mostrando o padrão de ondas formado por um navio de passageiros navegando no mar do Japão. A tomada fotográfica da Figura 5.11(b) mostra o padrão de ondas produzido pelo modelo do navio, durante testes em tanque de provas em semelhança de Froude com o navio de passageiros. A visualização é possível graças ao pó de alumínio que foi espalhado na superfície da água no tanque de provas. Embora a espuma ao redor do navio de passageiros obscureça o padrão das ondas, vê-se que as ondas fora da região de espuma são similares àquelas fotografadas no tanque de provas.

Figura 5.11 Tomada fotográfica do padrão de ondas formado pelo deslocamento de navio de passageiros: (a) no mar do Japão, (b) modelo durante testes em tanque de provas em semelhança de Froude com o navio de passageiros. Fonte: *Visualized Flow* - Fluid motion in basic and engineering situations revealed by flow visualization. Pergamon Press - The Japan Society of Mechanical Engineers, 1988.

Tendo o engenheiro, finalmente, se decidido pela semelhança de Froude, o modelo será testado com a velocidade V_m, dada pela escala de semelhança de velocidade da Eq. (F).

Uma vez tendo sido medida a resistência ao avanço no modelo R_m, no ensaio no tanque de provas do laboratório, o escalonamento da resistência ao avanço para o protótipo será obtido da semelhança de Euler, ou seja,

$$\frac{R_m}{\frac{1}{2}\rho_m V_m^2 L_m^2} = \frac{R_p}{\frac{1}{2}\rho_p V_p^2 L_p^2},$$

expressão essa que, reescrita em termos das escalas de semelhança, fornece

$$K_R \cdot K_\rho^{-1} \cdot K_V^{-2} \cdot K_L^{-2} = 1. \tag{G}$$

Colocando nessa expressão $K_\rho = 1$ e $K_V = K_L^{1/2}$, temos, finalmente, que a escala de semelhança da resistência ao avanço será dada por

$$K_R = K_L^3, \tag{H}$$

que fornece a seguinte expressão para escalonar para o protótipo, a resistência ao avanço medida no modelo

$$R_p = (K_L)^{-3} R_m.$$

Por exemplo, na hipótese de que o modelo seja construído na escala 1:50, temos que $K_L = 0{,}02$, sendo que, nesse caso, a resistência ao avanço no protótipo será dada por

$$R_p = 1{,}25 \times 10^5 R_m.$$

Esse último resultado mostra que a embarcação, se deslocando à velocidade de cruzeiro planejada, sofrerá uma resistência ao avanço 125.000 vezes maior que a resistência ao avanço medida no modelo construído na escala de 1:50.

O engenheiro poderá corrigir os efeitos de escala nesses resultados, aplicando fórmulas semiempíricas para determinação da resistência de atrito do escoamento no casco da embarcação (tanto no modelo como no protótipo) e, assim, indiretamente, levar em conta os efeitos do número de Reynolds na resistência ao avanço em ambas as escalas.

Finalmente, uma vez tendo sido estimada a resistência ao avanço que age na embarcação, mediante ensaio em laboratório utilizando um modelo físico, o estaleiro poderá projetar todo o sistema mecânico de propulsão da embarcação, estimar o seu custo e fornecê-lo ao armador.

A necessidade de se trabalhar com semelhança incompleta em modelos físicos é quase sempre uma regra. Por esse motivo, sempre haverá a necessidade de antecipar os efeitos de escala, a fim de compensá-los no próprio experimento do modelo ou nos resultados obtidos. Isso requer um bom entendimento dos fenômenos físicos envolvidos no problema, experiência e engenhosidade.

Podemos usar os adimensionais e modelos em muitas situações, porém há coisas que eles não fazem. Por exemplo, eles não fornecem a forma da função que controla o fenômeno do qual os adimensionais foram derivados, a qual deve ser determinada, normalmente, por via experimental. Tampouco antecipam o número de adimensionais envolvidos, o seu significado e a importância relativa de cada um deles.

Como vimos, o número de adimensionais depende do número de grandezas listadas – quanto mais grandezas, mais adimensionais são gerados.

O trabalho experimental, quando mais de dois adimensionais estão envolvidos no problema, aumenta da mesma forma que a complexidade de um problema controlado por mais de duas grandezas. Na apresentação dos resultados experimentais de um problema controlado por três adimensionais, poderemos, eventualmente, plotar um dos adimensionais em função de outro, tendo o terceiro como parâmetro. No caso de quatro adimensionais estarem envolvidos, a situação se complica mais ainda, não só na condução do trabalho experimental, como também na apresentação dos resultados, quando, então, a vantagem dos adimensionais em reduzir o número de variáveis do problema vai perdendo o seu principal atrativo, à medida que o número de adimensionais aumenta. Nesse sentido, normalmente se procura trabalhar com, no máximo, três adimensionais, a fim de manter o trabalho experimental dentro de limites razoáveis.

No encerramento deste capítulo, cabe informar, que os adimensionais e a modelagem física, não são restritos a problemas de Mecânica dos Fluidos, encontrando aplicações em todos os campos da ciência e engenharia.

5.5 EXERCÍCIOS

1 A coluna h que se eleva em um tubo capilar em decorrência da ação da tensão superficial do líquido é função de: D, θ, g, ρ e da tensão superficial σ. Obtenha os adimensionais que controlam a subida da coluna no tubo capilar e escreva a forma da equação adimensionalizada. Observe que θ em radianos já é adimensional (arco/raio).

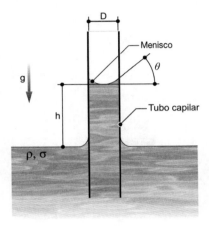

2 O arrasto A exercido no veículo de prospecção submarina da figura depende das seguintes variáveis: volume do veículo $\forall$, massa específica da água ρ, viscosidade da água μ, velocidade do veículo V e rugosidade das superfícies externas ε. Pedem-se: a) construa os adimensionais que controlam esse fenômeno usando a base ρ, V, ε; b) identifique os adimensionais obtidos; c) ensaiou-se em túnel de água um modelo do veículo na escala 1:10. Qual o fator de escala do arrasto? Resposta: $A_p = A_m$.

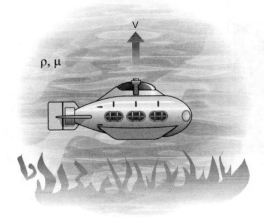

3   O número de Froude é um dos adimensionais que controlam o escoamento de água por um vertedor. Um modelo de vertedor foi construído na escala 1:16. Se uma partícula de água demora 5 s para percorrer certa distância entre dois pontos A_M e B_M no modelo, quanto tempo uma partícula de água levará para percorrer a distância entre dois pontos homólogos no protótipo em condições de semelhança? Resposta: 20 s.

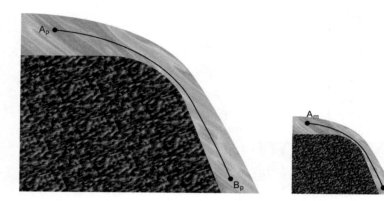

4   Pretende-se determinar as vazões em um canal retangular. Para tanto, instala-se uma placa na seção transversal do canal, dotada de uma abertura triangular, conforme mostra a figura. As grandezas que controlam esse fenômeno são: a vazão Q, a gravidade g e a altura H. Verificou-se em uma experiência com o protótipo que, para $H = 2$ m, a vazão medida foi de 17,7 m³/s. Pedem-se: a) determine a fórmula que fornece $Q = f(H)$; b) determine a vazão máxima no modelo em escala de 1:3, se a vazão máxima no protótipo for de 15,6 m³/s. Resposta: 1 m³/s.

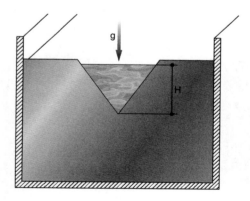

CAPÍTULO 5 – Análise dimensional e modelos físicos ■ 173

5   O formato de uma bolha de gás elevando-se em um líquido em repouso é controlado pelas seguintes grandezas: diâmetro d (a bolha inicia o movimento ascendente na forma esférica), viscosidade cinemática v, tensão superficial σ, massa específica ρ e gravidade g. Responda às seguintes questões: a) adotando como base dimensional as grandezas $(\rho,\ g,\ \sigma)$, obtenha os monômios adimensionais $\pi_1[\rho,\ g,\ \sigma,\ d]$ e $\pi_2[\rho,\ g,\ \sigma, v]$ que controlam o fenômeno; b) o adimensional π_1 elevado ao quadrado é conhecido como *número de Eötvös Eo*, e o adimensional π_2 elevado à quarta potência é conhecido como *número de Morton Mo*. Enuncie a relação de forças expressa nesses adimensionais; c) para a água a 20 °C, $v = 10^{-6}$ m²/s, $\sigma = 7{,}2 \times 10^{-2}$ kg/s², e $\rho = 10^3$ kg/m³, obtenha Mo para a água a 20 °C, adotando-se $g = 10$ m/s²; d) uma vez a bolha tendo sido liberada, o sistema responde com certa velocidade de ascensão $U(Eo, Mo)$, a qual poderá ser adimensionalizada na forma de: *número de Reynolds Re*, *número de Weber We*, ou *coeficiente de arrasto* C_A. A figura mostra o resultado de um estudo realizado com água para determinar $Re(Mo, Eo)$. Essa figura fornece $Re \times Eo$, tendo Mo como parâmetro. Indica-se na figura a transição para formatos não esféricos da bolha. Com base nessa figura, obtenha a velocidade limítrofe U_l de ascensão da bolha em água no formato esférico e o respectivo diâmetro limítrofe d_l. Respostas: c) $2{,}7 \times 10^{-11}$; d) $U_l \cong 0{,}25$ m/s; $d_l \cong 1{,}8$ mm.

6 O modelo de uma turbina turbo-hélice de diâmetro D da figura, construído na escala de semelhança de comprimento de 1:3, será ensaiado em túnel de vento subsônico, com ar atmosférico à temperatura ambiente, para determinar a potência P requerida quando a hélice-protótipo opera na rotação $N = 1.695$ RPM, e na velocidade de baixa altitude $V = 160$ km/h. São dadas as propriedades do ar atmosférico à temperatura ambiente: $\mu_{ar} = 1,8 \times 10^{-5}$ kg/m · s; $\rho_{ar} = 1,21$ kg/m³; $c_{ar} = 344$ m/s.

Pedem-se: a) construa os adimensionais usando a base (ρ, N, D); b) combine o adimensional que contém V com o adimensional que contém c, e novamente com aquele que contém μ, obtendo, respectivamente, a forma usual do número de Mach e do número de Reynolds; c) na impossibilidade de semelhança completa, opte pela semelhança mais adequada (se de Mach ou de Reynolds) para determinar a velocidade do ar no túnel de vento, indicando qual será essa velocidade; d) determine a rotação da hélice-modelo no túnel de vento; e) determine a escala de semelhança da potência. Respostas: c) 160 km/h; d) 5.085 RPM; e) 1:9.

7 Encontre uma expressão para estimar a vazão em volume de sangue Q(cm³/s) através de uma artéria, em função da queda de pressão por unidade de comprimento P(Pa/m), do raio r(mm), da massa específica ρ(g/cm³) e da viscosidade dinâmica μ(g/cm · s). Utilize a análise dimensional com o trio [ρ, r, P] formando base, e o *Teorema da Função Implícita*: "Se $f(x, y) = 0$, então podemos obter y em função de x: $y = g(x)$."
Resposta: $Q = \sqrt{\frac{r^5 P}{\rho}} \psi\left(\frac{\mu}{\rho r^3 P}\right)$.

8   A energia liberada pela primeira bomba atômica americana, em 1945, era mantida em segredo até 1950, quando da primeira explosão atômica pela União Soviética. No entanto, o físico britânico G. I. Taylor (1886-1975) foi capaz de fazer uma estimativa da energia a partir da análise dimensional, e com base em um filme da expansão do cogumelo da bomba *Trinity* desclassificado pelos Estados Unidos em 1950, após a explosão soviética. Sua estimativa era precisa, constrangendo o governo americano, que não havia desclassificado a quantidade de energia liberada na explosão.

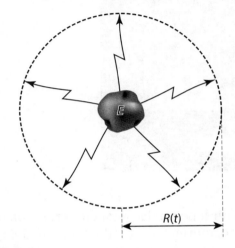

Pedem-se:

a) Construir os adimensionais que controlam o fenômeno da explosão atômica a partir das grandezas R(m), t(s), p_0(Pa = N/m^2), ρ_0(kg/m^3), E(joules = N · m), utilizando como base o trio $[R, E, t]$.

Resposta: $\pi_1 = \frac{p_0 R^3}{E}$, $\pi_2 = \frac{\rho_0 R^5}{E t^2}$.

b) Inspecionar o adimensional que inclui a pressão atmosférica de equilíbrio p_0 e decidir sobre a sua importância para o fenômeno, levando em consideração que a perturbação de pressão criada pela explosão é muito elevada e, por isso, chamada de onda de choque.
Resposta: π_1 não controla o fenômeno.

c) Obter uma expressão que permita estimar a energia liberada por uma explosão atômica a partir de imagens cinematográficas de $R(t)$.

Resposta: $E = k \frac{\rho_0 R^5}{t^2}$, onde k é uma constante.

d) No filme do teste *Trinity* em julho de 1945 (primeira bomba de fissão, com detonação a partir da implosão de plutônio), Taylor constatou que, após $2,5 \times 10^{-2}$ s, o raio R da frente de onda era da ordem de 140 m. Considerando $\rho_0 = 1$ kg/m^3 (massa específica de equilíbrio do ar atmosférico), obtenha uma estimativa da energia liberada pela bomba *Trinity*. Compare o valor obtido com o dado oficial da explosão de 84 terajoules (1 Tj = 10^{12} joule). Resposta: $E \cong 86$ Tj (para $k = 1$).

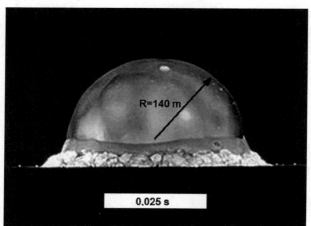

9 Um aparato é utilizado para medir a perda de carga em termos da queda de pressão por unidade de comprimento, tendo como modelo um duto liso de 3 cm de diâmetro, através do qual água escoa com velocidade média de 1,1 m/s. Variáveis que controlam o fenômeno: queda de pressão por unidade de comprimento $\Delta p'(ML^{-2}T^{-2})$, diâmetro do duto $D(L)$, massa específica $\rho(ML^{-3})$, velocidade média $V(LT^{-1})$, viscosidade dinâmica $\mu(ML^{-1}T^{-1})$. Dados: viscosidade cinemática da água $\nu_{\text{água}} = 1,31 \times 10^{-6}$ m^2/s, $\rho_{\text{ar}} = 1,19$ kg/m^3, $\rho_{\text{água}} = 10^3$ kg/m^3.

Pedem-se:

a) Obter os adimensionais que controlam o fenômeno.

Resposta: $\pi_1 = \dfrac{\Delta p' D}{\rho V^2}$, $\pi_2 = \dfrac{\mu}{\rho V D}$.

b) Em condições de semelhança, obter a velocidade do ar em um duto liso protótipo de 2 cm de diâmetro.

Resposta: 19,02 m/s.

c) Se a queda de pressão por unidade de comprimento do tubo modelo onde escoa água é de 1 kN/m^3, determinar a queda de pressão em condições de semelhança no duto protótipo onde escoa ar.

Resposta: 0,53 kN/m^3.

10 A velocidade [c] = m/s de uma onda de comprimento [λ] = m se propagando na superfície de águas profundas é controlada pela força gravitacional [g] = m/s^2 e pela tensão superficial [σ] = N/m = kg/s^2. Para esse fenômeno, as forças viscosas são de importância secundária, sendo [ρ] = kg/m^3 o único parâmetro necessário para caracterizar o líquido.

Pedem-se:

a) Obter os adimensionais que controlam o fenômeno utilizando como base o trio [ρ; g; λ].

Resposta: $\pi_1 = \frac{c}{\sqrt{g\lambda}}$, $\pi_2 = \frac{\sigma}{\rho g \lambda^2}$.

b) Identificar o adimensional que expressa a importância relativa entre tensão superficial e força gravitacional, denominá-lo β, e escrever uma expressão para a velocidade de propagação em função de β.

Resposta: $c = \sqrt{g\lambda} f(\beta)$.

c) Obter expressões para a velocidade de propagação considerando dois casos extremos (comportamento assimptótico): $\beta \ll 1$ (os efeitos gravitacionais predominam, sendo tal onda denominada *onda gravitacional*); $\beta \gg 1$ (os efeitos da tensão superficial predominam, sendo tal onda denominada *onda capilar*).

Resposta: onda gravitacional $c = \sqrt{g\lambda}$; onda capilar $c = \sqrt{\frac{\sigma}{\rho\lambda}}$.

d) A figura abaixo mostra dois *flashes* instantâneos das configurações de duas frentes de onda geradas no centro de excitação (gota de chuva e pedra grande). Indicar e justificar qual tipo de onda se propaga em cada caso.

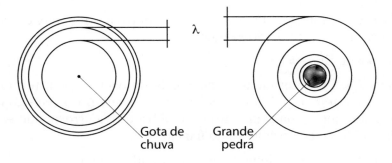

11 O vibrião colérico é o agente causador da cólera. Trata-se de uma bactéria monótrica; isto é, que se move com um único flagelo. O filamento flagelar tem a função de impelir a bactéria, sendo essencialmente uma hélice de comprimento L, em torno de 15 μm (1 μm = 10^{-6}m), diâmetro médio D, da ordem de 30 nm (1 nm = 10^{-9} m), e que gira com rotação N da ordem de 100 rps. A bactéria é impelida com a velocidade V (m/s), por uma força impelidora F (newton), que depende da massa específica ρ (kg/m^3) e da viscosidade μ (kg/m · s) do fluido onde se desloca.

Pedem-se:

a) Obter os adimensionais que controlam o fenômeno de deslocamento da bactéria, utilizando a base (N, D, ρ).

Resposta: $\pi_1 = \frac{L}{D}$, $\pi_2 = \frac{V}{ND}$, $\pi_3 = \frac{\mu}{ND^2\rho}$, $\pi_4 = \frac{F}{N^2D^4\rho}$.

b) Entre os adimensionais obtidos, há um deles que envolve apenas grandezas cinemáticas, e outro que envolve apenas grandezas geométricas. O primeiro é conhecido como coeficiente de avanço da hélice J, e o segundo como coeficiente de forma da hélice β. Identificar e nomear os adimensionais obtidos em a.

Resposta: $J = \frac{V}{ND}$, $\beta = \frac{L}{D}$.

c) Escrever a função adimensional que controla o fenômeno, na forma explícita para o n° de Euler.

Resposta: Eu = ϕ (β, J, Re).

d) Para J = 14, determinar a velocidade da bactéria, em termos do *número de comprimentos do corpo por segundo* (cc/s), considerando que o comprimento total da bactéria corresponde essencialmente ao comprimento do flagelo.

Resposta: 2,8 cc/s. Comente este resultado numérico.

e) Considerando que ambos J e β são parâmetros característicos (fixos e típicos) do vibrião colérico, simplificar a função adimensional obtida em c, isolar F no 1° membro, e reescrever a função explícita para a força impelidora do vibrião colérico.

Resposta: $F = N^2D^4\rho\psi$(Re). Comente a expressão resultante em termos da preponderância das forças atuantes na bactéria (inércia × viscosas).

12 O ressalto hidráulico pode ocorrer em um escoamento rápido de um curso d'água com superfície livre, que precisa desacelerar como resultado de alguma obstrução a jusante. Obter uma expressão para y_2 em função de y_1, da largura b do canal, da vazão em volume Q e da gravidade g, tendo por base os adimensionais relevantes. Identificar e nomear o adimensional que controla o fenômeno. Observar que se trata de um fenômeno cinemático, com base reduzida (Q, b).

Resposta: $y_2 = b \cdot \phi\left(\frac{y_1}{b}, \frac{b^5 g}{Q^2}\right)$.

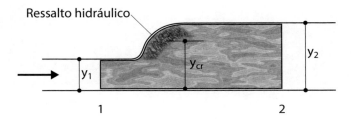

CAPÍTULO 6

ESCOAMENTO EM DUTOS

6.1 INTRODUÇÃO

O escoamento em dutos é estudo de grande importância, pois dutos são os responsáveis pelo transporte de fluidos desde os primórdios da civilização.

Os romanos se revelaram grandes projetistas de sistemas de transporte de água a grandes distâncias. Esses sistemas, alguns deles até hoje em operação, revelam o caráter inovador da tecnologia então empregada. Faziam parte desses sistemas, estruturas grandiosas conhecidas por aquedutos, encanamentos por onde se leva a água, de um ponto a outro, sobre arcadas ou sob a plataforma das vias de comunicação. Nesses sistemas, a água escoava por gravidade através dos dutos daquelas épocas – os canais a céu aberto ou subterrâneos. Para tanto, a declividade era controlada com precisão de milímetro, a fim de cobrir de maneira uniforme a declividade disponível entre os pontos de captação e de consumo, muitas vezes distanciados em vários quilômetros.

Canais são utilizados no transporte de água por gravidade ainda hoje. Dutos, feitos de chumbo, já eram utilizados pelos romanos nas suas casas de banho.

Por volta de 1800, dutos de madeira surgiram nas cidades de Montreal e Boston, na América do Norte, os quais eram construídos perfurando troncos de madeira. Múltiplos dutos assim obtidos eram instalados e vedados nas extremidades com gordura animal aquecida. Os dutos mais modernos são construídos de vários tipos de materiais metálicos, de material plástico, de concreto, de metal revestido internamente com plástico ou cimento etc.

No passado, os dutos eram essencialmente utilizados no transporte de água. Atualmente os dutos são utilizados no transporte de líquidos e gases dos mais diversos tipos e em várias situações. Quando os dutos são acoplados a mecanismos de bombeamento adequados, formam um sistema que permite cobrir uma extensão de distâncias que pode chegar a milhares de quilômetros. Os dutos podem ser instalados enterrados, a céu aberto e subaquáticos, e representam, hoje em dia, um sistema de transporte indispensável à economia mundial.

182 █ Mecânica dos Fluidos

Uma diferença básica do escoamento em dutos e canais é que, enquanto nos canais a seção do escoamento varia, pois depende da vazão transportada, nos dutos, normalmente, a seção de escoamento ocupa toda a seção transversal disponível no duto, independentemente, até certo limite, da vazão que é trans- portada. Um escoamento em duto com essa característica é conhecido como *escoamento forçado em duto*.

Do ponto de vista da Mecânica dos Fluidos, o tema central de interesse são as características do escoamento dos fluidos no interior de dutos e, devido à sua importância, o cálculo da perda de carga, pois dela depende o projeto e dimensionamento das instalações de transporte de fluidos. Neste capítulo, trataremos especificamente da determinação da perda de carga em escoamentos forçados em dutos.

6.2 PERDA DE CARGA EM DUTO FORÇADO

Vimos no Capítulo 4 que a perda de carga é a perda e energia por atrito viscoso/turbulento que ocorre entre duas seções de escoamento de um tubo de corrente.

A perda de carga em tubo de corrente no interior de dutos compreende as *perdas de carga distribuídas* que ocorrem nos trechos cilíndricos longos do duto e as *perdas de carga localizadas* (ou *singulares*) que ocorrem nas descontinuidades dos trechos cilíndricos longos do duto, como por exemplo, mudanças de direção e de seção, presença de válvulas, captação e descarga em reservatórios. Apresentaremos, a seguir, o método de cálculo desses dois tipos de perda de carga.

6.2.1 Cálculo da perda de carga distribuída em dutos

A perda de carga distribuída em dutos é calculada com a fórmula universal de perda de carga distribuída, já deduzida no exemplo de aplicação tratado no item 5.2 e repetida aqui na forma

$$h_f = f \frac{L}{D} \frac{V^2}{2g}, \tag{6.1}$$

onde D é o diâmetro do duto, L o comprimento do duto, V é a velocidade média, g é a gravidade e f é o coeficiente de perda de carga distribuída.

O cálculo da perda de carga distribuída por meio da Eq. (6.1) requer que o escoamento esteja *dinamicamente estabelecido* no interior do duto. Conforme mostra a Figura 6.1, o fluido entra no duto com um perfil de velocidades essencialmente uniforme V, igual à velocidade média em qualquer seção do duto. Logo que o escoamento penetra no duto, as partículas fluidas em contato com suas paredes têm as velocidades levadas a zero para atender ao princípio da aderência completa. Por sua vez, as partículas vizinhas vão sendo atingidas pelo efeito da parede, sendo também desaceleradas; à medida que o escoamento avança, partículas fluidas cada vez mais próximas ao eixo do duto vão sendo retardadas[1]. O resultado é que o perfil de velocidades uniforme na entrada do duto vai se modificando até a distância onde as camadas-limite se encontram no eixo do duto. A partir daí, um perfil de velocidades imutável, dito desenvolvido, com características de perfil laminar ou turbulento (ver Fig. 3.4) se estabelece, sendo que, então, o escoamento está dinamicamente estabelecido.

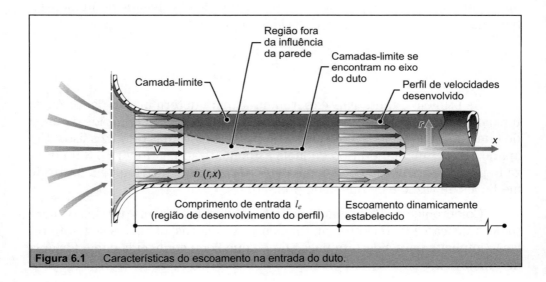

Figura 6.1 Características do escoamento na entrada do duto.

A distância, a partir da entrada do duto até a seção onde o escoamento se estabelece dinamicamente, é chamada de *comprimento de entrada* l_e.

O comprimento de entrada depende do tipo de escoamento na camada-limite (se laminar ou turbulento) e do número de Reynolds. Com as ferramentas da análise dimensional vistas no capítulo anterior, é fácil mostrar que o comprimento de entrada escrito na forma adimensional l_e/D é função exclusiva do número de Reynolds; ou seja, $l_e/D = \psi(\mathrm{Re})$.

Quando a camada-limite é laminar ($\mathrm{Re} = VD/\upsilon < 2.000$), o comprimento de entrada é aproximadamente dado por $l_e \cong 0{,}06 \cdot \mathrm{Re} \cdot D$; quando a camada-limite é turbulenta, o comprimento de entrada é aproximadamente dado por $l_e \cong 4{,}4 \cdot \mathrm{Re}^{1/6} \cdot D$.

---

[1] A região onde as partículas fluidas sofrem o efeito da parede é chamada de *camada-limite*. Veja mais sobre esse tema no Capítulo 8.

184 ∎ Mecânica dos Fluidos

Os comprimentos de dutos tipicamente utilizados em instalações flui-domecânicas são, normalmente, muito maiores que l_e, sendo que os efeitos de entrada podem ser desprezados e a perda de carga poderá ser estimada admitindo-se escoamento completamente desenvolvido em todo o comprimento do duto.

Para escoamento laminar, f independe da rugosidade relativa $\frac{\varepsilon}{D}$, sendo possível obter uma expressão analítica para f na forma

$$f_{laminar} = \frac{64}{Re}. \tag{6.2}$$

Como vimos anteriormente, para escoamento turbulento, f é obtido por via experimental, tendo por base a seguinte função envolvendo os adimensionais número de Reynolds Re e rugosidade relativa $\frac{\varepsilon}{D}$

$$f_{turbulento} = \phi\left(Re, \frac{\varepsilon}{D}\right).$$

As primeiras tentativas experimentais para determinação da forma da função ϕ, foram realizadas a partir dos anos 1930, utilizando grãos de areia de tamanhos conhecidos, colados nas superfícies internas de tubos lisos. Um aparato experimental do tipo daquele esquematizado na Figura 5.8 foi utilizado para estimativa do coeficiente de perda de carga distribuída a partir de medições de vazão e de queda de pressão.

Colebrook, em 1939, combinando os dados disponíveis para escoamento de transição e turbulento, em tubos lisos e rugosos, chegou à seguinte relação implícita para a determinação de f e que ficou conhecida como fórmula de Colebrook

$$\frac{1}{\sqrt{f}} = -2,0\log\left(\frac{\varepsilon/D}{3,7} + \frac{2,51}{Re\sqrt{f}}\right), \tag{6.3}$$

com o logaritmo tomado na base 10.

A fórmula de Colebrook requer, em geral, processo de cálculo iterativo para determinação de f. Muita embora, como adiante veremos, a convergência desse processo ocorra, normalmente, em até duas, no máximo até três iterações, pode-se evitar esse trabalho utilizando uma fórmula explícita em relação a f, que tem sido recomendada

$$f = \frac{0,25}{\left[\log\left(\frac{\varepsilon/D}{3,7} + \frac{5,74}{Re^{0,9}}\right)\right]^2}. \tag{6.4}$$

Rouse criou um gráfico para determinação de f, incluindo o regime laminar, aplicável às rugosidades de tubos comerciais. Moody reformulou o gráfico de Rouse, tendo gerado o notório diagrama de Moody-Rouse, o qual vem reproduzido na Figura 6.2.

O diagrama de Moody-Rouse fornece valores de f com uma incerteza de até 15% dos dados experimentais.

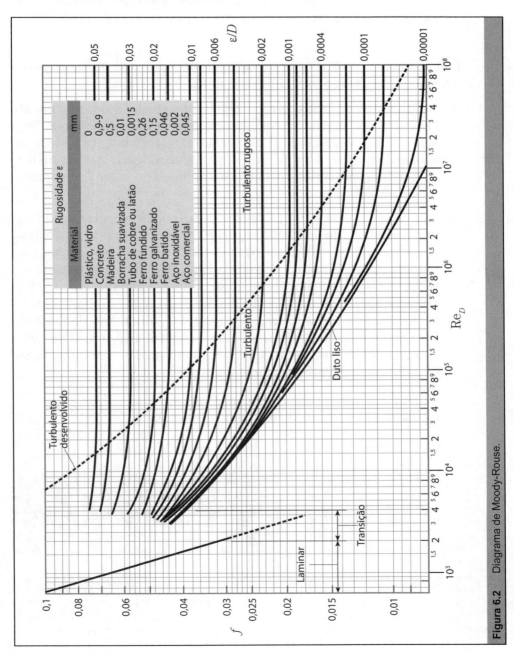

Figura 6.2 Diagrama de Moody-Rouse.

Observa-se que o diagrama de Moody-Rouse é subdividido em regiões onde o escoamento apresenta características peculiares. Faremos, a seguir, uma breve discussão sobre cada uma dessas regiões.

- Escoamento laminar: como os eixos do diagrama estão em escala bilogarítmica, $f = 64/Re$ se apresenta como uma reta independente de ε/D, pois as partículas fluidas se deslocando em trajetórias retas paralelas não são afetadas pela rugosidade da parede do duto.

As demais regiões do diagrama são todas dependentes da interação da *subcamada viscosa*[2] com a rugosidade do duto.

- Escoamento de transição: na região de transição de escoamento laminar para turbulento, que ocorre na faixa de números de Reynolds compreendida entre 2.000 e 4.000, o escoamento pode se alternar de laminar para turbulento ou, dependendo das condições, se fixar em laminar ou turbulento, sendo que o valor f acompanha esse comportamento.

- Escoamento turbulento (à esquerda da linha tracejada): aqui f depende de Re e de ε/D. Essa região é caracterizada por uma subcamada viscosa de espessura equivalente à rugosidade da parede do duto, a qual penetra no núcleo da camada-limite, intensificando a turbulência do escoamento, sendo o efeito o aumento de f à medida que ε/D aumenta para um mesmo Re. Essa região é limitada inferiormente pela curva "Duto liso" ($\varepsilon/D = 0$), onde f só depende de Re, e para onde convergem todas as curvas de ε/D, à medida que a rugosidade vai sendo encoberta pela subcamada viscosa, em razão de seu espessamento à medida que Re se reduz.

Espessura da subcamada viscosa ~ rugosidade do duto

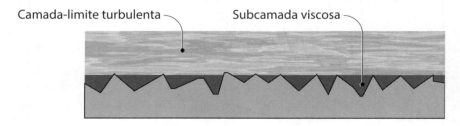

Camada-limite turbulenta   Subcamada viscosa

---

[2] Camada muito fina pertencente à camada-limite, tipicamente menor que 1% do diâmetro do duto e que fica em contato com sua parede onde a mistura turbulenta é impedida, sendo o escoamento nessa camada essencialmente laminar e a tensão de cisalhamento é a tensão de cisalhamento viscosa. A espessura da subcamada viscosa fica mais fina à medida que o número de Reynolds aumenta. Veja mais sobre camada-limite no Capítulo 8.

- Escoamento turbulento liso: uma vez a rugosidade da parede do duto tendo sido totalmente encoberta pela subcamada viscosa, tudo se passa como se o duto fosse liso, com o escoamento turbulento deslizando sobre uma parede lisa. Por esse motivo, a curva "Duto liso" é também denominada de "escoamento turbulento liso". Para escoamento em duto liso f poderá ser estimado por meio de[3]

$$\frac{1}{\sqrt{f}} = 2{,}0\log\mathrm{Re}\sqrt{f} - 0{,}8. \qquad (6.5)$$

A espessura da subcamada viscosa é maior que a rugosidade do duto

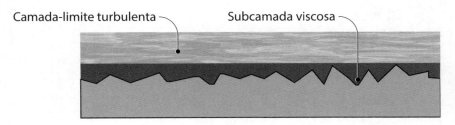

- Escoamento turbulento rugoso (à direita da linha tracejada): nessa região, a subcamada viscosa tem espessura tal que não consegue encobrir a rugosidade da parede do duto. Aqui, f só depende de ε/D, e é por esse motivo que o escoamento é chamado de "turbulento rugoso". À medida que Re aumenta para valores além da curva tracejada, a subcamada viscosa vai ficando cada vez mais fina, sendo que a redução da rugosidade do duto implica a redução da faixa de Re para a qual o escoamento é rugoso. Na região de escoamento turbulento rugoso, f poderá ser estimado por meio de[4]

$$\frac{1}{\sqrt{f}} = 1{,}14 - 2{,}0\log(\varepsilon/D). \qquad (6.6)$$

A espessura da subcamada viscosa é menor que a rugosidade do duto

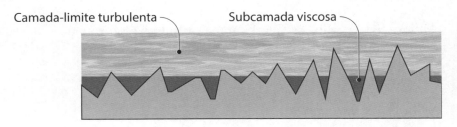

---

[3] Obtida colocando $\varepsilon/D = 0$ na fórmula de Colebrook.

[4] Trata-se do resultado assimptótico da fórmula de Colebrook para Re elevado.

188 ▌ Mecânica dos Fluidos

Exemplo de aplicação de determinação do coeficiente de perda de carga distribuída

Obtenha o coeficiente de perda de carga distribuída utilizando a fórmula de Colebrook [Eq. (6.3)], a Eq. (6.4) e o diagrama de Moody-Rouse, em uma tubulação com diâmetro de 0,10 m, que transporta água com vazão de 15 l/s. Determine a perda de carga distribuída para 100 m de tubulação utilizando os três valores obtidos para o coeficiente de perda de carga distribuída. Compare esses valores.

Solução

Da fórmula de Colebrook [Eq. (6.3)] temos

$$\frac{1}{\sqrt{f}} = -2{,}0\log\left(\frac{\varepsilon/D}{3{,}7} + \frac{2{,}51}{\mathrm{Re}\sqrt{f}}\right)$$

No destaque de rugosidades de materiais do diagrama de Moody-Rouse (Fig. 6.2), verifica-se que a rugosidade de tubos de concreto cobre a faixa de 0,9 - 9 mm. Suponhamos que a rugosidade média de 2 mm tenha sido obtida em uma inspeção do tubo; logo $\varepsilon/D = 2 \times 10^{-3}/0{,}1 = 0{,}02$.

A vazão de 100 l/s num tubo de 0,10 m de diâmetro corresponde a uma velocidade média V que será dada por

$$V = \frac{Q}{A} = \frac{4\cdot Q}{\pi\cdot D^2} = \frac{4\times15\times10^{-3}\ \mathrm{m^3/s}}{\pi\times0{,}1^2\ \mathrm{m^2}} = 1{,}91\ \mathrm{m/s}.$$

Com $\rho_{\text{água}} = 10^3\ \mathrm{kg}\cdot\mathrm{m^{-3}}$ e $\mu_{\text{água}} = 10^{-3}\ \mathrm{kg}\cdot\mathrm{m^{-1}}\cdot\mathrm{s^{-1}}$, o número de Reynolds desse escoamento será de

$$\mathrm{Re} = \frac{\rho V D}{\mu} = \frac{10^{-3}\ \mathrm{kg}\cdot\mathrm{m^3}\times1{,}91\ \mathrm{m}\cdot\mathrm{s^{-1}}\times0{,}10\ \mathrm{m}}{10^{-3}\ \mathrm{kg}\cdot\mathrm{m^{-1}}\cdot\mathrm{s^{-1}}} = 191{.}000 = 1{,}91\times10^5$$

Temos agora todos os valores numéricos para determinação de f utilizando a fórmula de Colebrook.

$$\frac{1}{\sqrt{f}} = -2{,}0\log\left(\frac{0{,}02}{3{,}7} + \frac{2{,}51}{1{,}91\times10^5\cdot\sqrt{f}}\right),$$

$$\frac{1}{\sqrt{f}} = -2{,}0\log\left(0{,}005 + \frac{1{,}31\times10^{-5}}{\sqrt{f}}\right).$$

O valor de f será obtido de forma iterativa, com um valor inicial de escolha arbitrária. Contudo, uma boa estimativa inicial para f é aquela para escoamento turbulento rugoso, dada pela Eq. (6.6), ou seja,

$$\frac{1}{\sqrt{f}} = 1,14 - 2,0\log(0,02) = 4,534.$$

Levando esse primeiro valor de $1/f = 4,534$ na fórmula de Colebrook, resulta em

$$1^{\text{a}} \text{ iteração}: \quad 4.534 \overset{?}{=} -2,0\log\left(0,005 + 4,534 \times 1,31 \times 10^{-5}\right)$$

$$4,534 \neq 4,591$$

Levando esse segundo valor de $1/f = 4,591$ novamente na fórmula de Colebrook, resulta em

$$2^{\text{a}} \text{ iteração}: \quad 4.591 \overset{?}{=} -2,0\log\left(0,005 + 4,591 \times 1,31 \times 10^{-5}\right)$$

$$4,591 \cong 4,592$$

Resultado bastante aproximado e que poderá ser considerado como definitivo, resultando em $1/\sqrt{f_{\text{Colebrook}}} = 4,592 \Rightarrow f_{\text{Colebrook}} = 0,0474$.

Calculando f por meio da Eq. (6.4), resulta em

$$f_{\text{Eq.(6.4)}} = \frac{0,25}{\left[\log\left(\dfrac{\varepsilon/D}{3,7} + \dfrac{5,74}{\text{Re}^{0,9}}\right)\right]^2} = \frac{0,25}{\left[\log\left(\dfrac{0,02}{3,7} + \dfrac{5,74}{\left(1,91 \times 10^5\right)^{0,9}}\right)\right]^2} = 0,0489$$

Finalmente, no diagrama de Moody-Rouse da Figura 6.2, com $\varepsilon/D = 0,02$ e com Re $= 1,91 \times 10^5$ lê-se $f_{\text{Moody-Rouse}} \cong 0,0480$.

Observa-se que os valores de f obtidos de três fontes distintas estão muito próximos. Calculemos, agora, a perda de carga distribuída correspondente a cada um desses valores de f no duto de 100 m de comprimento, utilizando a fórmula universal de perda de carga distribuída [Eq. (6.1)].

$$h_f = f_{\text{Colebrok}} \frac{L}{D}\frac{V^2}{2g} = 0,0474 \frac{100(1,91)^2}{0,10 \times 2 \times 9,81} = 8,813 \text{ m}.$$

$$h_f = f_{\text{Eq. (6.4)}} \frac{L}{D}\frac{V^2}{2g} = 0,0489 \frac{100(1,91)^2}{0,10 \times 2 \times 9,81} = 9,092 \text{ m}.$$

190 ■ Mecânica dos Fluidos

$$h_f = f_{\text{Moody-Rouse}} \frac{L}{D} \frac{V^2}{2g} = 0,0480 \frac{100(1,91)^2}{0,10 \times 2 \times 9,81} = 8,925 \text{ m}.$$

Admitindo-se que a melhor estimativa de f seja aquela obtida por meio da fórmula de Colebrook, os erros no cálculo da perda de carga distribuída, nesse caso, seriam de:

f obtido por meio da Eq. (6.4)

$$\% \text{ erro em } h_f = \frac{9,092 - 8,813}{8,813} \times 100\% \cong +3,2\%,$$

f obtido por meio do diagrama de Moody-Rouse

$$\% \text{ erro em } h_f = \frac{8,925 - 8,813}{8,813} \times 100\% \cong +1,3\%.$$

Esses erros podem ser considerados baixos, em face de outras incertezas em problemas desse tipo.

A fórmula de Colebrook [Eq. (6.3)], a Eq. (6.4) e o diagrama de Moody--Rouse podem ser aplicados diretamente na determinação de f em problemas de determinação de perda de carga distribuída quando são dados o diâmetro e o comprimento do duto para uma determinada vazão (o fluido e o material do duto são considerados especificados em todos os casos).

Entretanto, a fórmula explícita em relação à h_f pode ser utilizada com incerteza de até 2% do diagrama de Moody-Rouse

$$h_f = 1,07 \frac{Q^2 L}{gD^5} \left\{ \ln \left[\frac{\varepsilon}{3,7D} + 4,62 \left(\frac{\upsilon D}{Q} \right)^{0,9} \right] \right\}^{-2} \left\{ \begin{matrix} 10^{-6} < \varepsilon/D < 10^{-2} \\ 3.000 < \text{Re} < 3 \times 10^8 \end{matrix} \right\}. \quad (6.7)$$

Exemplo de aplicação da Eq. (6.7)

Determine a perda e carga distribuída na tubulação do exemplo de aplicação anterior utilizando diretamente a Eq. (6.7).

Solução

Verifica-se, primeiramente, que o número de Reynolds está dentro da faixa de aplicabilidade da Eq. (6.7). Entretanto, a rugosidade relativa do tubo $\varepsilon/D = 0,02$, está fora da faixa de aplicabilidade dessa equação.

Apesar disso, vamos seguir adiante e verificar qual seria a estimativa dada pela Eq. (6.7).

$$h_f = 1,07 \frac{Q^2 L}{gD^5} \left\{ \ln\left[\frac{\varepsilon}{3,7D} + 4,62\left(\frac{\upsilon D}{Q}\right)^{0,9} \right] \right\}^{-2}$$

$$h_f = 1,07 \frac{\left(15 \times 10^{-3}\right)^2 100}{9,81(0,10)^5} \left\{ \ln\left[\frac{0,02}{3,7} + 4,62\left(\frac{10^{-6} \times 0,10}{15 \times 10^{-3}}\right)^{0,9} \right] \right\}^{-2} = 9,070 \text{ m.}$$

O erro em relação à estimativa anterior, com f obtido por meio da fórmula de Colebrook é de

$$\% \text{ erro em } h_f = \frac{9,070 - 8,813}{8,813} \times 100\% \cong +2,9\%.$$

Embora a rugosidade relativa da tubulação esteja fora da faixa de aplicabilidade da Eq. (6.7), o erro na estimativa da perda de carga distribuída não foi muito superior aos erros do exemplo de aplicação anterior.

É até surpreendente que, em face da praticidade do cálculo direto da perda de carga distribuída com o auxílio da Eq. (6.7), que ela tenha produzido um erro que pode ser considerado bastante tolerável.

Em problemas de determinação da vazão, uma vez dados o diâmetro e o comprimento do duto e em problemas de determinação do diâmetro do duto, quando são dados o seu comprimento e a vazão, a determinação de f requer uma abordagem iterativa. Alternativamente, podem-se utilizar as fórmulas explícitas apresentadas a seguir.

$$Q = -0,965 \left(\frac{gD^5 h_f}{L}\right)^{0,5} \ln\left[\frac{\varepsilon}{3,7D} + \left(\frac{3,17\upsilon^2 L}{gD^3 h_f}\right)^{0,5} \right] \text{Re} > 2.000, \qquad (6.8)$$

$$D = 0,66 \left[\varepsilon^{1,25}\left(\frac{LQ^2}{gh_f}\right)^{4,75} + \upsilon Q^{9,4}\left(\frac{L}{gh_f}\right)^{5,2} \right]^{0,04} \left\{ \begin{array}{l} 10^{-6} < \varepsilon/D < 10^{-2} \\ 5.000 < \text{Re} < 3 \times 10^8 \end{array} \right\}. \quad (6.9)$$

192 ▮ Mecânica dos Fluidos

Exemplo de aplicação da Eq. (6.8)

Suponha que a vazão do exemplo anterior seja desconhecida. Obtê-la empregando a Eq. (6.8) e com $h_f = 9,070$ m.

Solução

A direta aplicação da Eq. (6.8) fornece

$$Q = -0,965 \left(\frac{gD^5 h_f}{L} \right)^{0,5} \ln \left[\frac{\varepsilon}{3,7D} + \left(\frac{317 \upsilon^2 L}{gD^3 h_f} \right)^{0,5} \right] =$$

$$= -0,965 \left(\frac{9,81 \times (0,10)^5 \times 9,070}{100} \right)^{0,05} \ln \left[\frac{0,02}{3,7} + \left(\frac{3,17 \times \left(10^{-6}\right)^2 \times 100}{9,81 \times (0,10)^3 \times 9,070} \right)^{0,5} \right] =$$

$$\cong 0,0149 \ \text{m}^3/\text{s} = 14,9 \ \text{l/s},$$

um erro de −0,7% em relação à vazão de 15 l/s.

Exemplo de aplicação da Eq. (6.9)

Suponha que o diâmetro da tubulação do exemplo anterior seja desconhecido. Obtê-lo empregando a Eq. (6.9) e com $h_f = 9,070$ m.

Solução

$$D = 0,66 \left[\varepsilon^{1,25} + \left(\frac{LQ^2}{gh_f} \right)^{4,75} + \upsilon \, Q^{9,4} \left(\frac{L}{gh_f} \right)^{5,2} \right]^{0,04} =$$

$$= 0,66 \left[0,02^{1,25} \left(\frac{100 \times \left(15 \times 10^{-3}\right)^2}{9,81 \times 9,070} \right)^{4,75} + 10^{-6} \times \left(15 \times 10^{-3}\right)^{9,4} \left(\frac{100}{9,81 \times 9,070} \right)^{5,2} \right]^{0,04} =$$

$$\cong 0,112 \ \text{m},$$

um erro de 12% em relação ao diâmetro de 0,10 m.

Define-se *diâmetro hidráulico* D_h como quatro vezes a razão entre a área da seção transversal do duto S e o *perímetro molhado* σ, assim denominado o comprimento do contorno sólido da seção do duto que está em contato com o fluido. O diâmetro hidráulico será, então, dado por

$$D_h = \frac{4 \cdot S}{\sigma}.\qquad(6.10)$$

As correlações apresentadas para o cálculo do coeficiente de perda de carga distribuída em dutos de seção transversal circular de diâmetro D se aplicam aos dutos de seção transversal não circular de diâmetro hidráulico D_h, substituindo-se D por D_h.

Utilizando a Eq. (6.10), é fácil verificar que, para dutos de seção quadrada de lado L, o diâmetro hidráulico é igual a $L/4$. Para dutos de seção transversal retangular de área $b \times h$, o diâmetro hidráulico é igual a $2 \cdot h/(1 + RA)$, onde RA é a *razão de aspecto* do duto, dada por $RA = h/b$.

Exemplo de aplicação de diâmetro hidráulico

Em um sistema de ar condicionado, o ar, à temperatura ambiente ($\rho_{ar} = 1{,}2$ kg/m^3, $v_{ar} = 1{,}5 \times 10^{-5}$ m^2/s), é transportado através de 500 m de um duto liso e horizontal, de seção transversal retangular medindo 30 cm $\times$ 20 cm, a uma vazão de 240 l/s. Determine a queda de pressão no duto.

Solução

Por se tratar de um duto horizontal de diâmetro constante, a queda de pressão será igual à perda de carga distribuída multiplicada pelo peso específico do fluido. A perda de carga poderá ser obtida aplicando-se a fórmula universal de perda de carga distribuída [Eq. (6.1)] que, uma vez multiplicada pelo peso específico do fluido, fornece a seguinte expressão para a queda de pressão Δp,

$$\Delta p = f \frac{L}{D_h} \frac{\rho V^2}{2}.\qquad(A)$$

Para o cálculo de f será preciso calcular, primeiro, o número de Reynolds baseado no diâmetro hidráulico do duto, o qual será dado por

$$D_h = \frac{2 \times h}{1 + RA} = \frac{2 \times 0{,}20}{1 + 20/30} = 0{,}24 \text{ m},$$

194 ▌ Mecânica dos Fluidos

---

e a velocidade média do escoamento, a qual será dada por

$$V = \frac{Q}{b \cdot h} = \frac{0,24}{0,30 \times 0,20} = 4 \text{ m/s}.$$

$$Re = \frac{V \cdot D_h}{v} = \frac{4 \times 0,24}{1,5 \times 10^{-5}} = 6,4 \times 10^4.$$

O coeficiente de perda de carga distribuída será obtido para tubo liso no diagrama de Moody-Rouse, obtendo-se $f \cong 0,0195$.

Substituindo, na Eq. (A), os valores numéricos obtidos, resulta na queda de pressão de

$$\Delta p = f \frac{L}{D_h} \frac{\rho V^2}{2} = 0,0195 \frac{500}{0,24} \frac{1,2 \times (4)^2}{2} = 390 \text{ Pa}.$$

6.2.2 Cálculo da perda de carga localizada

A perda de carga localizada h_s é calculada por meio de

$$h_s = k_s \frac{V^2}{2g}, \tag{6.11}$$

onde k_s é o *coeficiente de perda de carga singular* (ou *localizada*).

Como em escoamento em duto forçado os números de Froude, de Weber e de Mach não intervêm, resulta em $k_s = \phi(Re, coeficientes\ de\ forma)$. Os coeficientes de forma são específicos de cada singularidade e resultam de sua forma geométrica. A experiência mostra que, para uma dada singularidade, k_s são independentes do número de Reynolds nos escoamentos em que Re é suficientemente elevado, o que resulta em $k_s = \phi(coeficientes\ de\ forma)$.

O coeficiente de perda de carga singular é obtido por via experimental, intercalando a singularidade em um duto com área de seção transversal S, onde se mede, para uma dada vazão Q, a queda de pressão $\Delta p = p_1 - p_2$ entre a seção de entrada e de saída da singularidade, conforme mostra a Figura 6.3.

O coeficiente de perda de carga singular será, então, estimado por meio de

$$k_s = \frac{\Delta p}{\frac{1}{2}\rho V^2}, \tag{6.12}$$

onde $V = Q/S$. No cálculo de V, quando as áreas das seções de entrada e de saída da singularidade são diferentes – caso das contrações e expansões de seção –, prevalece a menor área, ou seja, a área que gera a maior velocidade média, a menos que haja menção ao contrário.

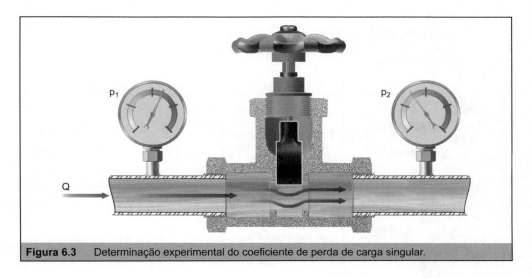

Figura 6.3 Determinação experimental do coeficiente de perda de carga singular.

A Tabela 6.1 apresenta uma lista de coeficientes de perda de carga singular para uma variedade de acessórios utilizados em instalações fluidomecânicas.

A perda de carga singular também pode ser expressa em termos do chamado *comprimento equivalente* L_{eq}, definido como o comprimento do duto que contém o acessório que gera uma perda de carga distribuída igual à perda de carga singular do acessório. Isso se traduz matematicamente em

$$h_s = k_s \frac{V^2}{2g} = f \frac{L_{eq}}{D} \frac{V^2}{2g} \Rightarrow L_{eq} = \frac{D}{f} k_s, \qquad (6.13)$$

onde f é o coeficiente de perda de carga distribuída e D é o diâmetro do duto que contém o acessório que apresenta o coeficiente de perda de carga singular k_s.

A perda de carga total de um sistema que contém n trechos de dutos e m acessórios será dada por

$$\Delta H_{total} = \sum_{i=1}^{n} f_i \frac{L_i}{D_i} \frac{V_i^2}{2g} + \sum_{j=1}^{m} k_{s_j} \frac{V_j^2}{2g}. \qquad (6.14)$$

Na eventualidade do sistema analisado ter um mesmo diâmetro, a Eq. (6.14) se simplifica para

$$\Delta H_{total} = \left(f \frac{L}{D} + \sum_{j=1}^{m} k_{s_j} \right) \frac{V^2}{2g}. \qquad (6.15)$$

196 ∎ Mecânica dos Fluidos

Tabela 6.1 Coeficientes de perda de carga singular*

Acessório	Denominação	k_s
	Captação em reservatório	0,5
	Captação arredondada em reservatório	R/d — 0,05 — 0,1 — 0,2 — 0,3 — 0,4 k_s — 0,25 — 0,17 — 0,08 — 0,05 — 0,04
	Captação com tubo reentrante em reservatório	0,8
	Descarga em reservatório	2,0 para escoamento laminar 1,0 para escoamento turbulento
	Descarga arredondada em reservatório	2,0 para escoamento laminar 1,0 para escoamento turbulento
	Descarga com tubo reentrante em reservatório	2,0 para escoamento laminar 1,0 para escoamento turbulento
	Te padrão	1,8 (desvio)

* Dar preferência aos valores fornecidos pelo fabricante do acessório.

CAPÍTULO 6 – Escoamento em dutos ▮ 197

Tabela 6.1 (*Continuação*)

Acessório	Denominação	k_s
	Contração brusca	$(d/D)^2$ 0,01 0,1 0,2 0,4 0,6 0,8 k_s 0,5 0,5 0,42 0,33 0,25 0,15
	Expansão brusca	$$\left(1-\frac{V_2}{V_1}\right)^2$$
	Difusor	Para $\alpha = 20°$ 0,30 para $d/D = 0,2$ 0,25 para $d/D = 0,4$ 0,15 para $d/D = 0,6$ 0,10 para $d/D = 0,8$
	Confusor	0,02 para $\alpha = 30°$ 0,04 para $\alpha = 45°$ 0,07 para $\alpha = 60°$
	Cotovelo	$\alpha°$ 15 30 45 60 90 k_s 0,024 0,108 0,26 0,49 1,17
	Curva	$\alpha°$ 15 30 45 60 90 $R/d = 1$ 0,01 0,09 0,17 0,27 0,53 $R/d > 3$ 0,01 0,03 0,12 0,20 0,24
	Saída do difusor	$\alpha°$ 8 15 30 45 k_s 0,05 0,18 0,50 0,60

198 ■ Mecânica dos Fluidos

Tabela 6.1 (Continuação)

Acessório	Denominação	k_s
	Saída do confusor	d/D 0,5 0,6 0,8 0,9 k_s 5,5 4,0 2,6 1,1
	Válvula-gaveta[**]	0,2 (completamente aberta) 0,3 (1/4 fechada) 2,1 (1/2 fechada) 17 (3/4 fechada)
	Válvula-globo	10 (completamente aberta)
	Válvula-angular	5 (completamente aberta)
	Válvula de retenção com portinhola	0,5

[**] Não se recomenda utilizar válvulas-gaveta parcialmente abertas. Elas não foram concebidas para controle da vazão e/ou pressão, e sim para trabalhar completamente abertas ou fechadas. Essas válvulas são fechadas para isolar algum componente do sistema durante atividades de manutenção/inspeção, devendo estar completamente abertas quando do restabelecimento das condições normais de operação do sistema. Para controle da vazão e/ou pressão utilizar preferencialmente válvulas-globo, ou outro tipo de válvula, dependendo da aplicação. Mais sobre válvulas no item 7.2.

Tabela 6.1	(Continuação)	

Acessório	Denominação	k_s
	Válvula-esfera	0,05 (completamente aberta)
	Tubo de sucção de bomba	Com entrada cônica: $$h_s = 0,60D + 1,20\frac{Q}{\sqrt{D^3}} - \frac{V^2}{2g}$$ Sem entrada cônica: $$h_s = 0,53D + 1,30\frac{Q}{\sqrt{D^3}} - \frac{V^2}{2g}$$ Largura do poço de sucção: 3,5 D
	Filtro de pé no tubo de sucção de bomba	10 (com válvula de pé) 5,5 (sem válvula de pé)

Exemplo de aplicação de cálculo de perda de carga em sistema de bombeamento de água

Água é bombeada entre dois reservatórios com uma vazão de 6 l/s, através de um duto em ferro fundido de 50 mm de diâmetro e comprimento de 120 m e diversas singularidades indicadas no sistema da Figura 6.4. Determine a potência hidráulica requerida da bomba.

Solução

Aplica-se inicialmente a equação de Bernoulli generalizada [(Eq. 4.18)] entre as seções de escoamento (1) e (2)

$$H_1 + H_M = H_2 + \Delta H_{1,2}, \tag{A}$$

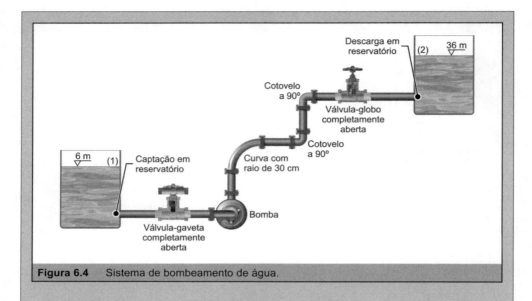

Figura 6.4   Sistema de bombeamento de água.

onde H_1 é a carga total média na superfície livre do reservatório inferior que será por

$$H_1 = z_1 + \alpha_1 \frac{V_1^2}{2g} + \frac{p_1}{\gamma} = 6 + 0 + 0 = 6 \text{ m},$$

H_2 é a carga total média na superfície do reservatório superior que será por

$$H_2 = z_2 + \alpha_2 \frac{V_2^2}{2g} + \frac{p_2}{\gamma} = 36 + 0 + 0 = 36 \text{ m}.$$

Como se trata de um sistema cuja tubulação tem um mesmo diâmetro, a perda de carga total será calculada por meio da Eq. (6.15).

$$\Delta H_{\text{total}} = \Delta H_{1,2} = \left(f \frac{L}{D} + \sum_{j=1}^{m} k_{s_j} \right) \frac{V^2}{2g}$$

O cálculo da perda de carga entre as seções de escoamento (1) e (2), requer primeiro a determinação: da velocidade média V, do coeficiente de perda de carga distribuída f e dos coeficientes de perda de carga singular k_{s_j}. Os valores dessas grandezas serão obtidos a seguir.

$$V = \frac{Q}{S} = \frac{4 \cdot Q}{\pi \cdot D^2} = \frac{4 \times 6 \times 10^{-3}}{\pi \times (0,05)^2} = 3,06 \text{ m/s}.$$

No destaque da Figura 6.2, obtém-se a rugosidade do ferro fundido de $0,26 \times 10^{-3}$ m que, juntamente com o número de Reynolds, permite calcular f por meio da Eq. (6.4).

$$\left\{\begin{array}{l} \mathrm{Re} = \dfrac{VD}{\nu_{\text{água}}} = \dfrac{3,06 \times 50 \times 10^{-3}}{1,02 \times 10^{-6}} = 1,50 \times 10^5 \\[3mm] \dfrac{\varepsilon_{fo \cdot fo}}{D} = \dfrac{0,26 \times 10^{-3}}{50 \times 10^{-3}} = 0,0052 \end{array}\right\} \Rightarrow$$

$$f_{\text{Eq.}(6.4)} = \dfrac{0,25}{\left[\log \left(\dfrac{\varepsilon/D}{3,7} + \dfrac{5,74}{\mathrm{Re}^{0,9}} \right) \right]^2} =$$

$$= \dfrac{0,25}{\left[\log \left(\dfrac{0,0052}{3,7} + \dfrac{5,74}{\left(1,50 \times 10^5 \right)^{0,9}} \right) \right]^2} \cong 0,0316$$

Os coeficientes de perda de carga singular dos acessórios da instalação da Figura 6.4 serão obtidos da Tabela 6.1.

- Captação em reservatório: $k_{s_1} = 0,5$

- Válvula-gaveta completamente aberta: $k_{s_2} = 0,2$

- Curva com raio de 30 cm: $\left\{\begin{array}{l} R/D = 0,30/0,05 = 6 > 3 \\ \alpha = 90° \end{array}\right\} \Rightarrow k_{s_3} = 0,24$

- Cotovelo a 90°: $k_{s_4} = 1,17$

- Cotovelo a 90°: $k_{s_5} = 1,17$

- Válvula-globo completamente aberta: $k_{s_6} = 10$

- Descarga em reservatório: $k_{s_7} = 1,0$

A perda de carga total será então de

$$\Delta H_{\text{total}} = \Delta H_{1,2} =$$

$$\left(0,0316 \dfrac{120}{0,050} + 0,5 + 0,2 + 0,24 + 1,17 + 1,17 + 10 + 10 \right) \dfrac{(3,06)^2}{2 \times 9,81} \cong 43,01 \text{ m.}$$

Isolando H_M no primeiro membro da Eq. (A) e substituindo os termos dessa equação pelos valores numéricos obtidos resultam em

$$H_M = H_2 - H_1 + \Delta H_{1,2} = 36 - 6 + 43,01 = 73,01 \text{ m} > 0,$$

portanto a máquina é bomba.

A potência hidráulica da bomba W_B será dada pela Eq. (4.15), com $H_M = H_B = 78,05$ m.

$$W_B = \gamma \cdot Q \cdot H_B = \rho \cdot g \cdot Q \cdot H_B =$$

$$10^3 \frac{kg}{m^3} \times 9,81 \frac{m}{s^2} \times 6 \times 10^{-3} \frac{m^3}{s} \times 73,01 \text{ m} \cong 4,30 \text{ kW}.$$

Cabe observar que a perda de carga singular que ocorre na entrada e na saída da bomba é incluída, por via indireta, no rendimento da bomba. Se a bomba da instalação da Figura 6.4 opera com um rendimento de 70%, a potência que deverá ser fornecida ao seu eixo de acionamento W será dada pela Eq. (4.16), sendo, portanto, de

$$W = \frac{W_B}{\eta_B} = \frac{4,30}{0,70} \cong 6,14 \text{ kW}.$$

6.3 EXERCÍCIOS

1   Gasolina escoa em uma linha longa, subterrânea, à temperatura de 15 °C ($\rho_{gasolina} = 720$ kg/m³, $\mu_{gasolina} = 5 \times 10^{-4}$ kg/m · s). Duas estações de bombeamento, à mesma elevação, localizam-se à distância de 13 km uma da outra. A queda de pressão entre as estações é igual a 1,4 MPa. A linha é feita em aço comercial, com 0,60 m de diâmetro. Contudo, a idade e a corrosão da linha elevaram a rugosidade do duto ao valor aproximado de $1,2 \times 10^{-4}$ m. Calcule a vazão através da linha. Resposta: 1,0 m³/s.

2   Considere escoamento de ar ($\rho_{ar} = 1,2$ kg/m³, $\nu_{ar} = 1,5 \times 10^{-5}$ m²/s) a 35 m³/min. Compare a queda de pressão por unidade de comprimento de um duto de seção circular, com dutos retangulares com razões de aspecto de 1, 2 e 3. Admita que os dutos sejam lisos, com áreas de seção de 0,1 m². Respostas: 0,95, 1,11, 1,19, 1,32 Pa/m.

3 Uma galeria de seção quadrada de 0,6 m × 0,6 m, com 500 m de comprimento, esgota ar ($\rho_{ar} = 1,3$ kg/m^3, $\nu_{ar} = 1,5 \times 10^{-5}$ m^2/s) para a atmosfera, de uma mina, onde a pressão é de 0,2 mca. Calcule a vazão de ar. Despreze as perdas de carga singulares e admita rugosidade da galeria de 10^{-3} m. Resposta: 4,61 m^3/s.

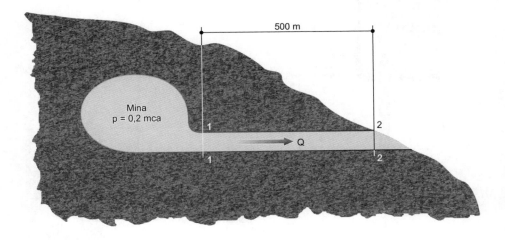

4 Dois reservatórios de água ($\nu_{água} = 10^{-6}$ m^2/s) cujos níveis estão nas cotas 500 m e 480 m estão ligados por uma tubulação de concreto ($\varepsilon_{concreto} = 1$ mm) de 8 km de extensão e 1 m de diâmetro. Calcule a vazão que pode ser transportada, desprezando as perdas de carga singulares. Resposta: 1,25 m^3/s.

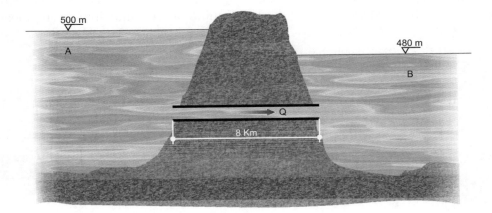

5   Qual a potência hidráulica necessária para bombear água do reservatório A para o reservatório B, ambos de grandes dimensões, com vazão de 565 l/s? Dados: $v_{\text{água}} = 10^{-6}$ m²/s; $\gamma_{\text{água}} = 10^4$ N/m³; diâmetro da tubulação 200 mm; rugosidade da tubulação 0,2 mm. Resposta: 920 kW.

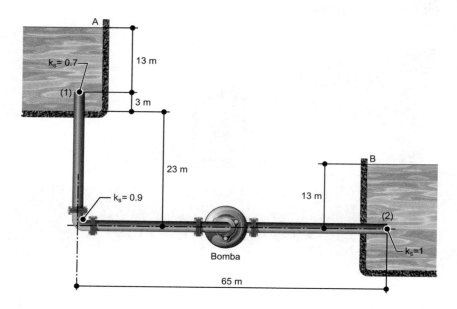

6   Na instalação de ar-condicionado da figura, pede-se a relação entre a vazão e a queda de pressão entre as seções 1 e 7 para escoamento turbulento rugoso. Dados: seção de escoamento retangular de 0,6 m × 0,3 m; válvula controladora de fluxo 2 com $L_{\text{eq}} = 7$ m; rugosidade do duto $\varepsilon_{\text{duto}} = 10^{-3}$ m; $\rho_{\text{ar}} = 1,3$ kg/m³; $v_{\text{ar}} = 1,5 \times 10^{-5}$ m²/s. Despreze a perda de carga singular na saída da máquina de ar condicionado. Resposta: $\Delta p_{1,7} = 328 \cdot Q^2$.

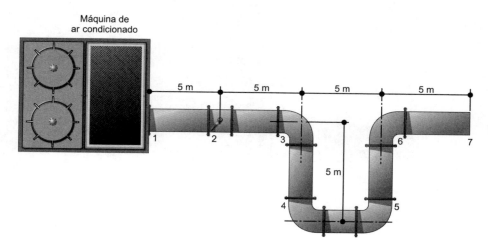

7   Estime a vazão de água esperada através do sifão de plástico de 4 cm de diâmetro mostrado na figura, após o escoamento ter sido induzido e o regime permanente tendo se estabelecido. Resposta: 1,9 l/s.

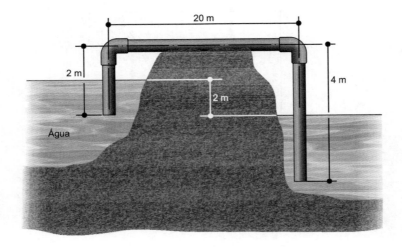

8   Um líquido com peso específico $\gamma = 6.800$ N/m^3 é bombeado de um tanque de armazenamento para uma descarga de jato livre através de um tubo de comprimento L e de diâmetro D. A bomba fornece um valor conhecido de potência W_B ao líquido. Supondo um coeficiente de perda de carga distribuída $f = 0,015$, determine a vazão considerando as válvulas parcialmente abertas, ambas com $k_v = 2$, e para as seguintes condições: $z_1 = 24$ m, $p_1 = 110$ kPa, $z_2 = 18$ m, $L = 450$ m, $D = 300$ mm, $W_B = 10$ kW. Resposta: $\approx 0,30$ m^3/s.

(Dica para resolução: substituir V por Q/S na equação de Bernoulli generalizada, obtendo uma equação em Q que deverá ser resolvida por tentativas sucessivas.)

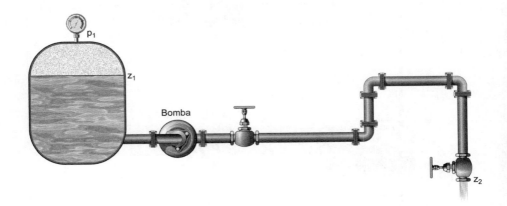

9 Determine a potência hidráulica da bomba para uma vazão de água de 70 l/s, com $\gamma_{água} = 9.787$ N/m³. Resposta: 65,8 kW.

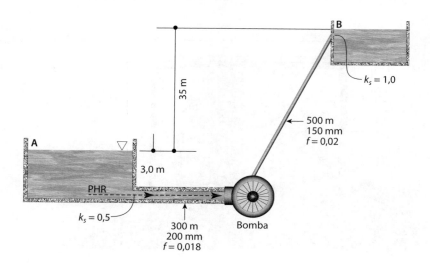

10 O sistema de aquecimento de água de um apartamento-estúdio é mostrado na figura. A vazão de água através da instalação com diâmetro de 0,0125 m é 0,0002 m³/s. A rugosidade do duto é de $1,25 \times 10^{-4}$ m. Coeficientes de perda de carga singular para o cotovelo, válvula-globo, radiador, válvula-gaveta e caldeira são: 2,0, 5,0, 3,0, 1,0 e 3,0, respectivamente. Determine a potência necessária para acionar a bomba de circulação, que tem um rendimento de 75%. Dados: $\mu_{água} = 10^{-3}$ kg/m · s; $\rho_{água} = 10^3$ kg/m³. Resposta: 47,4 watts.

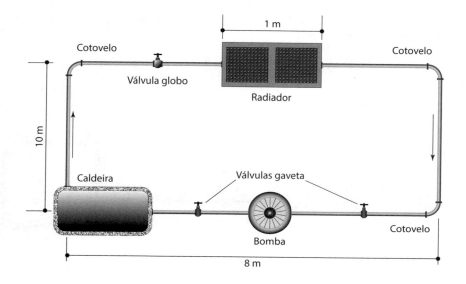

11 Na instalação figurada, água escoa do tanque A para o tanque B. Pede-se a pressão que deve ser mantida no tanque A para uma vazão de $0{,}01$ m^3/s. Dados: $\vartheta_{água} = 1{,}31 \times 10^{-6}$ m^2/s, $g = 9{,}81$ m/s^2, $\rho_{água} = 10^3$ kg/m^3, $k_{cotovelo} = 1{,}17$, $k_{captação\ reentrante} = 0{,}8$, $k_{válvula\ globo\ 50\%\ aberta} = 5$, $\varepsilon_{aço\ comercial} = 0{,}045$ mm.

Resposta: 704 kPa.

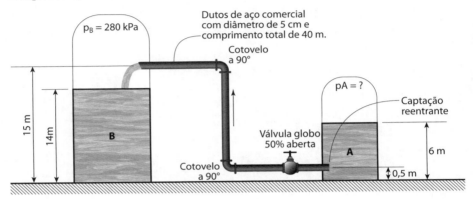

12 Em um duto liso de PVC de 7 cm de diâmetro, escoa a água pluvial acumulada na calha de um telhado. Pedem-se: a) estimar a a descarga quando a calha estiver cheia. Resposta: 26 l/s. b) A calha foi projetada para uma chuva grossa de até 127 mm/h. Nestas condições, determinar a área do telhado que possa ser drenada com sucesso. Dados: $\mu_{água} = 10^{-3}$ kg/m·s, $g = 9{,}81$ m/s^2, $\rho_{água} = 998$ kg/m^3. Resposta: 740 m^2. (Dica de solução: f deve ser obtido de forma iterativa a partir de uma valor arbitrário inicial.)

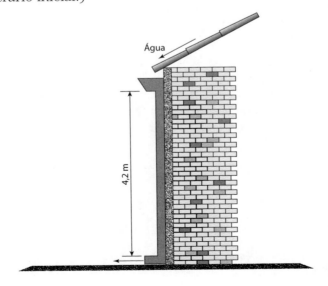

C A P Í T U L O   7

EQUIPAMENTOS, MÁQUINAS E INSTALAÇÕES FLUIDOMECÂNICAS

7.1 MEDIDORES DE VAZÃO

No item 3.3.2, apresentamos o método da coleta para determinação da vazão. Como vimos, esse método só é aplicável ao escoamento de líquidos e quando é possível desviar o escoamento para um recipiente de coleta durante certo intervalo de tempo. Ocorre que, nas instalações de transporte de fluidos, normalmente, não é possível desviar o escoamento de seu destino, além do que, muitas vezes, há a necessidade de se monitorar constantemente a vazão que escoa na instalação. Nesses casos, normalmente, utilizam-se medidores que são parte integrante da instalação, intercalando-os em determinado trecho da linha de transporte de fluido.

Existem diversos tipos de medidores de vazão que funcionam tendo por base diferentes princípios da Mecânica dos Fluidos. A Figura 7.1 apresenta três tipos de medidores de vazão comumente utilizados para medição da vazão instantânea em dutos. Esses medidores são conhecidos como de *pressão diferencial*, sendo do tipo: *placa com orifício*, *bocal* e *venturímetro*. Todos eles estimam a vazão por via indireta, pela medida da diferença de pressões entre a seção de entrada e de saída do medidor, daí o nome. Na Figura 7.1, aparecem as posições preferenciais das tomadas de pressão nesses medidores[1].

Aplicando-se a equação da continuidade [Eq. (4.4)] e a equação de Bernoulli [Eq. (4.12)], entre as seções 1 e 2 onde são tomadas as pressões p_1 e p_2 nos medidores de pressão diferencial, é possível obter uma expressão para a vazão ideal Q_{ideal} que escoa através do medidor da seguinte forma

$$Q_{ideal} = C_c S_0 \sqrt{\frac{2(p_1 - p_2)}{\rho\left(1 - C_c^2 \beta^4\right)}}, \tag{7.1}$$

---

[1] Verifica-se que diferentes posições das tomadas de pressão da placa com orifício pouco influenciam os resultados, pois fornecem valores cujas diferenças estão dentro da faixa de incerteza desse tipo de medidor.

onde $S_0 = \frac{\pi \cdot D_0^2}{4}$, $\beta = \frac{D_0}{D}$, é a *razão de diâmetros* do medidor e C_c é o *coeficiente de contração de seção*[2].

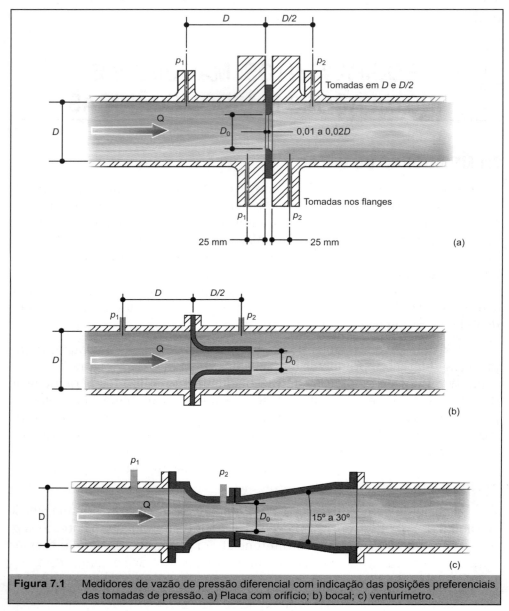

Figura 7.1 Medidores de vazão de pressão diferencial com indicação das posições preferenciais das tomadas de pressão. a) Placa com orifício; b) bocal; c) venturímetro.

---

[2] A seção mínima do escoamento não ocorre na seção mínima do medidor, e sim um pouco mais a jusante, em virtude da contração do jato que se forma após a seção mínima do medidor. A seção mínima do escoamento é chamada de *veia contraída* e tem área S_{vc}. Assim, o coeficiente de contração será dado por $C_c = S_{vc}/S_0$. Na placa com orifício $C_c < 1$; no bocal e no venturímetro, $C_c = 1$, ou seja, nesses dois últimos medidores a seção mínima do escoamento coincide com a seção mínima do medidor.

CAPÍTULO 7 – Equipamentos, máquinas e instalações fluidomecânicas ■ 211

A vazão dada pela Eq. (7.1) é chamada de 'ideal' por ter sido obtida aplicando-se a equação da energia para fluido perfeito (equação de Bernoulli). Para o escoamento do fluido real, há necessidade de se levar em conta na análise os efeitos viscosos do escoamento que são responsáveis pela perda de carga no medidor. Entretanto, isto não é normalmente feito, preferindo-se adotar uma abordagem empírica, onde a estimativa da vazão é feita corrigindo-se o resultado dado pela Eq. (7.1), com um coeficiente empírico denominado de *coeficiente de velocidade* C_v, de tal sorte que a vazão que escoa através do medidor será dada por

$$Q = C_v Q_{\text{ideal}} = C_v C_c S_0 \sqrt{\frac{2(p_1 - p_2)}{\rho\left(1 - C_c^2 \beta^4\right)}}. \qquad (7.2\ \text{a, b})$$

Define-se *coeficiente de vazão* C (ou de descarga), através da seguinte expressão

$$C = \frac{C_v C_c}{\sqrt{1 - C_c^2 \beta^4}}, \qquad (7.3)$$

e assim, a Eq. (7.2 b) poderá ser reescrita na forma mais conveniente

$$Q = C \cdot S_0 \sqrt{\frac{2(p_1 - p_2)}{\rho}}. \qquad (7.4)$$

A análise dimensional revela que para um dado tipo de medidor de pressão diferencial, tanto C_v como C são funções do número de Reynolds e de β. A Figura 7.2 apresenta C em função do número de Reynolds, tendo β como parâmetro, para os três tipos de medidores de pressão diferencial considerados.

Observa-se na Figura 7.2 que o coeficiente de vazão, diferentemente do que seria desejável, varia com o número de Reynolds do escoamento. Como C não é conhecido a princípio, já que depende de Q via número de Reynolds, pode-se, inicialmente, estimar-se um valor de C, baseado num suposto Re_0 (geralmente de valor elevado) e, subsequentemente, por tentativa e erro, ir refinando-se o valor da vazão por substituições sucessivas na Eq. (7.4).

A escolha do tipo de medidor de pressão diferencial para determinada aplicação pode ser feita em bases econômicas. Em ordem crescente de custo de aquisição, teríamos a placa com orifício, seguida do bocal e do venturímetro – o mais caro de todos. Como a perda de carga da placa com orifício é similar à do bocal, sendo o venturímetro o medidor que apresenta a menor perda de carga entre os três (Figura 7.4), a demanda de energia para operar a instalação é menor com esse último tipo de medidor, o que, a médio/longo prazo, pode compensar o investimento inicial mais elevado na aquisição do venturímetro.

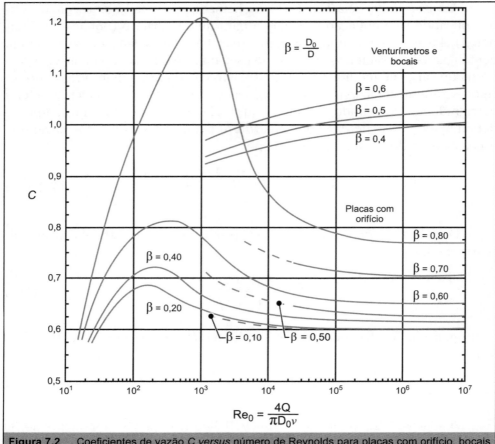

Figura 7.2 Coeficientes de vazão C versus número de Reynolds para placas com orifício, bocais e venturímetros.

Uma vantagem do bocal sobre a placa com orifício é a sua menor susceptibilidade à erosão e desgaste. O venturímetro, por sua vez, é considerado o mais preciso. Contudo, a placa com orifício tem se tornado o medidor de pressão diferencial mais amplamente utilizado para medir vazões de líquidos.

A brusca variação da seção de escoamento nos medidores de placa com orifício provoca muita turbulência e separação do escoamento após o orifício, gerando uma queda de pressão considerável entre a entrada e a saída da placa. Entretanto, conforme mostra a Figura 7.3, parte da queda de pressão é recuperada à jusante, o que significa dizer que nem toda a queda de pressão na placa com orifício representa, efetivamente, a perda de carga neste medidor.

O venturímetro, por apresentar uma contração e expansão gradual, minimiza a turbulência e elimina a separação do escoamento, sendo o resultado uma menor perda de carga, a qual se deve quase que exclusivamente ao atrito nas superfícies do venturímetro. O bocal, por sua vez, não evita a separação do escoamento, sendo o resultado uma perda de carga comparável ao da placa com orifício. A Figura 7.4 apresenta a fração da queda de pressão nos medidores de pressão diferencial que, efetivamente, se transforma em perda de carga.

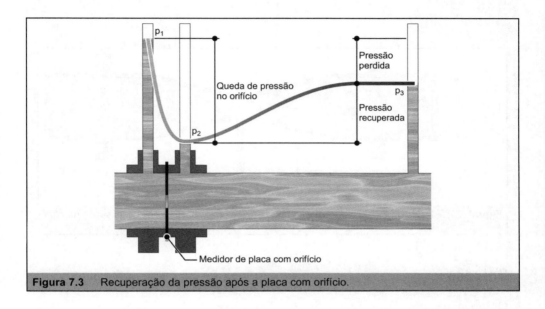

Figura 7.3 Recuperação da pressão após a placa com orifício.

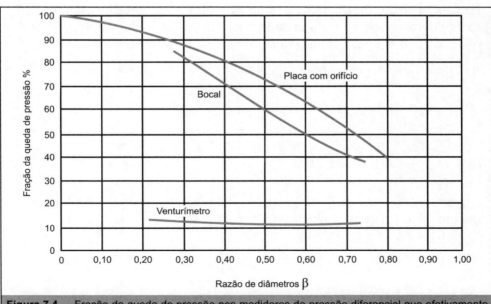

Figura 7.4 Fração da queda de pressão nos medidores de pressão diferencial que efetivamente se transforma em perda de carga

Exemplo de aplicação de medidor de vazão

Estime a vazão de água num duto de 12 cm de diâmetro que está sendo medida com um venturímetro com 6 cm de diâmetro de garganta, cuja deflexão no manômetro de tubo em "U" com água–mercúrio é de 3,9 cm. Nessas condições, estime a perda de carga no medidor. Dados: $\gamma_{água}$ = 9.810 N/m³, $\gamma_{mercúrio}$ = 13,6 × $\gamma_{água}$, $\upsilon_{água}$ = 10⁻⁶ m²/s.

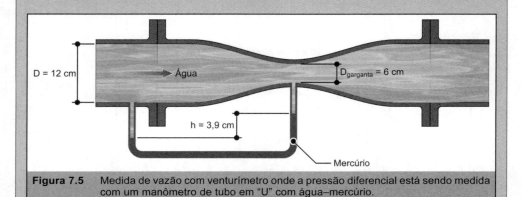

Figura 7.5 Medida de vazão com venturímetro onde a pressão diferencial está sendo medida com um manômetro de tubo em "U" com água–mercúrio.

Solução

O venturímetro apresenta razão de diâmetros $\beta = \frac{D_0}{D} = \frac{6\,cm}{12\,cm} = 0,5$.

Para essa razão de diâmetros, uma primeira aproximação para o coeficiente de vazão será extraída da Figura 7.2, para o maior número de Reynolds disponível nessa figura que é de 10^7, o qual fornece $C = 1,025$.

A Eq. (7.4) será, então, aplicada para obter-se a vazão de água.

$$Q = C \cdot S_0 \sqrt{\frac{2(p_1 - p_2)}{\rho_{água}}}, \qquad (A)$$

com $S_0 = \frac{\pi \cdot D_0^2}{4} = \frac{\pi \cdot (0,06\,m)^2}{4} \cong 0,0028\,m^2$ e $C = 1,025$.

A pressão diferencial que aparece na Eq. (A) será obtida via equação manométrica, a qual, para o caso em tela, escreve-se

$$p_1 + \gamma_{água} \cdot h = p_2 + \gamma_{mercúrio} \cdot h \Rightarrow \frac{p_1 - p_2}{\rho_{água}} = \left(\frac{\gamma_{mercúrio}}{\gamma_{água}} - 1\right)gh =$$

$$= (13,6 - 1)9,81 \times 0,039 = 4,821.$$

CAPÍTULO 7 – Equipamentos, máquinas e instalações fluidomecânicas ▌ 215

Inserindo os valores numéricos recém-obtidos na Eq. (A), obtém-se, como primeira aproximação da vazão, o valor de

$$Q_{1^a} = C \cdot S_0 \sqrt{\frac{2(p_1 - p_2)}{\rho_{\text{água}}}} = 1,025 \times 0,0028 \times \sqrt{2 \times 4,821} \cong 0,00891 \text{ m}^3/\text{s}.$$

Essa vazão corresponde a um número de Reynolds de

$$\text{Re}_0 = \frac{4 \cdot Q}{\pi \cdot D_0 \cdot v} = \frac{4 \times 0,00891}{\pi \times 0,06 \times 10^{-6}} = 1,891 \times 10^5.$$

Com esse valor de número de Reynolds obtém-se $C \approx 1,020$ na Figura 7.2. Para esse novo valor de C, a vazão será de

$$Q_{2^a} = C \cdot S_0 \sqrt{\frac{2(p_1 - p_2)}{\rho_{\text{água}}}} = 1,020 \times 0,0028 \times \sqrt{2 \times 4,281} \cong 0,00887 \text{ m}^3/\text{s},$$

vazão essa que fornece um número de Reynolds de

$$\text{Re}_0 = \frac{4 \cdot Q}{\pi \cdot D_0 \cdot v} = \frac{4 \times 0,00887}{\pi \times 0,06 \times 10^{-6}} = 1,882 \times 10^5.$$

Com esse novo número de Reynolds, a Figura 7.2 fornece um valor de C praticamente coincidente com o anterior ($C \approx 1,020$), o que demonstra que a vazão que escoa no duto é a vazão Q_{2^a}. Portanto, a vazão que escoa através do medidor é $Q = 0,00887 \text{ m}^3/\text{s} = 8,87 \text{ l/s}$.

Conforme consta na Figura 7.4, a perda de carga hs no venturímetro com razão de diâmetros $\beta = 0,5$ corresponde a, aproximadamente, 11% da pressão diferencial, ou seja,

$$h_s = 0,11 \times \left(\frac{p_1 - p_2}{\gamma_{\text{água}}} \right) = 0,11 \times \left(\frac{\gamma_{\text{mercúrio}}}{\gamma_{\text{água}}} - 1 \right) h =$$

$$= 0,11 \times (13,6 - 1) \times 0,039 \cong 0,054 \text{ m}.$$

7.2 VÁLVULAS DE CONTROLE

Válvulas de controle são equipamentos fundamentais em qualquer instalação fluido-mecânica. Devido à grande variedade de modelos de válvulas de controle existente, há necessidade de diretrizes que orientem a seleção da válvula mais adequada para determinada aplicação.

216 ■ Mecânica dos Fluidos

O Quadro 7.1 apresenta as características, vantagens, desvantagens e recomendações para os tipos mais comuns de válvulas de controle existentes, o que permite uma pré-seleção de válvulas-candidatas.

Uma vez tendo sido selecionado o tipo de válvula de controle, o próximo passo é a determinação da capacidade de vazão da válvula. O parâmetro mais importante para determinação da capacidade de vazão da válvula é o *coeficiente de vazão da válvula* K_V, definido como a vazão de água que escoa através da válvula (em m^3/h), para uma queda de pressão de 10^5 Pa entre a entrada e a saída da válvula.

Verifica-se, por meio da Eq. (7.4), que considerando a válvula como uma restrição com coeficiente de vazão C, e com seção mínima de área S_0 em m^2, a vazão de água em m^3/h que escoa, para uma queda de pressão de 10^5 Pa, será de $5,09 \times 10^4 \cdot C \cdot S_0$. Tal vazão, por definição, é o coeficiente de vazão da válvula, e, assim,

$$K_V = 5,09 \times 10^4 \cdot C \cdot S_0. \tag{7.5}$$

A determinação de K_V por meio da Eq. (7.5) não dispensa o trabalho experimental para determinação de C. Por esse motivo, é preferível obter-se diretamente K_V, experimentalmente.

O coeficiente de vazão da válvula, embora seja definido para vazão de água, caracteriza, também, a capacidade da válvula em escoar gases e vapores.

A especificação do K_V depende de o fluido ser compressível, incompressível ou bifásico. Existem fórmulas para o cálculo do K_V necessário à determinada aplicação para cada um desses tipos de fluidos.

A fórmula mais simples é aquela que se aplica para escoamento de líquidos, através da válvula, a qual se escreve[3]

$$K_V = Q \sqrt{\frac{10^5 \, \text{Pa}}{\Delta p}} \sqrt{\frac{\rho}{\rho_{\text{água}}}}, \tag{7.6}$$

onde Q é a vazão em m^3/h, Δp é a queda de pressão através da válvula em Pa, ρ é a massa específica do líquido em kg/m^3 e $\rho_{\text{água}} = 10^3 \, kg/m^3$.

---

[3] A rigor, esta fórmula só se aplica para escoamento subcrítico através da válvula, definido como aquele escoamento onde o líquido permanece monofásico; isto é, sem a presença do vapor do líquido no escoamento.

CAPÍTULO 7 – Equipamentos, máquinas e instalações fluidomecânicas ■ 217

Quadro 7.1 Características, vantagens, desvantagens e recomendações para os tipos mais comuns de válvulas de controle

	Tipo de válvula				
	Gaveta (faca)	Plug (esfera)	Globo	Borboleta	Diafragma
Desenhos mais comuns					
Aplicação	Aberta/fechada	Aberta/fechada	Controle	Controle	Controle
Vantagens	$\Delta p \approx 0$ Pode ser usada com fluidos com sólidos em suspensão	$\Delta p \approx 0$ Leve e compacta Alta vazão Larga faixa de operação Fechamento estanque	Boa vedação Usada em aplicações que requerem abertura/fechamento constantes Troca rápida dos componentes internos sem necessidade de remoção da válvula da linha Alta vazão Larga faixa de operação Baixo ruído (com acessório especial) Controle suave	Leve e compacta Δp mínimo Barata Alta vazão Eixo e atuador pequenos	Baixo vazamento; fluido fica isolado da haste Autolimpante
Desvantagens	Vedação precária	Vedação precária com assentos metálicos usados em altas temperaturas Estreita faixa de temperaturas com assento resilientes Bloqueio do escoamento* Sujeita a cavitação** Requer remoção para manutenção	Perda de carga grande Acessório baixo-ruído reduz a capacidade de vazão	Vedação precária Controle limitado a 60° de abertura Vedação estanque requer revestimento resiliente especial além de eixo e atuador mais robustos Revestimento resiliente impõe limite de temperatura	Faixa limitada de pressão Faixa limitada de temperatura Sujeita a desgaste Controle precário com abertura maior que 50%
Recomendações	Não recomendada para abertura/fechamento frequentes Não recomendada para controle	Não recomendada para fluidos altamente corrosivos Adequada para fluidos com materiais insolúveis em suspensão	Para controle de vazão Aplicações que requerem vedação estanque	Aplicações de baixa pressão	Aplicações em linhas de instalações de tratamento de água Aplicações em linhas de produtos químicos e fluidos abrasivos

*Fenômeno que impõe uma vazão máxima ao escoamento de fluidos compressíveis através de restrições.
** Fenômeno que causa a erosão das superfícies da válvula devido à implosão de bolhas de vapor de líquido.

Exemplo de aplicação de seleção de válvula de controle

Uma pré-seleção indicou que a válvula-plug é o tipo de válvula mais adequado para uma linha de três polegadas de diâmetro que transporta $181,7$ m^3/h de propano líquido ($\rho_{propano}$ líquido $\cong 0,5\,\rho_{água}$). Determine o valor de KV da válvula-plug para uma queda de pressão de 172 kPa.

Solução

A direta aplicação da Eq. 7.6 fornece

$$K_V = Q\sqrt{\frac{10^5\,\text{Pa}}{\Delta p}}\,\sqrt{\frac{\rho}{\rho_{água}}} = 181,7\sqrt{\frac{10^5}{172\times10^3}}\,\sqrt{0,5} \cong 98.$$

A maioria dos fabricantes de válvulas de controle fornece coeficientes de vazão de válvulas em unidades inglesas, indicando-os por C_V, o qual é definido como a vazão de água que escoa através da válvula, em galões por minuto gpm, para uma queda de pressão de 1 psi entre a entrada e a saída da válvula.

TABELA 7.1 Coeficientes de vazão de válvulas-plug (C_V) com 50% de redução da área de passagem

Diâmetro nominal da válvula	Diâmetro da linha	Graus de abertura								
		10°	20°	30°	40°	50°	60°	70°	80°	90°
1	1	0,0	0,0	0,7	1,6	3,5	6,5	11,0	17,0	21,0
	1-1/2	0,0	0,0	0,7	1,6	3,5	6,5	10,6	15,8	18,9
	2	0,0	0,0	0,7	1,6	3,5	6,5	10,9	15,0	17,6
1-1/2	1-1/2	0,0	0,0	1,5	3,0	5,0	10,5	17,0	30,0	40,0
	2	0,0	0,0	1,5	3,0	5,0	10,5	17,0	29,0	39,5
	3	0,0	0,0	1,5	3,0	5,0	10,5	16,3	27,6	35,4
2	2	0,0	0,0	3,1	8,0	15,0	23,0	37,0	58,0	92,0
	3	0,0	0,0	3,1	8,0	15,0	23,0	36,0	56,0	86,0
	4	0,0	0,0	3,1	8,0	15,0	23,0	35,0	53,0	70,0
3	3	0,0	0,9	5,0	14,0	23,0	37,0	57,0	87,0	120,0
	4	0,0	0,9	5,0	14,0	23,0	37,0	56,0	85,0	116,0
	6	0,0	0,9	5,0	14,0	23,0	37,0	55,0	80,0	105,0
4	4	0,0	1,9	9,0	23,0	44,0	74,0	112,0	166,0	220,0
	6	0,0	1,9	9,0	23,0	44,0	74,0	112,0	161,0	206,0
	8	0,0	1,9	9,0	23,0	44,0	74,0	110,0	153,0	191,0
6	6	0,0	9,0	21,0	40,0	82,0	130,0	225,0	360,0	476,0
	8	0,0	9,0	21,0	40,0	82,0	130,0	225,0	353,0	462,0
	10	0,0	9,0	21,0	40,0	82,0	130,0	218,0	307,0	433,0

A relação entre K_V e C_V é $C_V = 1,156 \cdot K_V$. Logo, $C_V = 113$ é requerido da válvula-plug nesta aplicação.

A Tabela 7.1 apresenta coeficientes de vazão de válvulas-plug (C_V) de diferentes diâmetros, extraídos do catálogo de um determinado fabricante.

Verifica-se nessa tabela, que uma válvula-plug com 3 polegadas de diâmetro e com 50% de redução da área de passagem, quando instalada numa linha de 3 polegadas de diâmetro, apresenta $C_V = 120,0$ quando completamente aberta (abertura de 90°). Esse valor de C_V é pouco superior ao requerido nesta aplicação, fornecendo uma margem de segurança no sentido de permitir o escoamento de uma vazão pouco maior do que a máxima especificada.

Existem diversos outros fatores a serem considerados na seleção de válvulas de controle para determinada aplicação. Recomenda-se selecionar a válvula com o suporte e a participação dos prováveis fornecedores.

7.3 MÁQUINAS FLUIDO-MECÂNICAS

As máquinas fluido-mecânicas são utilizadas para fornecer ou retirar energia de modo contínuo do escoamento de um fluido, sob a forma de um conjugado em eixo rotativo.

Bombas e ventiladores fornecem energia ao escoamento de líquidos e de gases, respectivamente; enquanto turbinas hidráulicas e turbinas eólicas retiram energia do escoamento de água e dos ventos, respectivamente.

As máquinas fluido-mecânicas operam tanto com escoamentos compressíveis como incompressíveis. Fazem parte do primeiro grupo de máquinas aquelas que operam com gases submetidos a grandes diferenciais de pressão e/ou altas velocidades, como é o caso dos compressores, das turbinas a vapor e a gás, turbinas de motores de avião e turbinas a jato. A análise de máquinas que operam com escoamentos compressíveis faz o escopo da Termodinâmica.

Máquinas fluido-mecânicas que operam com escoamentos incompressíveis são as bombas, ventiladores (com alturas manométricas da ordem de até 500 mmca) e as turbinas hidráulicas. As bombas operam com líquidos em geral, as turbinas hidráulicas com a água, e os ventiladores com um gás, geralmente o ar.

Bombas, ventiladores e turbinas hidráulicas são classificados segundo a direção do escoamento do fluido em seu rotor, podendo ser do tipo radial, axial e misto. A Figura 7.6 mostra a configuração básica dos rotores dessas máquinas.

As características das bombas, ventiladores e turbinas hidráulicas tais como, altura manométrica, capacidade de vazão, potência e rendimento, são normalmente obtidas em ensaios de laboratório, tendo por base os adimensionais aplicáveis.

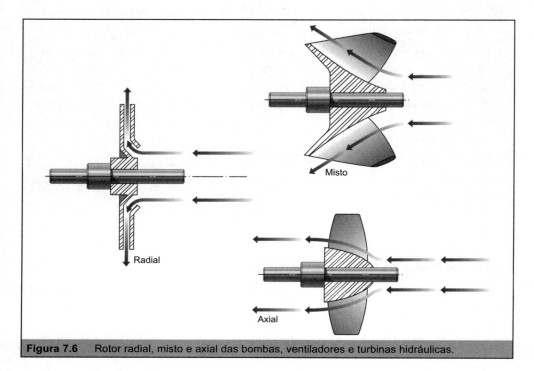

Figura 7.6 Rotor radial, misto e axial das bombas, ventiladores e turbinas hidráulicas.

Como é de praxe em um estudo com adimensionais, escreve-se primeiro a função representativa do fenômeno em termos das grandezas que controlam o escoamento através da máquina fluidomecânica f (ρ, Q, D, μ, ω, Δp, W) = 0, onde ω é a velocidade angular do rotor da máquina de diâmetro D, e W é a potência no eixo da máquina. Os demais símbolos têm o significado usual.

Escolhendo como elementos da "nova base" o trio ρ, D, ω, e aplicando o procedimento apresentado no item 5.2, obtêm-se quatro adimensionais, a saber

$$\pi_1 = \frac{\Delta p}{\rho \omega^2 D^2}, \quad \pi_2 = \frac{Q}{\omega D^3}, \quad \pi_3 = \frac{\Delta p}{\rho \omega^3 D^5}, \quad \pi_4 = \frac{\rho \omega D^2}{\mu}.$$

Substituindo em π_1 Δp por $\rho \cdot g \cdot H_M$, onde H_M é a altura manométrica da máquina [ver Eq. (4.14)], resulta em

$$\pi_1 = \frac{gH_M}{\omega^2 D^2} = C_H, \text{ coeficiente menométrico da máquina.} \quad (7.7)$$

CAPÍTULO 7 – Equipamentos, máquinas e instalações fluidomecânicas ∎ 221

Os adimensionais π_2 e π_3 recebem nomes específicos de

$$\pi_2 = \frac{Q}{\omega D^3} = C_Q, \text{coeficiente de vazão da máquina} \qquad (7.8)$$

$$\pi_3 = \frac{W}{\rho\omega^3 D^5} = C_W, \text{coeficiente de potência da máquina.} \qquad (7.9)$$

O adimensional π_3 pode ser agrupado com os adimensionais π_1 e π_2 das seguintes formas:

$$\frac{\pi_1 \cdot \pi_2}{\pi_3} = \frac{\gamma Q H_M}{W} \quad \text{e} \quad \frac{\pi_3}{\pi_1 \cdot \pi_2} = \frac{W}{\gamma Q H_M}.$$

Esses dois agrupamentos dos mesmos três adimensionais independentes geraram dois adimensionais que expressam a razão entre duas potências – a potência no eixo da máquina W e a potência hidráulica $\gamma Q H_M$ –, razão essa que nada mais é que o rendimento da máquina, ou seja,

$$\frac{\gamma Q H_B}{W} = \eta_B, \text{rendimento da bomba ou do ventilador} \qquad (7.10)$$

$$\frac{W}{\gamma Q H_T} = \eta_T, \text{rendimento da turbina.} \qquad (7.11)$$

Para caracterizar o desempenho de bombas, ventiladores e turbinas hidráulicas, são desenvolvidos ensaios em laboratório para obtenção das *curvas características da máquina* $H_M = f(Q)$ e $W = g(Q)$, e das *curvas de desempenho de máquinas semelhantes* $C_H = \phi(C_Q)$ e $\eta = \varphi(C_Q)$.

7.3.1 Bombas

A Figura 7.7 apresenta vistas em corte de uma bomba com rotor radial, também conhecida como bomba centrífuga, e seus principais componentes.

As curvas características da bomba e as curvas de desempenho de bombas semelhantes, também conhecidas como curvas de uma família de bombas semelhantes, são do tipo daquelas esquematizadas na Figura 7.8. Essas curvas são levantadas pelo fabricante da bomba em ensaios desenvolvidos em bancada específica para tal finalidade.

As curvas características de uma bomba podem ser geradas a partir das curvas da família de bombas semelhantes, uma vez que essas últimas curvas caracterizam o desempenho de todos os membros de certa família. A condição para que uma dada bomba seja membro de uma família é que ela seja geometricamente semelhante aos demais membros da família (ver item 5.4. Modelos Físicos).

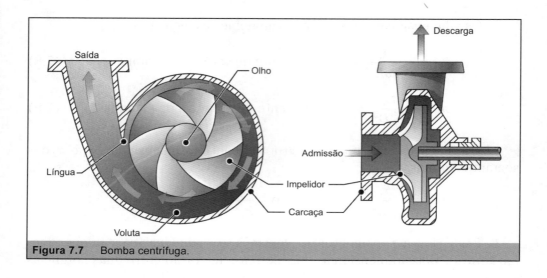

Figura 7.7 Bomba centrífuga.

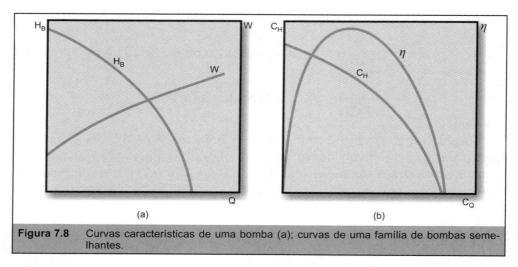

Figura 7.8 Curvas características de uma bomba (a); curvas de uma família de bombas semelhantes.

Pode-se construir as curvas características de uma bomba (Figura 7.8 a), a partir das curvas da família (Figura 7.8 b), gerando uma tabela de valores de $C_H \times C_Q$ e de $\eta_B \times C_Q$, todos lidos da Figura 7.8 b, o que permite construir, ponto a ponto, as curvas da Figura 7.8 a, aplicando as fórmulas

$$H_B = C_H \frac{\omega^2 D^2}{g}; \quad Q = C_Q \omega D^3; \quad W = \frac{\gamma Q H_B}{\eta_B}.$$

Note que sendo a bomba geometricamente semelhante às demais bombas da família, basta especificar o diâmetro de seu rotor, a velocidade angular e o fluido com que vai operar, para que suas curvas características sejam levantas a partir de C_H, C_Q e η_B.

CAPÍTULO 7 – Equipamentos, máquinas e instalações fluidomecânicas   223

Exemplo de aplicação de semelhança em bombas

Uma bomba que foi ensaiada com água é destinada a transportar óleo com peso específico de 850 kgf/m^3. Traçar as curvas características que se alteram com a mudança do líquido.

Solução

A curva característica $H_B \times Q$ não se altera, pois a curva $C_H \times C_Q$ independe do peso específico do líquido. A única curva característica que se altera é a curva $W \times Q$, pois em condições de semelhança, temos

$$\eta_B = \frac{\gamma_{\text{água}} Q_{\text{água}} H_{B_{\text{água}}}}{W_{\text{água}}} = \frac{\gamma_{\text{óleo}} Q_{\text{óleo}} H_{B_{\text{óleo}}}}{W_{\text{óleo}}} \xRightarrow[H_{B_{\text{água}}}=H_{B_{\text{óleo}}}]{Q_{\text{água}}=Q_{\text{óleo}}} W_{\text{óleo}} =$$

$$= \frac{\gamma_{\text{óleo}}}{\gamma_{\text{água}}} W_{\text{água}} = \frac{850 \text{ kgf/m}^3}{1.000 \text{ kgf/m}^3} W_{\text{água}}$$

$$W_{\text{óleo}} = 0{,}85 \, W_{\text{água}}.$$

Esse resultado mostra que a potência necessária no eixo da bomba operando com óleo será 15% menor que a potência requerida quando essa mesma bomba opera com água.

Outro exemplo de aplicação de semelhança em bombas

Levantar as curvas características de uma bomba-protótipo, semelhante à bomba-modelo que foi ensaiada, sabendo-se que a bomba-protótipo é três vezes menor e que opera a uma rotação duas vezes maior que a bomba-modelo.

Solução

Supondo conhecidas as curvas $H_{B_m} \times Q_m$ e $W_m \times Q_m$ da bomba-modelo que foi ensaiada, as curvas características da bomba-protótipo poderão ser construídas ponto a ponto com o auxílio das seguintes relações

$$C_H = \frac{gH_{B_m}}{\omega_m^2 D_m^2} = \frac{gH_{B_p}}{\omega_p^2 D_p^2} \Rightarrow H_{B_p} = \frac{D_p^2}{D_m^2} \frac{\omega_p^2}{\omega_m^2} H_{B_m} \Rightarrow H_{B_p} =$$

$$= \left(\frac{1}{3}\right)^2 (2)^2 H_{B_m} \Rightarrow H_{B_p} = \frac{4}{9} H_{B_m},$$

$$C_Q = \frac{Q_m}{\omega_m D_m^3} = \frac{Q_p}{\omega_p D_p^3} \Rightarrow Q_p = \frac{D_p^3}{D_m^3}\frac{\omega_p}{\omega_m} Q_m \Rightarrow Q_p =$$

$$= \left(\frac{1}{3}\right)^2 (2) Q_m \Rightarrow Q_p = \frac{2}{27} Q_m,$$

$$\eta_B = \frac{\gamma_m Q_m H_{B_m}}{W_m} = \frac{\gamma_p Q_p H_{B_p}}{W_p} \Rightarrow W_p = \frac{Q_p}{Q_m}\frac{H_{B_p}}{H_{B_m}} W_m =$$

$$= \frac{2}{27}\frac{4}{9} W_m \Rightarrow W_p = \frac{8}{243} W_m.$$

Curvas de isorendimento da bomba

Com o objetivo de redução de custos, os fabricantes de bombas oferecem várias opções de diâmetro de rotor para uma mesma carcaça de bomba, criando, assim, a curva característica da bomba com uma família de diâmetros de rotores, como mostrado na Figura 7.9.

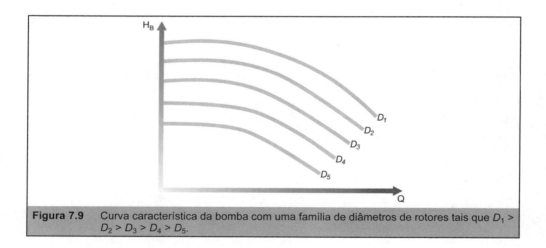

Figura 7.9 Curva característica da bomba com uma família de diâmetros de rotores tais que $D_1 > D_2 > D_3 > D_4 > D_5$.

Nos catálogos dos fabricantes, as curvas de rendimento das bombas se apresentam mais comumente plotadas sobre as curvas dos diâmetros de rotores. Conforme mostra a Figura 7.10, esta representação baseia-se em plotar sobre a curva de $H_B \times Q$ de cada rotor, o valor do rendimento comum para todos os demais, a partir das curvas de rendimento para cada diâmetro de rotor, em função da vazão; posteriormente unem-se os pontos de mesmo rendimento, formando, assim, as chamadas *curvas de isorendimento* de bombas.

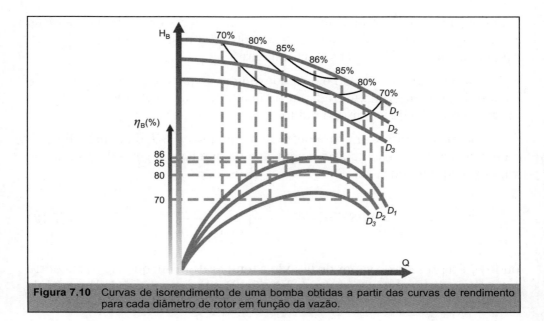

Figura 7.10 Curvas de isorendimento de uma bomba obtidas a partir das curvas de rendimento para cada diâmetro de rotor em função da vazão.

Observa-se, na Figura 7.10, que, para uma dada carcaça de bomba, quanto maior o rotor, mais elevado é o rendimento máximo. Rotores de diâmetros menores apresentam rendimentos máximos mais baixos. Muitas vezes é mais vantajoso operar com uma bomba com rotor de diâmetro menor, apesar de um rendimento mais baixo, pois se evita estrangular a válvula à jusante da bomba, para redução da altura manométrica às necessidades da instalação, de uma bomba com rotor de diâmetro maior, o que desperdiçará energia na perda de carga de uma válvula estrangulada.

Curva de *NPSH*[4] requerido da bomba

Como a entrada da bomba[5] é uma região sujeita a baixas pressões, existe a possibilidade de a pressão nessa região cair a um valor tão baixo quanto a pressão de vapor do líquido, sendo que nessas condições o líquido se vaporizará. Esse fenômeno é chamado de *cavitação*.

O vapor, por apresentar um volume específico maior que o do líquido, provoca uma redução da vazão através da bomba, com queda do seu rendimento. Adicionalmente, em algum ponto no interior da bomba, onde a pressão se eleva acima da pressão de vapor, as bolhas formadas implodirão,

---

[4] É um acrônimo para o termo em língua inglesa «Net Positive Suction Head».

[5] A entrada da bomba está localizada no seu flange de admissão, também chamado de flange de sucção (ver Fig. 7.7).

sando ruído e a erosão das superfícies sólidas, em decorrência da liberação pontual da elevada energia que se desenvolve durante o colapso das bolhas, quando o vapor se recondensa subitamente.

Para evitar a cavitação e os inconvenientes que ela provoca, há necessidade de se manter, na entrada da bomba, uma carga de pressão acima da carga de pressão de vapor do líquido.

Define-se, então, um parâmetro denominado *NPSH*, dado pela diferença entre a carga de estagnação na entrada da bomba e a carga de pressão de vapor do líquido, ou seja,

$$NPSH = \left(\frac{p_{abs}}{\gamma} + \frac{V^2}{2g}\right)_{\substack{\text{entrada}\\\text{da bomba}}} - \frac{p_v}{\gamma}, \qquad (7.12)$$

onde p_v é a pressão de vapor do líquido à temperatura em que ele se encontra na entrada da bomba[6]. Observar na Eq. (7.12) que a pressão é dada na escala absoluta.

Os fabricantes de bombas determinam, experimentalmente em ensaios de bancada, o *NPSH* mínimo necessário para que a cavitação não ocorra em algum ponto no interior da bomba. Esse valor de *NPSH* é chamado de *NPSH*requerido da bomba[7].

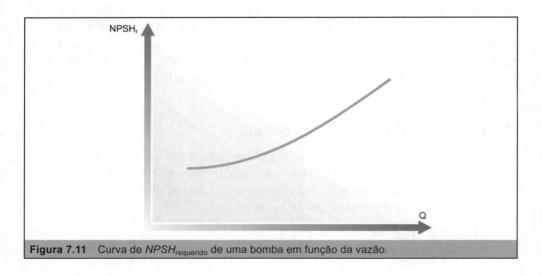

Figura 7.11 Curva de *NPSH*requerido de uma bomba em função da vazão.

---

[6] $\frac{p_v}{\gamma_{água}} \approx 0{,}239$ m à temperatura ambiente.

[7] O *NPSH*requerido é normalmente obtido para a água à temperatura ambiente. Para água em outras temperaturas e para outros líquidos, o *NPSH*requerido deverá ser corrigido, usando-se métodos especificamente desenvolvidos para tal finalidade. Tais métodos não serão aqui apresentados.

CAPÍTULO 7 – Equipamentos, máquinas e instalações fluidomecânicas ▌ 227

Assim, uma outra curva característica da bomba é a curva de $NPSH_{requerido}$ em função da vazão, conforme mostra a Figura 7.11.

Um adimensional envolvendo o $NPSH_{requerido}$ da bomba poderá ser criado substituindo-se no coeficiente manométrico da bomba H_B por $NPSH_{requerido}$, obtendo-se

$$C_{NPSH} = \frac{g \cdot NPSH_{requerido}}{\omega^2 D^2}. \qquad (7.13)$$

Curvas características de bombas fornecidas por fabricantes

Fabricantes de bombas apresentam as curvas características de seus produtos de diferentes maneiras e com as grandezas que caracterizam o desempenho da bomba dadas em diferentes unidades: unidades SI, unidades inglesas, em ambas as unidades etc. A Figura 7.12 apresenta as curvas características fornecidas por um fabricante de bombas.

Rotação específica da bomba

Na seleção da classe de bomba para uma determinada aplicação, os dois parâmetros que são escolhidos de forma independente são a altura manométrica e a vazão. Os adimensionais envolvidos com estas duas grandezas são os coeficientes manométrico C_H e de vazão C_Q. Quando esses dois adimensionais são agrupados de tal forma a eliminar o diâmetro do rotor da forma indicada a seguir, surge o adimensional conhecido como *rotação específica da bomba* N_s

$$N_s = \frac{C_Q^{1/2}}{C_H^{3/4}} = \frac{\left(Q/\omega D^3\right)^{1/2}}{\left(gH_B/\omega^2 D^2\right)^{3/4}} = \frac{\omega\sqrt{Q}}{\left(gH_B\right)^{3/4}}. \qquad (7.14)$$

A rotação específica é um parâmetro que caracteriza a bomba no seu ponto de rendimento máximo, ou seja, a Eq. (7.14) é utilizada para obtenção de N_s com Q e H_B, obtidos no ponto de rendimento máximo da bomba.

Cada classe de bomba (radial, mista, axial – ver Fig. 7.6) apresenta uma faixa particular de rotações específicas. As bombas radiais (centrífugas) são bombas que operam com vazões relativamente baixas e com alturas manométricas relativamente elevadas. Conforme indica a Eq. (7.14), isso gera rotações específicas relativamente baixas para as bombas centrífugas. As bombas com fluxo misto apresentam rotações específicas mais elevadas do que as bombas centrífugas, sendo que as bombas de fluxo axial, por sua vez, apresentam rotações específicas mais elevadas do que as bombas de fluxo misto.

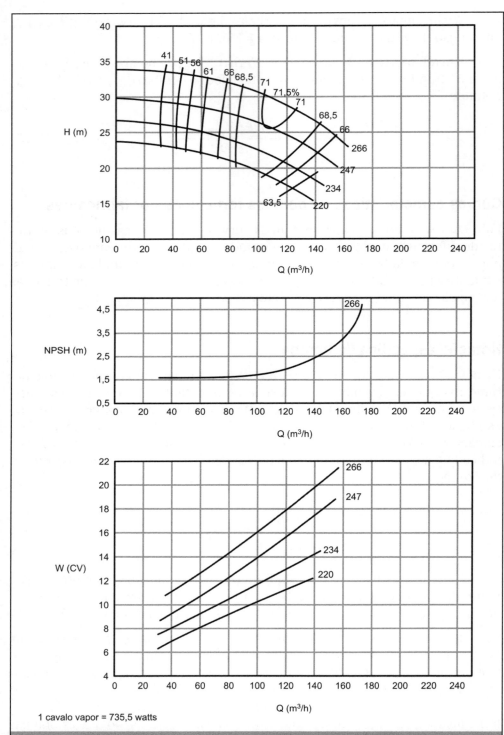

Figura 7.12 Curvas características da bomba centrífuga KSB Meganorm 80 – 250 IV polos (1.750 RPM).

Conforme mostra a Figura 7.13, as bombas centrífugas apresentam rendimento máximo para N_s em torno de 0,9, enquanto as bombas de fluxo misto e de fluxo axial apresentam rendimento máximo para N_s em torno de 2,5 e 4,5, respectivamente. A rotação específica é um parâmetro útil na seleção da classe de bomba mais indicada para determinada aplicação.

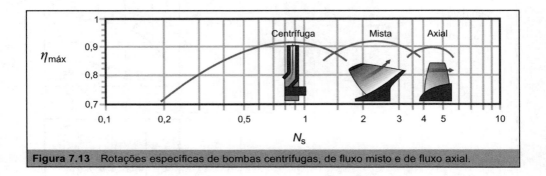

Figura 7.13 Rotações específicas de bombas centrífugas, de fluxo misto e de fluxo axial.

Curvas de famílias de bombas semelhantes

O Quadro 7.2 apresenta curvas da família de bombas semelhantes para um tipo de bomba: centrífuga, de fluxo misto e de fluxo axial.

7.3.2 Ventiladores[8]

O princípio de operação dos ventiladores é semelhante ao das bombas, sendo ambos máquinas que transferem energia ao fluido mediante ação de um rotor. Enquanto as bombas transferem energia aos líquidos, os ventiladores transferem energia a gases.

Conforme visto no item 4.5, quando a altura manométrica do ventilador for inferior a 500 mmca (em torno de), ele é dito 'de baixa pressão' e o escoamento pode ser considerado como se o fluido fosse incompressível; da mesma forma, quando a velocidade de ar em um duto é inferior a 100 m/s (pressão dinâmica próxima de 500 mmca, número de Mach do escoamento em torno de 0,3), o escoamento é calculado como se fosse o de um fluido incompressível. Em ambos os casos, a análise fica simplificada e é realizada de forma similar àquela que se aplica a do escoamento de um líquido por uma bomba, ou ao escoamento de um líquido em tubulações, o que já vimos com detalhes em capítulos anteriores.

---

[8] Adaptado de *Ventiladores: Conceitos Gerais, Classificação, Curvas Características Típicas e "Leis dos Ventiladores"*. Disponível em: http://www.fem.unicamp.br/~em712/ Acessado em 19/12/2008.

Quadro 7.2 Curvas da família de bombas semelhantes para um tipo de bomba: centrífuga, de fluxo misto e de fluxo axial

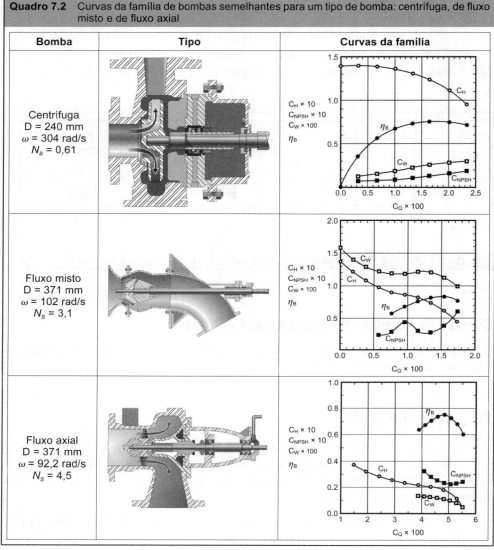

Os ventiladores são componentes essenciais de sistemas de ventilação aplicados no condicionamento de ar (refrigeração, aquecimento, exaustão, filtragem, renovação, diluição de poluentes etc.) em ambientes residenciais, comerciais e industriais. Os ventiladores utilizados nessas instalações são, geralmente, de baixa pressão, isto é, não transferem energia suficiente para impor uma variação apreciável da massa específica do gás.

A altura manométrica do ventilador H_V será dada pela diferença entre a carga total na saída $H_{saída}$ e a carga total na entrada do ventilador $H_{entrada}$, ou seja,

$$H_V = H_{saída} - H_{entrada}. \tag{7.15}$$

CAPÍTULO 7 – Equipamentos, máquinas e instalações fluidomecânicas ■ 231

Em termos das cargas parciais e considerando o ar como fluido de trabalho, a Eq. (7.15) escreve-se

$$H_V = \left(\frac{p_{\text{saída}}}{\gamma_{\text{ar}}} + \alpha_{\text{saída}} \frac{V_{\text{saída}}^2}{2g} + z_{\text{saída}} \right) - \left(\frac{p_{\text{entrada}}}{\gamma_{\text{ar}}} + \alpha_{\text{entrada}} \frac{V_{\text{entrada}}^2}{2g} + z_{\text{entrada}} \right). \quad (7.16)$$

Na determinação experimental de H_V de um ventilador em testes de bancada, o ar deve ser captado num ambiente de 'grandes dimensões' onde deve estar estacionário à pressão atmosférica normal (101.325 Pa). Nessas condições, fica evidente que são nulas a carga de pressão e a carga cinética na entrada do ventilador.

Uma vez desprezado o efeito da diferença de alturas entre a entrada e a saída do ventilador e considerando escoamento turbulento na saída ($\alpha_{\text{saída}} \approx 1,0$), a Eq. (7.16) escreve-se

$$H_V = \left(\frac{p_{\text{saída}}}{\gamma_{\text{ar}}} + \frac{V_{\text{saída}}^2}{2g} \right). \quad (7.17)$$

Em unidades de pressão, a Eq. (7.17) é reescrita da seguinte forma

$$\gamma_{\text{ar}} \cdot H_V = p_{\text{saída}} + \rho_{\text{ar}} \frac{V_{\text{saída}}^2}{2}. \quad (7.18)$$

Esse último resultado mostra que a altura manométrica do ventilador é dada pela pressão de estagnação na saída do ventilador, com a pressão dinâmica calculada com a velocidade média na saída.

Ocorre que a altura manométrica de ventiladores é expressa em termos de coluna de água, a qual é chamada de *pressão total* p_{total} e definida por $p_{\text{saída}} = \frac{\gamma_{\text{ar}}}{\gamma_{\text{água}}} H_V$. Então, tendo em vista a Eq. (7.18), a pressão total do ventilador será dada por

$$p_{\text{total}} = \frac{p_{\text{saída}}}{\gamma_{\text{água}}} + \frac{1}{\gamma_{\text{água}}} \left(\frac{1}{2} \rho_{\text{ar}} V_{\text{saída}}^2 \right), \quad (7.19)$$

em mmca ou mca.

Na determinação da pressão total do ventilador em testes de bancada, é adotada uma massa específica de referência igual àquela do ar à 20 °C; assim, $\rho_{\text{ar}} = 1,2$ kg/m^3.

A relação entre a pressão total e a vazão descarregada, quando o ventilador opera em rotação constante, é a denominada *curva característica do ventilador*. A Figura 7.14 apresenta a curva característica fornecida por um fabricante de ventiladores. As curvas paramétricas da figura são para diferentes valores de rendimento do ventilador.

Assim como as bombas, os ventiladores se classificam segundo a geometria de seu rotor em: radial (ou centrífugo), de fluxo misto e de fluxo axial.

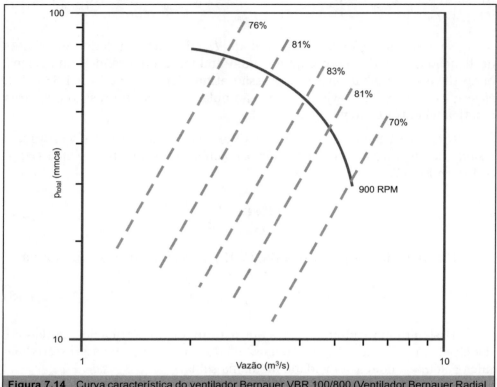

Figura 7.14 Curva característica do ventilador Bernauer VBR 100/800 (Ventilador Bernauer Radial, com diâmetro nominal de sucção de 800 mm, o código 100 possivelmente refere-se à pressão de 100 mmca, um valor médio para este ventilador de fabricação Bernauer).

Curvas típicas de alguns ventiladores, características e aplicações

O ventilador radial (ou centrífugo) se apresenta com três tipos de pás (aletas): radiais, curvadas para trás, curvadas para frente.

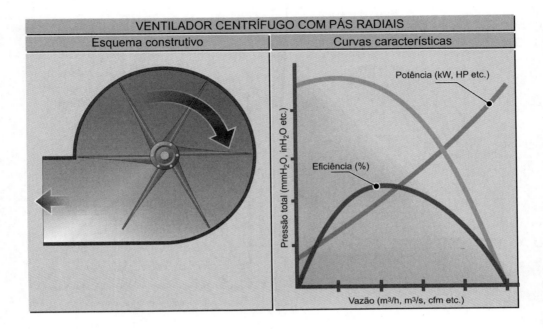

- *Características do ventilador centrífugo com pás radiais*
  - Custo relativo mais baixo;
  - Desenvolve pressões razoavelmente elevadas (até cerca de *500 mmca*);
  - Apresenta capacidade de exaurir ou insuflar material com particulado sólido (o canal reto entre aletas facilita o escoamento e a separação dos sólidos);
  - Baixa eficiência;
  - Nível elevado de ruído;
  - Eficiência máxima ocorre para valores relativamente baixos de vazão (< 50% da vazão máxima).

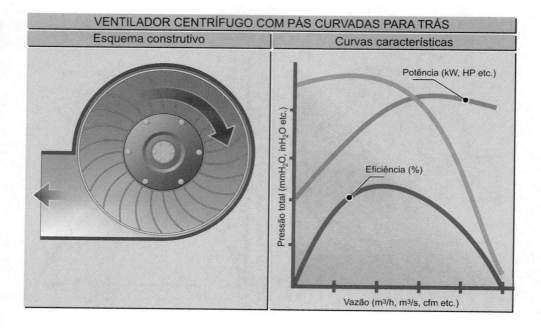

- *Características do ventilador centrífugo com pás curvadas para trás*
    - O mais eficiente entre os ventiladores centrífugos;
    - Nível baixo de ruído;
    - Custo mais elevado que o ventilador com rotor radial;
    - Não é indicado para movimentar gases com particulado sólido, os quais podem erodir as aletas;
    - Muito utilizado em sistemas de condicionamento de ar;
    - Disponível com aletas com perfil aerodinâmico (um pouco mais eficientes, produzindo ruído menos intenso);
    - O valor máximo de potência ocorre em um ponto operacional equivalente a 70% ~ 80% da vazão máxima. O resultado é que este ventilador não apresenta problemas de sobrecarga por projeto incorreto ou operação inadequada do sistema de ventilação. Por esse motivo, o ventilador de aletas curvadas para trás é denominado de "sem sobrecarga" (*non-overloading*, em Inglês).

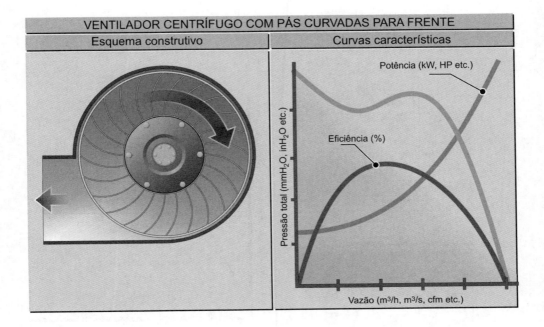

- Características do ventilador centrífugo com pás curvadas para frente

  - Utilizado com gases isentos de particulado sólido;

  - Uma das particularidades de sua curva característica é uma extensa faixa de pressão quase constante, o que o torna particularmente adequado para aplicação em sistemas nos quais se deseja minimizar a influência de alterações de dispositivos, como os "dampers" de controle de vazão;

  - Outra particularidade é o ramo instável da curva característica, na faixa das baixas vazões;

  - A sua potência cresce constantemente com o aumento da vazão, o que requer um grande cuidado na determinação do ponto de operação do sistema e na seleção do motor de acionamento, que pode 'queimar' se a vazão resultante for muito superior àquela projetada;

  - Um tipo muito comum de ventilador centrífugo radial é o Sirocco, que tem rotor largo e muitas aletas curtas. Para uma dada vazão e uma certa pressão total, o Sirocco é o menor entre os ventiladores centrífugos, operando em uma rotação mais baixa, o que é importante para minimizar a geração de ruído;

  - Sua eficiência, entretanto, é menor que a do centrífugo de aletas curvadas para trás.

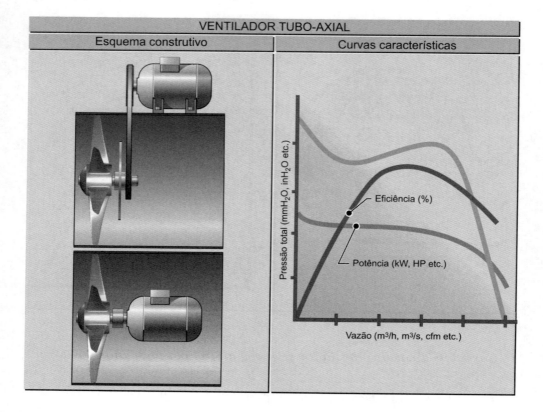

- *Características do ventilador tubo-axial*
  - O gás insuflado deixa a carcaça tubular com redemoinhos intensos, o que impede, algumas vezes, sua aplicação em sistema onde a distribuição do gás é crítica ou exige a aplicação de retificadores de escoamento;
  - Como qualquer máquina de fluxo axial, é indicada para sistemas com grande vazão e baixa pressão;
  - Sua curva característica também apresenta uma região de instabilidade, e a potência é máxima quando a vazão é nula (a potência máxima é dissipada em recirculação através do rotor).

Relações de similaridade aplicadas a ventiladores

Um ventilador só operará nas condições de teste em bancada em situação excepcional. As condições reais de operação podem exigir que o ventilador opere com um fluido de diferente massa específica (ou mesmo o ar com massa específica diferente do padrão, que é de 1,2 kg/m^3, em razão de diferentes altitudes e temperaturas onde o ventilador será instalado), rotação diferente

CAPÍTULO 7 – Equipamentos, máquinas e instalações fluidomecânicas ■ 237

etc. Para levar em consideração essas variações, a curva característica do ventilador, consequentemente, deverá ser recalculada para a nova condição de operação.

Isso poderá ser feito recorrendo-se à definição da pressão total e às relações de similaridade. No jargão dos projetistas da área, as equações resultantes são comumente chamadas de *leis dos ventiladores*.

1ª Lei dos Ventiladores

A 1ª lei dos ventiladores tem por objetivo a determinação da nova curva característica (pressão total *versus* vazão) quando a rotação do ventilador varia ($N_I \rightarrow N_{II}$), mas o peso específico padrão se mantém ($\gamma_I = \gamma_{II}$). Nessas condições, o coeficiente de vazão fornece

$$Q_H = \left(\frac{N_{II}}{N_I}\right) \cdot Q_I, \tag{7.20}$$

sendo que o coeficiente manométrico fornece

$$(H_V)_{II} = \left(\frac{N_{II}}{N_I}\right)^3 \cdot (H_V)_I. \tag{7.21}$$

Como $H_V = \frac{\gamma_{\text{água}}}{\gamma_{\text{ar}}} p_{\text{total}}$ e tendo em vista a Eq. (7.19), a Eq. (7.21) pode ser reescrita da seguinte forma

$$\frac{\gamma_{\text{água}}}{\gamma_{\text{ar}}}\left[\frac{(p_{\text{saída}})_{II}}{\gamma_{\text{água}}} + \frac{1}{\gamma_{\text{água}}}\left[\frac{\rho_{\text{ar}}}{2}\left(V^2_{\text{saída}}\right)_{II}\right]\right] =$$

$$= \left(\frac{N_{II}}{N_I}\right)^2 \cdot \frac{\gamma_{\text{água}}}{\gamma_{\text{ar}}}\left[\frac{(p_{\text{saída}})_I}{\gamma_{\text{água}}} + \frac{1}{\gamma_{\text{água}}}\left[\frac{\rho_{\text{ar}}}{2}\left(V^2_{\text{saída}}\right)_I\right]\right], \tag{7.22}$$

resultado esse que, em termos de pressão total, escreve-se

$$(p_{\text{total}})_{II} = \left(\frac{N_{II}}{N_I}\right)^2 \cdot (p_{\text{saída}})_I. \tag{7.23}$$

Por sua vez, o coeficiente de potência fornece

$$W_{II} = \left(\frac{N_{II}}{N_I}\right)^3 \cdot W_I. \tag{7.24}$$

sendo que o rendimento não se altera, ou seja,

$$\eta_{II} = \eta_I. \qquad (7.25)$$

A representação gráfica da 1ª lei dos ventiladores é apresentada na Figura 7.15. Se a rotação aumenta de N_I para N_{II}, o deslocamento ocorrerá com um rendimento constante para o ponto II, conforme indica a Eq. (7.25). A vazão Q_{II}, a pressão total $(p_{total})_{II}$ e a potência W_{II} serão calculadas por relações dadas pelas Eqs. (7.20, 7.23 e 7.24). Da mesma forma ocorrerá se a rotação diminuir de N_I para N_{III}.

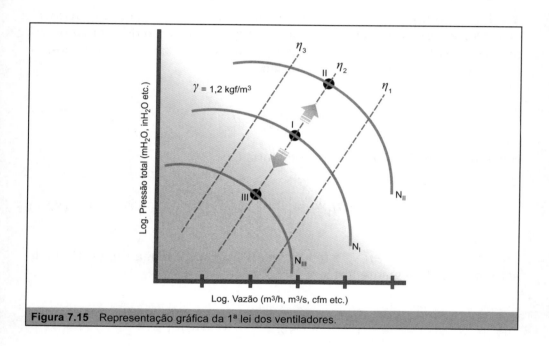

Figura 7.15 Representação gráfica da 1ª lei dos ventiladores.

2ª Lei dos ventiladores

A 2ª lei dos ventiladores tem por objetivo a determinação da nova curva característica (pressão total × vazão) quando o peso específico do fluido de trabalho é diferente do padrão ($\gamma_I \rightarrow \gamma_{II}$), mas a vazão é constante ($Q_I = Q_{II}$).

Nessas condições, os coeficientes de vazão e manométrico fornecem, respectivamente,

$$Q_{II} = Q_I, \qquad (7.26)$$

$$(H_V)_{II} = (H_V)_I. \qquad (7.27)$$

Como $H_V = \frac{\gamma_{água}}{\gamma_{ar}} p_{total}$ e tendo em vista a Eq. (7.19), a Eq. (7.27) pode ser reescrita da seguinte forma

$$\frac{\gamma_{\text{água}}}{\gamma_{\text{ar}}}\left[\frac{(p_{\text{total}})_{II}}{\gamma_{\text{água}}} + \frac{1}{\gamma_{\text{água}}}\left[\frac{1}{2g}\gamma_{II}\left(V_{\text{saída}}^2\right)_{II}\right]\right] =$$

$$= \frac{\gamma_{\text{água}}}{\gamma_{I}}\left[\frac{(p_{\text{saída}})_{I}}{\gamma_{\text{água}}} + \frac{1}{\gamma_{\text{água}}}\left[\frac{1}{2}\gamma_{I}\left(V_{\text{saída}}^2\right)_{I}\right]\right], \qquad (7.28)$$

ou ainda,

$$\left[\frac{(p_{\text{saída}})_{II}}{\gamma_{\text{água}}} + \frac{1}{\gamma_{\text{água}}}\left[\frac{\rho_{II}}{2}\gamma_{II}\left(V_{\text{saída}}^2\right)_{II}\right]\right] =$$

$$= \left(\frac{\gamma_{II}}{\gamma_{I}}\right)\left[\frac{(p_{\text{saída}})_{I}}{\gamma_{\text{água}}} + \frac{1}{\gamma_{\text{água}}}\left[\frac{\rho_{I}}{2}\gamma_{I}\left(V_{\text{saída}}^2\right)_{I}\right]\right], \qquad (7.29)$$

resultado esse que, em termos de pressão total, escreve-se

$$(p_{\text{total}})_{II} = \left(\frac{\gamma_{II}}{\gamma_{I}}\right)^2 \cdot (p_{\text{total}})_{II}. \qquad (7.30)$$

O coeficiente de potência fornece

$$W_{II} = \left(\frac{\gamma_{II}}{\gamma_{I}}\right) \cdot W_{I}. \qquad (7.31)$$

A representação gráfica da 2ª lei dos ventiladores, apresentada na Figura 7.16, mostra que a nova curva característica é obtida deslocando-se a curva característica original paralelamente ao eixo vertical (vazão constante). O rendimento, consequentemente, não se mantém.

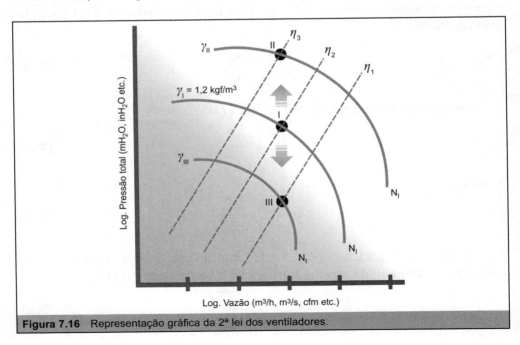

Figura 7.16 Representação gráfica da 2ª lei dos ventiladores.

240 ∎ Mecânica dos Fluidos

3ª Lei dos ventiladores

A 3ª lei dos ventiladores tem por objetivo a determinação da nova curva característica (pressão total × vazão) quando o peso específico do fluido de trabalho é diferente do padrão ($\gamma_I \rightarrow \gamma_{II}$), mas a pressão total é constante $(p_{total})_I = (p_{total})_{II}$. Então,

$$\left\{\frac{(p_{saída})_I}{\gamma_{água}} + \frac{1}{\gamma_{água}}\left[\frac{\rho_I}{2}\left(V_{saída}^2\right)_I\right]\right\} = \left\{\frac{(p_{saída})_{II}}{\gamma_{água}} + \frac{1}{\gamma_{água}}\left[\frac{\rho_I}{2}\left(V_{saída}^2\right)_{II}\right]\right\} \quad (7.32)$$

A Eq. (7.32) pode ser reescrita da seguinte forma

$$\left[\frac{(p_{saída})_I}{\gamma_I} + \frac{1}{2g}\left(V_{saída}^2\right)_I\right]\gamma_I = \left[\frac{(p_{saída})_{II}}{\gamma_{II}} + \frac{1}{2g}\left(V_{saída}^2\right)_{II}\right]\gamma_{II} \quad (7.33)$$

Em termos das alturas manométricas dos ventiladores, a Eq. (7.33) escreve-se

$$(H_V)_I \cdot \gamma_I = (H_V)_{II} \cdot \gamma_{II}. \quad (7.34)$$

ou,

$$\frac{(H_V)_I}{(H_V)_{II}} = \frac{\gamma_{II}}{\gamma_I}. \quad (7.35)$$

A nova condição de operação vai requerer uma nova rotação do ventilador. Quando a rotação do ventilador varia, as relações de similaridade fornecem a seguinte relação entre as alturas manométricas e as vazões dos dois ventiladores

$$\frac{(H_V)_I}{(H_V)_{II}} = \frac{Q_I^2}{Q_{II}^2}. \quad (7.36)$$

Substituindo-se a Eq. (7.36) na Eq. (7.35), obtém-se

$$\frac{Q_I^2}{Q_{II}^2} = \frac{\gamma_{II}}{\gamma_I} \quad (7.37)$$

e, finalmente

$$Q_{II} = Q_I\sqrt{\frac{\gamma_I}{\gamma_{II}}}. \quad (7.38)$$

Como a vazão variará com a raiz quadrada da relação entre os pesos específicos, também, da mesma forma, variará a rotação, ou seja,

$$N_{II} = N_I\sqrt{\frac{\gamma_I}{\gamma_{II}}}. \quad (7.39)$$

A relação entre potências será obtida do coeficiente de potência

$$W_{II} = W_I \left(\frac{\gamma_{II}}{\gamma_I}\right) \cdot \left(\frac{N_{II}}{N_I}\right)^3 = W_I \left(\frac{\gamma_{II}}{\gamma_I}\right) \cdot \left(\frac{\gamma_I}{\gamma_{II}}\right)^{3/2},$$

$$W_{II} = W_I \sqrt{\frac{\gamma_I}{\gamma_{II}}}. \qquad (7.40)$$

A representação gráfica da 3ª lei dos ventiladores, apresentada na Figura 7.17, mostra que a nova curva característica é obtida deslocando-se a curva característica original paralelamente ao eixo horizontal (pressão total constante). O rendimento, consequentemente, não se mantém, bem como a rotação e a potência do ventilador.

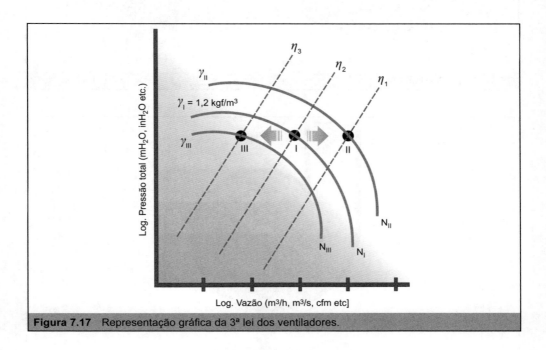

Figura 7.17 Representação gráfica da 3ª lei dos ventiladores.

7.3.3 Turbinas hidráulicas

As turbinas hidráulicas distinguem-se em *turbinas de ação* e *turbinas de reação*. Nas turbinas de ação, o rotor gira no ar à pressão atmosférica local. Toda energia hidráulica disponível é transformada, por meio de bocais, em energia cinética, na forma de jatos de alta velocidade que incidem sobre o rotor. Esse tipo de turbina é conhecida como *turbina Pelton* (Fig. 7.18).

Nas turbinas de reação, o rotor fica imerso em uma caixa sendo acionado pela energia hidráulica sob a forma de energia de pressão e energia cinética. Uma turbina de reação bastante comum é a *turbina Francis* (Fig. 7.19).

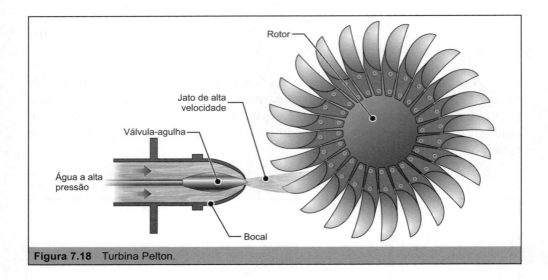

Figura 7.18 Turbina Pelton.

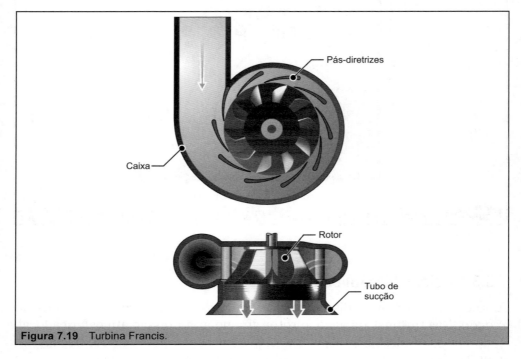

Figura 7.19 Turbina Francis.

Na turbina Francis o escoamento ataca o rotor radialmente através das pás-diretrizes, com uma componente tangencial de velocidade significativa.

cativa. À medida que o escoamento atravessa o rotor, a velocidade adquire uma componente axial, enquanto que a componente tangencial é reduzida. Quando o escoamento deixa o rotor, a velocidade é basicamente axial, com praticamente nenhuma componente tangencial. A pressão na saída do rotor está abaixo da pressão atmosférica, sendo, por esse motivo, o tubo de saída chamado de *tubo de sucção*.

Um outro tipo de turbina de reação é a turbina de fluxo axial, onde o escoamento é essencialmente paralelo ao eixo do rotor, o qual se assemelha a um hélice. Assim como na turbina Francis, nas turbinas Kaplan o escoamento é direcionado para o rotor através de pás-diretrizes, com a componente tangencial da velocidade sendo reduzida através do hélice, em troca da aquisição de uma componente axial, com o escoamento deixando o rotor totalmente no sentido axial. O hélice poderá ter pás articuladas, as quais giram perpendicularmente ao eixo do rotor, permitindo que o ângulo da pá seja ajustado para acomodar alterações de carga. Quando as pás do hélice são articuladas, a turbina é conhecida como *turbina Kaplan* (Fig. 7.20). A turbina Kaplan poderá ter ou não pás-diretrizes articuladas. Quando ambas as pás (do hélice e pás-diretrizes) são articuladas, a turbina Kaplan é denominada de *dupla-regulação*. Quando as pás-diretrizes são fixas, a turbina Kaplan é denominada de *simples-regulação*.

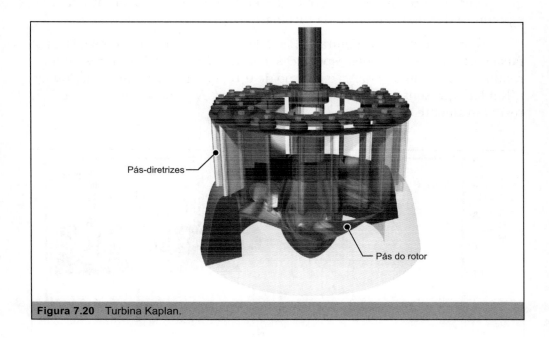

Figura 7.20 Turbina Kaplan.

Rotação específica da turbina

Assim como ocorreu com as bombas, utiliza-se a rotação específica da turbina na seleção da classe de turbina mais adequada para determinada aplicação. Ocorre que, diferentemente das bombas, em que as grandezas que são escolhidas de forma independente são a altura manométrica e a vazão, no caso das turbinas, as grandezas que são escolhidas de forma independente são a altura manométrica e a potência da turbina.

Então, na formação do parâmetro característico das turbinas, os adimensionais que são combinados são o coeficiente manométrico C_H e o coeficiente de potência C_W (no caso das bombas, foi escolhido C_Q no lugar). Quando esses dois adimensionais são agrupados de tal forma a eliminar o diâmetro do rotor da forma abaixo indicada, surge o adimensional conhecido como *rotação específica da turbina*[9] N_{st}

$$N_{st} = \frac{C_W^{1/2}}{C_H^{5/4}} = \frac{\left(W/\rho\omega^3 D^5\right)^{1/2}}{\left(gH_T/\omega^2 D^2\right)^{5/4}} = \frac{\omega\sqrt{W}}{\rho^{1/2}\left(gH_T\right)^{5/4}}. \qquad (7.41)$$

A rotação específica é um parâmetro que caracteriza a turbina no seu ponto de rendimento máximo, ou seja, a Eq. (7.41) é utilizada para obtenção de N_{st} com W e H_T obtidos no ponto de rendimento máximo da turbina. W é a potência disponível no eixo da turbina.

Conforme indica a Figura 7.21, cada classe de turbina apresenta uma faixa particular de rotações específicas, com as turbinas Pelton apresentando rendimento máximo para N_{st} em torno de 0,15, enquanto as turbinas Francis e Kaplan apresentam rendimento máximo para N_{st} em torno de 1,5 e 2,5, respectivamente.

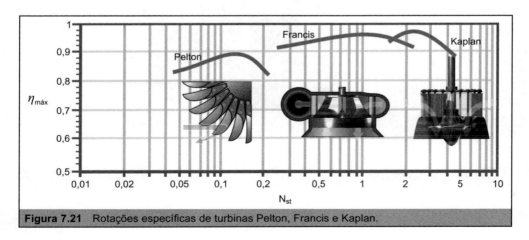

Figura 7.21 Rotações específicas de turbinas Pelton, Francis e Kaplan.

---

[9] Também chamada de *rotação específica de potência*.

Curvas características das turbinas

Sob operação normal, uma turbina opera com uma altura manométrica H_T aproximadamente constante. Por esse motivo, as curvas características de desempenho das turbinas são vistas de forma diferente daquela das bombas. Para operação da turbina sob altura manométrica constante, as grandezas pertinentes são: rendimento, potência, vazão e rotação da turbina.

Os fabricantes utilizam modelos físicos para obter experimentalmente as curvas de desempenho das turbinas.

A Figura 7.22 apresenta os rendimentos de vários tipos de turbinas garantidos pelos fabricantes.

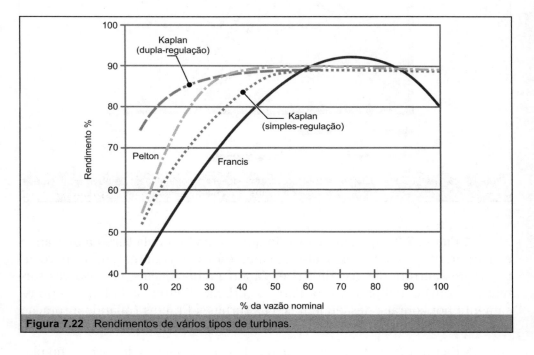

Figura 7.22 Rendimentos de vários tipos de turbinas.

A turbina hidráulica é projetada para operar no ponto de máximo rendimento – que ocorre, geralmente, em torno de 80% da vazão nominal.

As turbinas Kaplan com dupla regulação e as turbinas Pelton operam com rendimento satisfatório a partir de 25% da vazão nominal. Já as turbinas Kaplan com simples-regulação apresentam rendimento aceitável a partir de 40% e as turbinas Francis a partir de 50% da vazão nominal. Abaixo de 40% da vazão nominal, as turbinas Francis podem apresentar instabilidade que resulta em vibração e choques mecânicos.

A Figura 7.23 mostra, para uma dada altura manométrica, a evolução da potência em função na rotação da turbina, tendo a porcentagem de abertura das pás-diretrizes como parâmetro. As curvas parabólicas cortam o eixo horizontal em dois pontos que correspondem aos pontos de rotação nula (turbina parada) e de *rotação em vazio*[10].

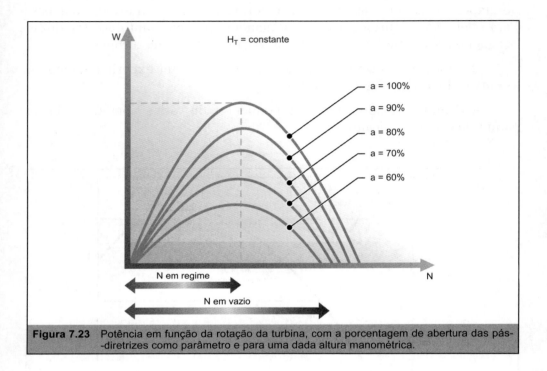

Figura 7.23 Potência em função da rotação da turbina, com a porcentagem de abertura das pás-diretrizes como parâmetro e para uma dada altura manométrica.

A Figura 7.24 apresenta a vazão que é admitida pela turbina operando com diferentes rotações, sob altura manométrica constante, tendo a porcentagem de abertura das pás-diretrizes (abertura dos bocais, no caso das turbinas Pelton) como parâmetro. Para as turbinas Pelton, as linhas são praticamente horizontais; descendentes, nas turbinas Francis (quando a rotação aumenta, a turbina admite menos vazão) e ascendentes, nas turbinas Kaplan.

A Figura 7.25 apresenta as curvas de isorendimento de turbina no plano vazão-rotação, obtidas das curvas de rendimento em função da rotação. Observa-se que a curvas de isorendimento se assemelham às curvas topográficas de uma colina e, por esse motivo, são chamadas de *curvas de colina*. Quando essas curvas são combinadas com a potência lançada em um terceiro eixo ortogonal, a superfície gerada em três dimensões se assemelha a uma colina.

---

[10] Esta é a rotação que poderá ser teoricamente atingida quando a turbina opera com a máxima potência hidráulica e acelera em decorrência da brusca interrupção da demanda de potência elétrica. Dependendo do tipo de turbina, a rotação em vazio poderá ser de duas a três vezes maior que a rotação nominal.

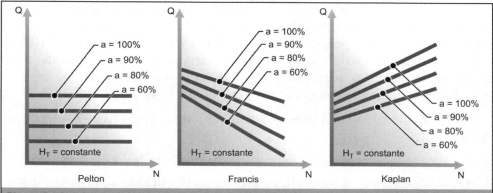

Figura 7.24 Vazão admitida pela turbina operando com diferentes rotações, sob altura mano-métrica constante, com a porcentagem de abertura das pás-diretrizes (abertura dos bocais no caso das turbinas Pelton) como parâmetro.

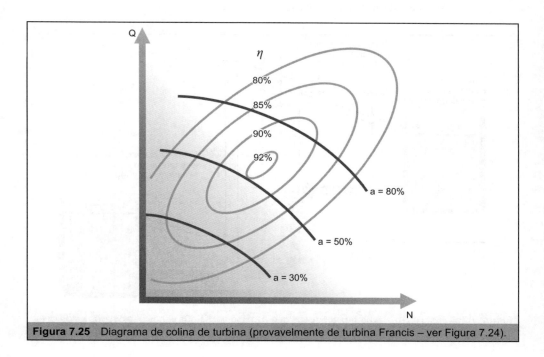

Figura 7.25 Diagrama de colina de turbina (provavelmente de turbina Francis – ver Figura 7.24).

7.4 INSTALAÇÕES FLUIDO-MECÂNICAS

Uma instalação fluido-mecânica é um sistema de transporte de fluido que se utiliza de dutos, equipamentos e máquinas fluido-mecânicas.

A Figura 7.26 apresenta uma típica instalação fluido-mecânica para trans- porte de água para um reservatório elevado. Instalações desse tipo são chamadas de instalações elevatórias ou de recalque.

Duas linhas encontram-se indicadas na instalação da Figura 7.26: a *linha piezométrica LP* e a *linha de energia LE*. A linha piezométrica é o lugar geométrico dos pontos de cota igual a $p/\gamma + z$ em relação ao PHR, ou p/γ em relação ao eixo do duto. O líquido em um piezômetro instalado em qualquer seção de escoamento da instalação se elevaria à *LP*. A linha de energia é obtida adicionando-se uma cota igual a $V^2/2g$ à *LP*.

As seguintes observações poderão ser feitas com relação a essas duas linhas:

- a *LP* e a *LE* coincidem em reservatórios de grandes dimensões;
- a *LE* sempre cai no sentido do escoamento devido à perda de carga;
- a *LP* e a *LE* mudam bruscamente em seções de escoamento onde há singularidades e máquinas fluidomecânicas;
- a *LP* poderá cortar o eixo do duto quando a pressão cai abaixo da pressão atmosférica local.

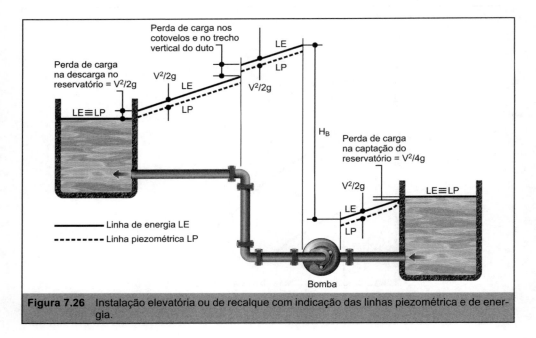

Figura 7.26 Instalação elevatória ou de recalque com indicação das linhas piezométrica e de energia.

A chamada *curva da instalação* é uma curva que fornece a altura manométrica requerida da bomba *HB* para escoar a vazão Q através da instalação. Para a instalação da Figura 7.26, em que o duto tem diâmetro uniforme, essa curva poderá ser obtida aplicando-se a equação de Bernoulli generalizada entre as superfícies livres dos dois reservatórios, obtendo-se reservatórios

$$H_B = \Delta z_{\substack{\text{entre}\\\text{resevatórios}}} + \frac{1}{2g}\left(\frac{4}{\pi \cdot D^2}\right)^2 \left(\sum k_s + f\frac{L}{D}\right) \cdot Q^2, \qquad (7.42)$$

onde $\Delta_{z\ \text{entre reservatórios}}$ é a diferença de cotas entre as superfícies livres dos reservatórios, sendo que os demais símbolos têm o significado usual.

A Eq. (7.42) mostra que a altura manométrica requerida da bomba cresce com o quadrado da vazão, devido ao aumento da perda de carga com o quadra- do da velocidade média do escoamento. Portanto, a curva da instalação é uma parábola do tipo

$$H_B = C_1 + C_2 \cdot Q_2. \qquad (7.43)$$

O chamado *ponto de operação da instalação* é o ponto onde a curva característica da bomba $H_B \times Q$ intercepta a curva da instalação. A Figura 7.27 mostra a curva característica da bomba, a curva da instalação e o ponto de operação da instalação.

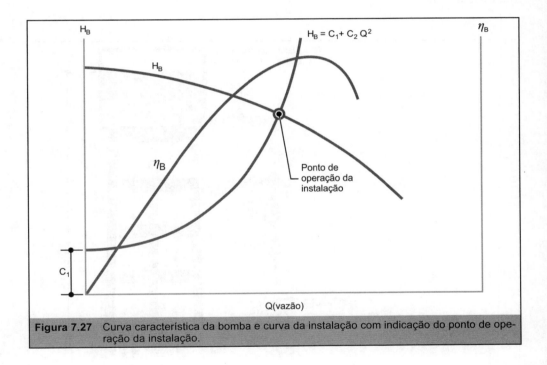

Figura 7.27 Curva característica da bomba e curva da instalação com indicação do ponto de operação da instalação.

A determinação da potência requerida pela bomba no ponto de operação da instalação requer que seja usado o rendimento da bomba obtido da curva $\eta^B \times Q$, na vazão de operação da instalação.

7.4.1 Exemplo de instalação elevatória

A Figura 7.28 mostra uma instalação destinada a recalcar água de um poço para uma caixa d'água elevada, com a vazão de 3,5 l/s, visando suprir uma rede industrial. Pedem-se: a) especificar o diâmetro da tubulação de recalque; b) especificar uma válvula-globo para controle da vazão na tubulação de recalque; c) especificar o diâmetro da tubulação de sucção; d) selecionar uma bomba para essa aplicação. Dados: $v_{\text{água}} = 10^{-6}$ m²/s, comprimento da tubulação de sucção $L_{\text{sucção}} = 3$ m, comprimento da tubulação de recalque $L_{\text{recalque}} = 30$ m.

Como não foi fornecido o diâmetro da tubulação de recalque, vamos determiná-lo com base nos valores de velocidade recomendados na Tabela 7.3, e de valores de diâmetros de tubos comercialmente disponíveis, na Tabela 7.4.

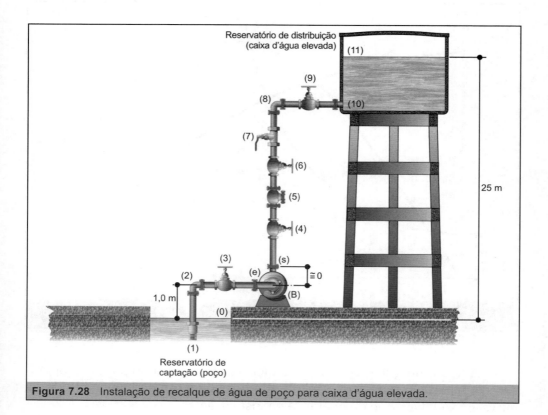

Figura 7.28 Instalação de recalque de água de poço para caixa d'água elevada.

CAPÍTULO 7 – Equipamentos, máquinas e instalações fluidomecânicas ∎ 251

Tabela 7.2	Componentes da instalação de recalque da Figura 7.28 e suas finalidades	
Nº	**Componente**	**Finalidade**
(1)	Válvula de pé com crivo	Válvula unidirecional que visa manter a tubulação de sucção cheia de líquido, mesmo quando a instalação está inoperante, isso porque, caso a tubulação fique com ar, a bomba não consegue induzir espontaneamente o escoamento. O crivo nada mais é que um filtro para impedir que impurezas (grandes) penetrem na tubulação e causem danos à bomba e a outros componentes da instalação.
(2) (8)	Cotovelo a 90°	Mudança de direção
(5)	Válvula de retenção	Válvula unidirecional que impede que o líquido na tubulação de recalque retorne ao poço quando a instalação está inoperante, evitando que a bomba gire em sentido contrário.
(7)	Válvula-globo	Controle da vazão.
(3) (4) (6) (9)	Válvula-gaveta	Isolar o trecho para reparo/manutenção do componente existente no trecho.
(1) a (e)	Tubulação de sucção	Conectar a bomba ao reservatório de captação.
(s) a (10)	Tubulação de recalque	Conectar a bomba ao reservatório de distribuição.
(B)	Bomba	Fornecer energia ao escoamento do líquido.

Tabela 7.3	Velocidades recomendadas (velocidades econômicas) para tubulações de suprimento		
Diâmetro da tubulação (mm)	**Velocidade (m/s)**	**Diâmetro da tubulação (mm)**	**Velocidade (m/s)**
25-50	0,60	400	1,25
60	0,70	500	1,40
100	0,75	600	1,60
150	0,80	800	1,90
200	0,90	900	1,95
250	1,00	1.000	2,00
300	1,10	1.200	2,20

Tabela 7.4	Diâmetros de tubos de aço-carbono com costura comercialmente disponíveis (DIN 2440, NBR 5580 – classe M)
Diâmetro nominal mm (pol.)	**Diâmetro interno (mm)**
15 (½")	16,00
20 (¼")	21,60
25 (1")	27,20
32 (1¼")	35,90
40 (1½")	41,80
50 (2")	53,00
65 (2½")	68,80
80 (3")	80,80
100 (4")	105,30
125 (5")	130,00
150 (6")	155,40
200 (8")	206,50

252 ■ Mecânica dos Fluidos

Tubulação de recalque: como não temos a velocidade, tampouco o diâmetro da tubulação de recalque, vamos admitir uma velocidade de 1,0 m/s e extrair o diâmetro da tubulação da fórmula

$$D = \sqrt{\frac{4 \cdot Q}{\pi \cdot V}} = \sqrt{\frac{4 \times 3,5 \times 10^{-3}}{\pi \times 1}} \cong 66 \text{ mm.}$$

Verifica-se, na Tabela 7.3, que esse diâmetro de tubulação é mais compatível com uma velocidade (econômica) em torno de 0,70 m/s. Para esse valor de velocidade, o diâmetro da tubulação será de

$$D = \sqrt{\frac{4 \cdot Q}{\pi \cdot V}} = \sqrt{\frac{4 \times 3,5 \times 10^{-3}}{\pi \times 0,70}} \cong 80 \text{ mm.}$$

Verifica-se, na Tabela 7.4, que esse diâmetro corresponde aproximadamente ao diâmetro interno de 80,80 mm de um tubo comercial, com diâmetro nominal de 3". Então, para esse tubo, a velocidade média na tubulação de recalque será de

$$V_{\text{recalque}} = \frac{4 \cdot Q}{\pi \cdot D^2} = \frac{4 \times 3,5 \times 10^{-3}}{\pi \times (0,0808)^2} \cong 0,68 \text{ m/s.}$$

Temos, então, basicamente duas opções: ou trabalhamos com um tubo de diâmetro maior (que será mais caro) e que conferirá uma velocidade média mais baixa (perda de carga menor – menor consumo de energia), ou trabalhamos com um tubo de diâmetro menor (mais barato) e que vai conferir uma velocidade média mais elevada (perda de carga maior – maior consumo de energia).

Vamos admitir que a opção seja a de um investimento inicial maior, com a tubulação de diâmetro nominal de 3", esperando que a diferença de preço se pague a médio-longo prazo, por um menor consumo de energia, operando a instalação com menor perda de carga na tubulação de recalque.

O material escolhido para a tubulação de recalque será o aço-carbono galvanizado, com rugosidade de 0,15 mm (Fig. 6.2) e com diâmetro acima obtido de $D_{\text{recalque}} = 80,80$ mm (resposta do item a).

Já estamos em condições de determinar a perda de carga na tubulação de recalque. Para tanto, determinaremos, inicialmente, o coeficiente de perda de carga distribuída, utilizando a fórmula explícita [Eq. (6.4)], dada por

$$f = \frac{0,25}{\left[\log\left(\dfrac{\varepsilon/D}{3,7} + \dfrac{5,74}{\text{Re}^{0,9}}\right)\right]^2} = \frac{0,25}{\left[\log\left(\dfrac{1,15/80,80}{3,7} + \dfrac{5,74}{\left(\dfrac{0,68 \times 0,0808}{10^{-6}}\right)^{0,9}}\right)\right]^2} = 0,026.$$

CAPÍTULO 7 – Equipamentos, máquinas e instalações fluidomecânicas ■ 253

A perda de carga na tubulação de recalque será obtida de

$$\Delta H_{\text{recalque}} = \frac{1}{2g}\left(\frac{4}{\pi \cdot D_{\text{recalque}}^2}\right)^2 \left(\sum_{\text{recalque}} k_s + f\frac{L_{\text{recalque}}}{D_{\text{recalque}}}\right) \cdot Q^2. \qquad (A)$$

Os coeficientes de perda e carga singular serão obtidos da Tabela 6.1.

- (4), (6) e (9) válvula-gaveta: $(k_s)_{(4)} = (k_s)_{(6)} = (k_s)_{(9)} = 0{,}2$;

- (5) válvula de retenção: $(k_s)_{(5)} = 0{,}5$;

- (8) cotovelo a 90°: $(k_s)_{(8)} = 1{,}17$;

- (10) descarga em reservatório: $(k_s)_{(10)} = 1{,}0$ (escoamento turbulento).

A perda de carga na válvula-globo na tubulação de recalque depende da especificação de seu coeficiente de vazão K_V. Esse coeficiente poderá ser obtido da Eq. (7.6) dada por

$$K_V = Q\sqrt{\frac{10^5\,\text{Pa}}{\Delta p}}\sqrt{\frac{\rho}{\rho_{\text{água}}}}.$$

Nessa equação, não dispomos de Δp, que é justamente a queda de pressão responsável pela perda de carga que está sendo procurada.

Contudo, em uma consulta ao catálogo de um fabricante, obtêm-se os valores de KV para válvulas-globo de diferentes diâmetros listados na Tabela 7.5.

Tabela 7.5	Valores de K_V de válvulas-globo de um determinado fabricante							
Diâmetro nominal (pol.)	2"	2½"	3"	4"	6"	8"	10"	12"
K_V	40	62	91	144	346	700	1.133	1.643

Como o diâmetro nominal da tubulação de recalque é de *3"*, parece razoável utilizar uma válvula-globo também de *3"*, a qual, conforme Tabela 7.5, apresenta $K_V = 91$ (resposta do item b).

Para esse valor de K_V, a Eq. (B) fornece um Δp de

$$\Delta p = \left(\frac{Q}{K_V}\right)^2 \times 10^5\ \text{Pa} = \left(\frac{12{,}6\ \text{m}^3/\text{h}}{91}\right)^2 \times 10^5\ \text{Pa} = 1.917\ \text{Pa}.$$

Para a velocidade média na tubulação de recalque $V_{\text{recalque}} = 0{,}68$ m/s, essa queda de pressão corresponde ao coeficiente de perda de carga localizada da válvula-globo de

254 ▮ Mecânica dos Fluidos

$$(k_s)_{(7)} = \frac{\Delta p}{\gamma_{\text{água}}} \frac{2g}{V^2} = \frac{1.917}{10^4} \frac{2 \times 9{,}81}{(0{,}68)^2} = 8{,}13$$

Finalmente, estamos em condições de obter a perda de carga na tubulação de recalque por meio da Eq. (A)

$$\Delta H_{\text{recalque}} = \frac{1}{2g}\left(\frac{4}{\pi \cdot D^2_{\text{recalque}}}\right)^2 \left(\sum_{\text{recalque}} k_s + f\,\frac{L_{\text{recalque}}}{D_{\text{recalque}}}\right) \cdot Q^2 =$$

$$= \frac{1}{2 \times 9{,}81}\left[\frac{4}{\pi \times (0{,}0808)^2}\right]^2 \left(3 \times 0{,}2 + 0{,}5 + 1{,}17 + 1{,}0 + 8{,}13 + 0{,}026\frac{30}{0{,}0808}\right) \times$$

$$\times\left(3{,}5 \times 10^{-3}\right)^2 \cong 0{,}500 \text{ m.}$$

Tubulação de sucção: como veremos adiante, é de interesse, para um bom desempenho da bomba, minimizar a perda de carga na tubulação de sucção. Isso poderá ser conseguido com a redução do comprimento dessa tubulação, com o aumento do seu diâmetro e mantendo o número de singularidades em um valor mínimo necessário.

Uma vez que já foram definidos as singularidades e o diâmetro da tubulação de recalque em *3"*, vamos estabelecer que o diâmetro da tubulação de sucção seja o diâmetro de tubo comercial imediatamente superior. Uma consulta à Tabela 7.4 revela que esse diâmetro é de 4" (diâmetro interno de 105,30 mm), de tubo em aço-carbono galvanizado (resposta do item c).

Os coeficientes de perda e carga singular serão obtidos da Tabela 6.1.

- (1) válvula de pé com crivo: $(k_s)_{(1)} = 10$;
- (2) cotovelo a 90°: $(k_s)_{(2)} = 1{,}17$;
- (3) válvula-gaveta: $(k_s)_{(3)} = 0{,}2$.

O coeficiente de perda de carga distribuída será outra vez obtido por meio da fórmula explícita [Eq. (6.4)], com a velocidade média na tubulação de sucção dada por

$$V_{\text{sucção}} = \left(\frac{D_{\text{recalque}}}{D_{\text{sucção}}}\right)^2 \cdot V_{\text{recalque}} = \left(\frac{80{,}8}{105{,}30}\right)^2 \times 0{,}68 = 0{,}40 \text{ m/s.}$$

$$f = \frac{0{,}25}{\left[\log\left(\dfrac{\varepsilon/D}{3{,}7} - \dfrac{5{,}74}{\text{Re}^{0{,}9}}\right)\right]^2} = \frac{0{,}25}{\left[\log\left(\dfrac{0{,}15/105{,}30}{3{,}7} + \dfrac{5{,}74}{\left(\dfrac{0{,}40 \times 0{,}1053}{10^{-6}}\right)^{0{,}9}}\right)\right]^2} = 0{,}026$$

CAPÍTULO 7 – Equipamentos, máquinas e instalações fluidomecânicas ■ 255

Note que o coeficiente de perda de carga distribuída da tubulação de sucção resultou igual ao do recalque.

A perda de carga na tubulação de sucção será de

$$\Delta H_{\text{sucção}} = \frac{1}{2g}\left(\frac{4}{\pi \cdot D_{\text{sucção}}^2}\right)^2 \left(\sum_{\text{sucção}} k_s + f\frac{L_{\text{sucção}}}{D_{\text{sucção}}}\right)\cdot Q^2 =$$

$$= \frac{1}{2\times 9,81}\left[\frac{4}{\pi\times(0,1053)^2}\right]^2\left(10+1,17+0,2+0,026\frac{3}{0,1053}\right)\times\left(3,5\times10^{-3}\right)^2 =$$

$$\cong 0,100 \text{ m.}$$

A altura manométrica da bomba HB será de

$$H_B = \Delta z_{\substack{\text{entre} \\ \text{reservatórios}}} + \Delta H_{\text{sucção}} + \Delta H_{\text{recalque}} =$$

$$= 25 \text{ m} + 0,100 \text{ m} + 0,500 \text{ m} = 25,600 \text{ m.}$$

Esse resultado mostra que a altura manométrica da bomba será essencialmente utilizada para vencer o desnível entre os dois reservatórios. A perda de carga na instalação é muito pequena, revelando que há margem para se trabalhar com tubulações de diâmetros menores que os escolhidos, caso o custo da instalação e de seus componentes com esses diâmetros assim o exija.

Seleção da bomba: a seleção da classe de bomba será feita por meio da rotação específica dada pela Eq. (7.14)

$$H_s = \frac{\omega\sqrt{Q}}{\left(gH_B\right)^{3/4}}.$$

Nessa equação se desconhece a rotação de operação da bomba. Vamos então gerar uma faixa de rotações específicas para uma faixa típica de rotações de bombas.

A rotação da bomba é a rotação do motor elétrico a ela acoplado dada por

$$N(\text{RPM}) = \frac{120\times \text{frequência da rede}}{\text{n. depolos do motor}} = \frac{120\times 60}{\text{n. de polos}}.$$

Motores elétricos convencionais são tipicamente classificados como de 2, 4, 6, ... polos, que geram as rotações de 3.600, 1.800, 900 ... RPM, respectivamente[11].

---

[11] Essas rotações são teóricas, sendo, na realidade, um pouco menores devido ao escorregamento do motor elétrico.

256 ▪ Mecânica dos Fluidos

Essas rotações do motor elétrico correspondem, respectivamente, às velocidades angulares $\omega = 2\pi N/60 = 377, 188, 94$ rad/s, que, com a altura manométrica $H_B = 25,600$ m e com a vazão $Q = 3,5 \times 10^{-3}$ m³/s, resultam nas rotações específicas $N_S = 0,35, 0,18, 0,09$, respectivamente.

Uma consulta ao gráfico de faixas típicas de rotações específicas de bombas, da Figura 7.13, revela que para as rotações específicas calculadas, a classe de bomba mais indicada é a classe de bombas-centrífugas (radiais). Verifica-se, também nessa figura, que a rotação específica mais elevada de 0,35 resultará num rendimento superior àqueles obtidos com rotações específicas menores de 0,18 e 0,09. Dessa forma, se optará por uma bomba que opere com uma rotação na faixa de 3.600 RPM.

Os fabricantes de bombas-centrífugas fornecem a curva característica de um certo modelo de bomba, operando a uma certa rotação, com os vários diâmetros possíveis dos rotores aceitos pela carcaça (difusor) da bomba. Dessa forma, cada modelo de bomba apresenta um campo de operação, delimitado pelas curvas características dos rotores máximo e mínimo, e por limites de rendimento, conforme mostra a Figura 7.29.

Verifica-se, nessa figura, que para $H_B = 25,600$ m e $Q = 12,6$ m³/h ($3,5 \times 10^{-3}$ m³/s), o tamanho de bomba mais indicado é o tamanho 25-150 para $N = 3.500$ RPM.

A Figura 7.30 apresenta as curvas de isorendimento da bomba de tamanho 25-150, com rotores de diferentes diâmetros.

As curvas de isorendimento da Figura 7.30 mostram que a bomba de tamanho 25-150 aceita rotores de diâmetro variando entre 90 mm e 147 mm. Verifica-se, nessa figura, que não existe um rotor que corresponda ao ponto desejável de operação da instalação. Embora não mostrada nessa figura, sabe-se que a curva da instalação é praticamente horizontal, pois, na vazão desejada de 12,6 m³/h, a altura manométrica da bomba é quase toda consumida para vencer a diferença de altura de 25 m entre os dois reservatórios, sendo a perda de carga de apenas 0,600 m nessa vazão. O rotor de 124 mm, para a altura manométrica desejada de 25,600 m, fornecerá uma vazão de aproximadamente 10 m³/h, o que não atende às especificações da instalação de recalque. Já o rotor de 141 mm, para essa altura manométrica, fornecerá a vazão de aproximadamente 15 m3/h, superando as especificações, o que vai requerer que a válvula-globo 7 opere parcialmente fechada (estrangulada), a fim de reduzir a vazão para o valor desejado. Nessas condições, verifica-se, na Figura 7.30, que com o rotor de 141 mm, a perda de carga no estrangulamento da válvula-globo deverá ser de aproximadamente 6 m, para que a instalação opere com a vazão de 12,6 m³/h. Portanto, a opção será utilizar o rotor de 141 mm, com o ponto de operação do sistema em: $H_B \cong 32$ m; $Q = 12,6$ m³/h; $\eta_B \cong 58\%$.

CAPÍTULO 7 – Equipamentos, máquinas e instalações fluidomecânicas

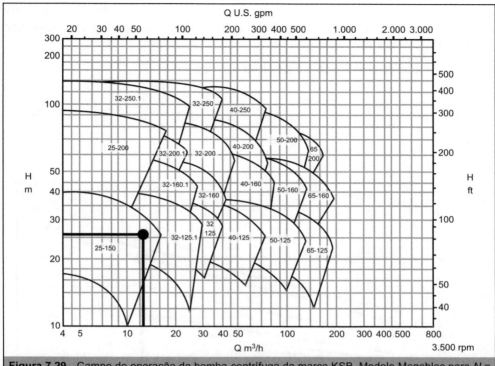

Figura 7.29 Campo de operação da bomba-centrífuga da marca KSB, Modelo Megabloc para $N = 3.500$ RPM.

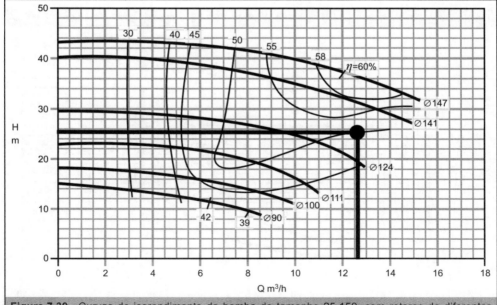

Figura 7.30 Curvas de isorendimento da bomba de tamanho 25-150, com rotores de diferentes diâmetros.

Na Figura 7.31, estão as curvas de potência de eixo da bomba P em função da vazão Q. Para Q = 12,6 m³/h e rotor de diâmetro 141 mm (sempre N = 3.500 RPM), a potência de eixo é igual a 2,6 HP.

Note que essa é a potência calculada por

$$P = \frac{\gamma \cdot Q \cdot H_B}{\eta_B} = \frac{10^3 \text{ kgf/m}^3 \times (12,6/3.600) \text{ m}^3/\text{s} \times 32 \text{ m}}{\left(75 \text{ kgm} \cdot \text{s}^{-1}/\text{HP}\right) \cdot 0,58} \cong 2,6 \text{ HP}.$$

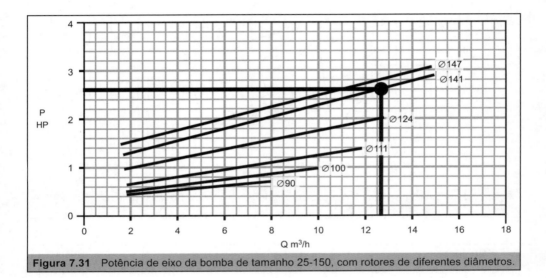

Figura 7.31 Potência de eixo da bomba de tamanho 25-150, com rotores de diferentes diâmetros.

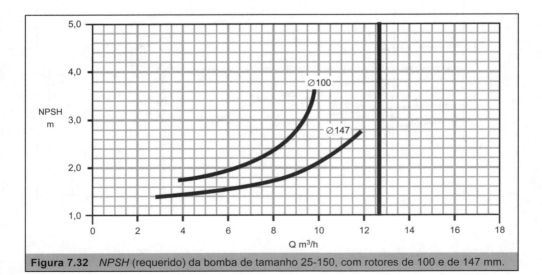

Figura 7.32 NPSH (requerido) da bomba de tamanho 25-150, com rotores de 100 e de 147 mm.

CAPÍTULO 7 – Equipamentos, máquinas e instalações fluidomecânicas ∎ 259

A Figura 7.32 apresenta as curvas de *NPSH* (requerido) da bomba de tamanho 25-150, com rotores de 100 e de 147 mm. Para operação da bomba livre de cavitação, o *NPSH* disponível $NPSH_{\text{disponível}}$ deverá ser maior que o NPSH requerido $NPSH_{\text{requerido}}$.

O *NPSH* foi definido anteriormente por meio da Eq. (7.12); sendo dado por

$$NPSH = \left(\frac{p_{\text{abs}}}{\gamma} + \frac{V^2}{2g} \right)_{\substack{\text{entrada} \\ \text{da bomba}}} - \frac{p_v}{\gamma},$$

com $\frac{p_v}{\gamma_{\text{água}}} \approx 0{,}239$ m à temperatura ambiente.

Portanto, o cálculo do $NPSH_{\text{disponível}}$ requer a determinação de

$$\left(\frac{p_{\text{abs}}}{\gamma} + \frac{V^2}{2g} \right)_{\substack{\text{entrada} \\ \text{da bomba}}}.$$

A carga de pressão na entrada da bomba é dada por

$$\left(\frac{p}{\gamma} \right)_{\substack{\text{entrada} \\ \text{da bomba}}} = z_{\substack{\text{sup. livre} \\ \text{reserv. de} \\ \text{captação}}} - z_{\substack{\text{entrada} \\ \text{da bomba}}} - \Delta H_{\text{sucção}} - \alpha_{\text{entrada}} \frac{V_{\text{sucção}}^2}{2g},$$

resultado que permite escrever $\left(\frac{p_{\text{abs}}}{\gamma} + \frac{V^2}{2g} \right)_{\substack{\text{entrada} \\ \text{da bomba}}}$ da seguinte forma

$$\left(\frac{p_{\text{abs}}}{\gamma} + \frac{V^2}{2g} \right)_{\substack{\text{entrada} \\ \text{da bomba}}} =$$

$$= \frac{p_{\text{atm}}}{\gamma} = z_{\substack{\text{sup. livre} \\ \text{reserv. de} \\ \text{captação}}} - z_{\substack{\text{entrada} \\ \text{da bomba}}} - \Delta H_{\text{sucção}} - \alpha_{\text{entrada}} \frac{V_{\text{sucção}}^2}{2g} + \frac{V^2}{2g}.$$

Considerando que para escoamento turbulento $\alpha_{\text{entrada da bomba}} \approx 1{,}0$ e reconhecendo que $V = V_{\text{sucção}}$, essa última expressão se simplifica para

$$\left(\frac{p_{\text{abs}}}{\gamma} + \frac{V^2}{2g} \right)_{\substack{\text{entrada} \\ \text{da bomba}}} = \frac{p_{\text{atm}}}{\gamma} = z_{\substack{\text{sup. livre} \\ \text{reserv. de} \\ \text{captação}}} - z_{\substack{\text{entrada} \\ \text{da bomba}}} - \Delta H_{\text{sucção}},$$

resultado esse que permite escrever a expressão do *NPSH* disponível da seguinte forma

$$NPSH_{\text{disponível}} = \frac{p_{\text{atm}}}{\gamma} - \frac{p_v}{\gamma} = z_{\substack{\text{sup. livre} \\ \text{reserv. de} \\ \text{captação}}} - z_{\substack{\text{entrada} \\ \text{da bomba}}} - \Delta H_{\text{sucção}}.$$

Adotando o *PHR* coincidente com a superfície livre do reservatório de captação e substituindo valores numéricos nessa expressão, resulta em

$NPSH_{disponível} = 10,332 \text{ m} - 0,239 \text{ m} + 0 \text{ m} - 1 \text{ m} - 0,100 \text{ m} \cong 9,0 \text{ m}$.

Embora as curvas de $NPSH_{requerido}$ da Figura 7.32 não se estendam até a vazão de operação da instalação que é de 12,6 m³/h e tampouco apresente dados para o rotor de 141 mm, verifica-se, nessa figura, que, aparentemente, o $NPSH_{disponível}$ de 9 m seria suficiente para que a bomba opere livre de cavitação.

Esse último resultado permite concluir que a bomba da marca *KSB*, Modelo *Megabloc*, Tamanho 25-150, com rotor de 141 mm e rotação de 3.500 RPM é uma bomba que atende às especificações da instalação de recalque de água (reposta do item d).

7.4.2 Exemplo de instalação com ventilador

A Figura 7.33 mostra o projeto preliminar de um túnel de vento subsônico aberto. Túneis subsônicos operam a números de Mach de até 0,3 ($Ma < 0,3$). Um contrator "bem perfilado" alimenta a seção de testes a partir da câmara de tranquilização. Parte dessa câmara é ocupada por uma colmeia (honeycomb), destinada à redução do tamanho e da intensidade dos redemoinhos, e por quatro telas, para redução da escala de comprimento do movimento turbulento, propiciando, assim, a redução da intensidade da turbulência devida à dissipação viscosa que ocorre nas pequenas escalas. Um difusor à jusante da seção de testes desacelera o escoamento para recuperação da pressão estática, com o objetivo de reduzir a perda de carga no silenciador. Um ventilador fornece energia ao escoamento.

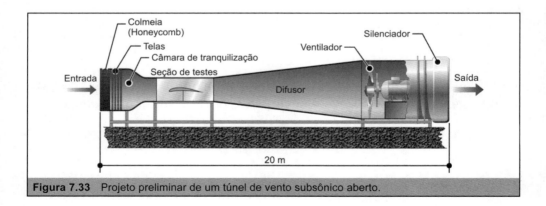

Figura 7.33 Projeto preliminar de um túnel de vento subsônico aberto.

A velocidade máxima na seção de testes será de $V_t = 30$ m/s ($Ma \sim 0,1$). Os diâmetros serão os seguintes: seção de testes $D_t = 0,3$ m, câmara de tranquilização $D_c = 0,9$ m.

CAPÍTULO 7 – Equipamentos, máquinas e instalações fluidomecânicas ■ 261

Para o ar, no local onde o túnel de vento vai operar considere: $\rho_{ar} = 1{,}20$ kg/m^3, mar = $1{,}5 \times 10^{-5}$ kg/m · s.

Podem ser consideradas como desprezíveis as perdas de carga na colmeia (honeycomb), no contrator, na seção de testes, tendo em vista as outras perdas de carga que são bem maiores.

Os coeficientes de perda de carga localizada são os seguintes: $(k_s)_{tela} = 2{,}0$ (baseado na velocidade na câmara de tranquilização V_c), $(k_s)_{difusor} = 0{,}2$ (baseado na velocidade na seção de testes V_t).

A perda de carga no silenciador para a velocidade máxima na seção de testes será $\Delta H_{silenciador} = 4{,}90$ m.

Pede-se selecionar o ventilador do túnel de vento.

A pressão total do ventilador é dada por $p_{total} = \frac{\gamma_{ar}}{\gamma_{água}} H_V$. A altura manométrica do ventilador HV será igual à perda de carga no túnel de vento; ou seja,

$$H_V = \Delta H_{\substack{túnel \\ de\ vento}}$$

Por sua vez, $\Delta H_{túnel\ de\ vento}$ será dada por

$$\Delta H_{\substack{túnel \\ de\ vento}} = \left[(k_s)_{captação} \cdot \frac{V_c^2}{2g} + 4 \times (k_s)_{tela} \frac{V_c^2}{2g} + (k_s)_{difusor} \cdot \frac{V_c^2}{2g} \right] + \Delta H_{silenciador},$$

onde $(k_s)_{captação} = 0{,}50$, (conforme Tabela 6.1).

A equação da continuidade para fluido incompressível fornece a relação entre a velocidade V_c e a velocidade na seção de testes V_t,

$$V_c = \left(\frac{D_t}{D_c} \right)^2 \cdot V_t = \left(\frac{0{,}3}{0{,}9} \right)^2 \cdot V_t = \frac{V_t}{g}.$$

A perda de carga no túnel de vento será de

$$\Delta H_{\substack{túnel \\ de\ vento}} = \left[0{,}5 \frac{(30/9)^2}{2 \times 9{,}81} + 4 \times 2{,}0 \frac{(30/9)^2}{2 \times 9{,}81} + 0{,}2 \cdot \frac{30^2}{2 \times 9{,}81} \right] + 4{,}90 \cong 18{,}89 \text{ m.}$$

A pressão total do ventilador será de

$$p_{total} = \frac{\gamma_{ar}}{\gamma_{água}} H_V = \frac{\rho_{ar}}{\rho_{água}} \Delta H_{\substack{túnel \\ de\ vento}} = \frac{1{,}20}{10^3} 18{,}89 = 0{,}023 \text{ mca} = 23 \text{ mmca.}$$

Finalmente, a vazão do ventilador será de

$$Q_{ventilador} = \frac{\pi \cdot D_t^2}{4} \cdot V_t = \frac{\pi \times 0{,}3^2}{4} \times 30 = 2{,}12 \text{ m}^2/\text{s} = 7.632 \text{ m}^3/\text{h.}$$

Diferentemente das bombas e das turbinas hidráulicas, não existe um parâmetro do tipo "rotação específica" que oriente a pré-seleção da classe de ventilador (radial, axial etc.) para determinada aplicação.

O ventilador preferencial para operação de túneis de vento é o axial. Essa classe de ventiladores opera com vazões relativamente elevadas e com pressões relativamente baixas. A Figura 7.34 apresenta as curvas características do ventilador axial com pás ajustáveis, Modelo AND *400-5/2880* da Rosemberg (Rosenberg Ventilatoren GmbH), com indicação do ponto de operação do sistema: 7.632 m^3/h, 23 mmca ≈ 226 Pa, com ângulo das pás de 30°. AND refere-se a "axial" e o numeral 400-5/2880 significa: diâmetro nominal de 400 mm, 5 pás, 2.880 RPM.

Deve-se observar inicialmente que, de acordo com o fabricante, as curvas características da Figura 7.34 são válidas para o ar com massa específica de 1,2 kg/m^3, que é a mesma massa específica do ar no local onde o túnel de vento vai operar. Portanto, não haverá necessidade do emprego das leis dos ventiladores, vistas anteriormente, para correção dessas curvas.

No quadro das curvas características da Figura 7.34, verifica-se que para o ângulo das pás de 30°, a potência requerida no eixo é de 1,35 kW. Nessas condições, o nível de potência sonora gerado pelo ventilador é de 92 $dB(A)$.

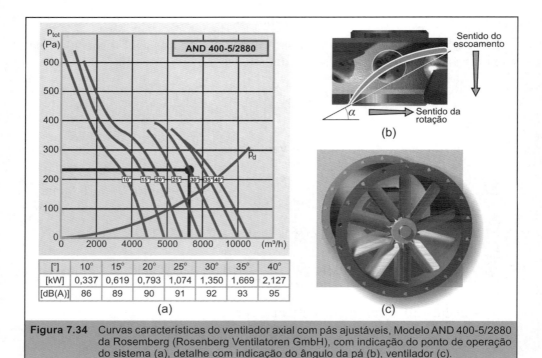

Figura 7.34 Curvas características do ventilador axial com pás ajustáveis, Modelo AND 400-5/2880 da Rosemberg (Rosenberg Ventilatoren GmbH), com indicação do ponto de operação do sistema (a), detalhe com indicação do ângulo da pá (b), ventilador (c).

A potência hidráulica do ventilador WV poderá ser calculada por meio da Eq. (4.15), ou seja,

$$WV = \rho \cdot g \cdot Q \cdot H_V = 1{,}20 \cdot 9{,}81 \cdot 2{,}12 \cdot 18{,}89 \cong 0{,}47 \text{ kW},$$

resultado que permite calcular o rendimento do ventilador η_V por meio de

$$\eta_V = \frac{M_V}{W} = \frac{0{,}47}{1{,}35} \times 100\% \cong 35\%.$$

7.4.3 Exemplo de instalação com turbina hidráulica

A Figura 7.35 apresenta *vazões excedentes*[12] num trecho de um rio que está sendo considerado para a implantação de uma usina hidroelétrica. Pede-se selecionar uma turbina hidráulica com altura manométrica dada pela carga bruta disponível no trecho, igual ao desnível entre montante e jusante previsto para a usina, de 10,80 m e considerando a vazão excedente de 20% (vazão de projeto).

Deve-se, inicialmente, observar que não será criado um reservatório de acumulação de água a montante da usina e, portanto, a turbina operará com a vazão e carga bruta naturais do curso de água, no trecho do rio que está sendo considerado para a implantação da usina.

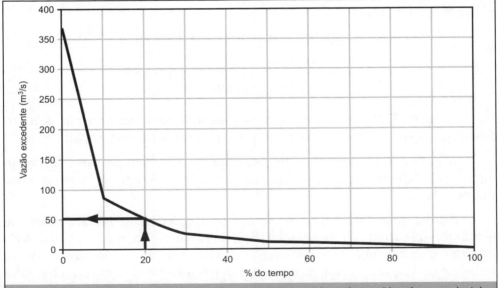

Figura 7.35 Vazões excedentes num trecho de um rio que está sendo considerado para a instalação de uma usina hidroelétrica, com indicação da vazão excedente de 20% ($Q_{20\%}$ = 50 m³ · s⁻¹)

---

[12] Porcentagem anual de tempo em que a vazão é no mínimo Q.

264 ■ Mecânica dos Fluidos

As características desse aproveitamento indicam que, muito provavelmente, a turbina mais apropriada para essa instalação é a turbina de fluxo axial do tipo Kaplan. Essa turbina opera com vazões relativamente elevadas e com alturas manométricas relativamente baixas. Confirmemos essa hipótese determinando a rotação específica da turbina para essa aplicação.

A rotação específica da turbina é dada pela Eq. (7.41), ou seja,

$$N_{st} = \frac{\omega\sqrt{W}}{\rho^{1/2}\left(gH_T\right)^{5/4}}.$$

A potência disponível no eixo da turbina W será dada por $W = \eta_T \cdot W_T$ $= \eta_T \cdot \rho_{\text{água}} \cdot g \cdot Q_{20\%} \cdot H_T$. Como ainda não conhecemos o rendimento da turbina, vamos considerá-lo como sendo de 100%, tendo em vista que se trata apenas de um cálculo inicial de seleção da classe de turbina.

Por outro lado, conforme demonstra a Figura 7.22, turbinas operando próximas da vazão nominal apresentam rendimentos bastante elevados, da ordem de *90%* ou mais. Dessa forma, um valor aproximado para a potência disponível no eixo da turbina é

$W = \eta_T \cdot W_T = \eta_T \cdot \rho_{\text{água}} \cdot g \cdot Q_{20\%} \cdot H_T = 1,0 \times 10^3 \times 9,81 \times 50 \times 10,80 \cong 5,3$ MW.

Desconhece-se também a rotação de operação da turbina. Contudo, sabe-se que turbinas para esse tipo de aproveitamento operam na faixa de 80 a 200 RPM, o que fornece uma faixa de velocidades angulares de $\omega = 2 \cdot \pi \cdot 80/60 \cong 8,4$ a 21 rad/s.

A faixa correspondente de rotações específicas será, então, de

$$N_{st} = \frac{8,4\sqrt{5,3\times10^6}}{\left(10^3\right)^{1/2}(9,81\times10,80)^{5/4}} \cong 1,8 \text{ a } 4,5.$$

A Figura 7.21 revela que, para essa faixa de rotações específicas, a turbina que opera com melhor rendimento é, de fato, a turbina Kaplan.

A Figura 7.36 apresenta um desenho esquemático da turbina Kaplan instalada no trecho do rio que está sendo considerado para criação da usina hidroelétrica.

Altura de instalação para evitar cavitação na turbina: a altura de instalação da turbina em relação ao nível de jusante – chamada de *altura de instalação* e indicada na Figura 7.36 – deve ser estabelecida no sentido de se evitar cavitação no rotor da turbina. Um parâmetro utilizado para balizar a possibilidade de ocorrência de cavitação na turbina é o *coeficiente de cavitação* σ, também conhecido como número de *Thoma*, definido por

$$\sigma = \frac{h_a - h_v - h_s}{H_T}, \tag{7.44}$$

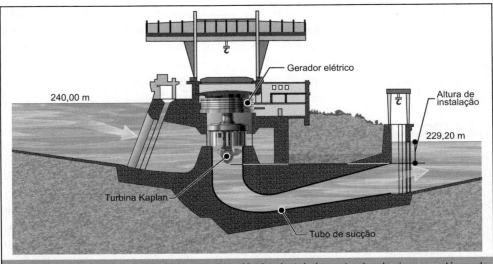

Figura 7.36 Desenho esquemático da turbina Kaplan instalada no trecho do rio que está sendo considerado para criação da usina hidroelétrica.

onde: $h_a = \frac{p_{atm}}{\gamma_{água}}$, carga da pressão atmosférica, $h_v = \frac{p_v}{\gamma_{água}}$, carga da pressão de vapor, h_s, altura máxima de instalação, H_T, altura manométrica da turbina.

Define-se o *número de Thoma crítico* σ_{cr} como o número de Thoma acima do qual é possível a ocorrência de cavitação na turbina.

Uma correlação que tem sido proposta entre o número de Thoma crítico e a rotação específica da turbina é a seguinte

$$\sigma_{cr} = 0{,}0876 \cdot N_{st}^{1{,}64} \tag{7.45}$$

Para a faixa de rotações específicas *Nst* de 1,8 a 4,5 que está sendo considerada para a turbina, a faixa correspondente de números de Thoma críticos σ_{cr} vai de 0,23 a 1,03.

A altura máxima de instalação será obtida isolando-se h_S no primeiro membro da Eq. (7.44) e colocando-se $\sigma = \sigma_{cr}$, obtendo-se

$$h_s = h_a - h_v - \sigma_{cr} \cdot H_T. \tag{7.46}$$

Ao nível do mar, a pressão atmosférica é igual a 101.325 Pa, o que fornece $h_a = \frac{101.325}{9.810} \cong 10{,}3$ m. A pressão de vapor da água à 15 °C é igual a 1.762 Pa, o que fornece $h_v = \frac{1.762}{9.810} \cong 0{,}2$ m.

Levando esses valores numéricos e a faixa de números de Thoma críticos na Eq. (7.46), obtém-se a faixa de alturas máximas de instalação de

$$h_s = h_a - h_v - \sigma_{cr} \cdot H_T = 10{,}3 - 0{,}2 - 0{,}23 \cdot 10{,}8 \cong 7{,}6 \text{ a} - 1{,}0 \text{ m}.$$

Essa faixa de alturas máximas de instalação indica que, quanto maior a rotação específica da turbina, maior será também o número de Thoma crítico e menor será a altura máxima de instalação. Alturas de instalação negativas (caso da instalação da Fig. 7.36) indicam que o nível da saída da turbina deverá ficar abaixo do nível de jusante, a fim de se evitar cavitação no rotor da turbina.

7.5 EXERCÍCIOS

1 Estime o diâmetro do orifício que irá resultar em uma queda de pressão de 100 kPa em um duto com diâmetro de 6,35 mm que transporta água com uma vazão de 80 ml/s. Coeficiente de vazão da placa com orifício $C_{orifício} = 0,6$. Qual é a razão de diâmetros dessa placa com orifício $\beta = D_0/D$? Se o menor diferencial de pressão que pode ser medido com precisão com o sensor de pressão é de 1 kPa, qual é a mínima vazão que pode ser medida com precisão, usando esta placa com orifício? Respostas: $D_0 = 3,46$ mm; $\beta = 0,545$; $Q_{min} = 8$ ml/s.

2 Imagine que você projetou um avião com velocidade máxima no nível do mar de 90 m/s. Como instrumento de velocidade, você pretende usar um venturímetro com razão de áreas de 1,3:1. Dentro do *cockpit* há um indicador de velocidade conectado ao medidor de pressão diferencial do venturímetro, devidamente calibrado em termos de velocidade. Qual é a diferença de pressão máxima $\Delta_{p_{máx}}$ a se esperar no medidor [$\rho_{ar} = 1,225$ kg/m^3 (no nível do mar)]? Em um ponto da asa, a pressão estimada é de 83,79 kPa, com o avião voando a 200 km/h e a 5.000 pés [$\rho_{ar} = 0,7364$ kg/m^3 (a 5.000 pés)]. Estime a velocidade nesse ponto da asa. Respostas: $\Delta_{p_{máx}} = 3,42$ kPa; $V = 66,86$ m/s.

3 Uma placa com orifício com tomadas de pressão a 1D & 1/2D está instalada em uma tubulação horizontal, de 200 mm de diâmetro interno. A operadora teve de mudar a configuração do sistema e a placa, então, passará a operar na vertical, na mesma tubulação, como mostra a figura abaixo.

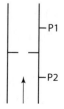

Haverá alteração no equacionamento da placa? Estimar a vazão de água para $\Delta_{p_{placa}}$ = 4.816 Pa, sabendo-se que o diâmetro do orifício é igual à metade do diâmetro do duto.

Respostas: $\Delta_{p_{placa}} = (p_1 - p_2) - \gamma\frac{3D}{2}$; Q = 15,2 l/s.

4   A expressão abaixo calcula a descarga em uma tubulação a partir de medidas de pressões nas seções de escoamento indicadas na figura.

$$Q = CS_2 \sqrt{2g\left(\frac{p_1 - p_2}{\gamma} + z_1 - z_2\right)}$$

Pedem-se: a) mostrar que se a diferença de pressões for medida com o manômetro indicado na figura, então a inclinação do venturímetro é irrelevante; b) para um venturímetro com diâmetro de garganta de 40 mm, instalado numa tubulação de 100 mm de diâmetro, estimar o coeficiente de vazão C, para uma vazão de 10 litros/s e desnível do líquido manométrico h = 375 mm; c) citar uma vantagem e uma desvantagem do venturímetro em relação à placa com orifício.

Resposta: b) C = 0,83.

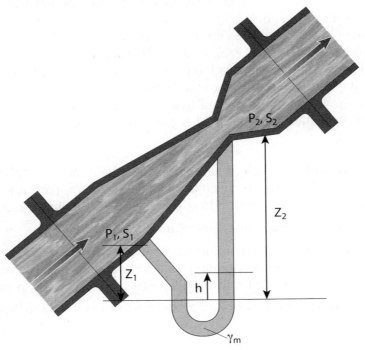

5 A velocidade V, através do orifício de diâmetro D_0, de um medidor de vazão de pressão diferencial, intercalado em uma tubulação de diâmetro D, onde escoa um fluido de viscosidade μ e massa específica ρ, é função do diferencial de pressão $\Delta p = p_1 - p_2$. Para o medidor de vazão, pedem-se.

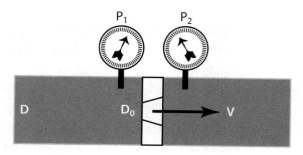

a) Derivar os adimensionais que controlam o fenômeno, utilizando a base preferencial da Mecânica dos Fluidos [ρ, V, D], sabendo-se que $[V] = LT^{-1}$, $[D_0] = L$, $[D] = L$, $[\mu] = ML^{-1}T^{-1}$, $[\rho] = ML^{-3}$, $[\Delta p] = ML^{-1}T^{-2}$.

b) A partir dos adimensionais derivados no item a, encontre a expressão desenvolvida em 7.1: $Q = CS_0 \sqrt{2\Delta p/\rho}$, onde $C = C(\text{Re}_D, \beta)$ é o coeficiente de vazão, Re_D é o nº de Reynolds baseado no diâmetro da tubulação, $\beta = D_0/D$ e $S_0 = \pi D_0^2/4$. Nesta tarefa, caso seja necessário e fisicamente plausível, é possível: escrever um adimensional em função dos outros (teorema da função implícita), combiná-los por meio de operações de multiplicação ou divisão, invertê-los, elevá-los a potências, multiplicá-los por constante etc.

6 Em um teste de laboratório, um medidor instalado em uma tubulação de 150 mm de diâmetro, fornece a vazão de 0,1 m³/s, para a pressão diferencial de 100 kPa. Impondo a condição de semelhança dinâmica para os adimensionais que controlam o fenômeno: C, $\text{Re}_{D_0} = \frac{4Q}{\pi D_0 v}$ e $\beta = \frac{D_0}{D}$, determine a corresponde vazão e queda de pressão em um medidor geometricamente semelhante ao ensaiado, quando instalado em uma tubulação de 600 mm de diâmetro que transporta o mesmo fluido, sabendo-se que $Q = CS_0\sqrt{\frac{2\Delta p}{\rho}}$. Respostas: $Q_P = 0,43$ m³/s, $\Delta_{p_P} = 6,25$ kPa.

7   O modelo de um venturímetro na escala 1:10 foi ensaiado em laboratório. Em condições de semelhança dinâmica para o n° de Reynolds, qual a vazão no protótipo em l/s, sabendo-se que o diâmetro da garganta do modelo é de 60 mm, onde a velocidade é de 5 m/s? A viscosidade cinemática do fluido que escoa no modelo é 0,9 vezes a viscosidade cinemática do fluido que escoará no protótipo.

Resposta: 157,2 l/s.

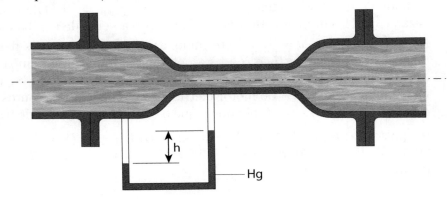

8   O coeficiente de vazão $C_Q = \frac{Q}{\omega D^3}$ e o coeficiente manométrico $C_H = \frac{gH_B}{w^2 D^2}$ de uma família de bombas semelhantes estão lançados na tabela abaixo. Plotar a curva $H_B \times Q$ de uma bomba da família, com diâmetro do rotor de 0,7 m e que opera a uma rotação de 1750 RPM. Qual a potência requerida no eixo da bomba, sabendo-se que ela opera com rendimento de 75% na vazão de água de 0,2 m³/s. Dados: $W_H = \gamma Q H_B$, $\rho_{água} = 1000$ kg/m³, $g = 9,81$ m/s², $\omega = 2\pi N/60$.

Resposta: $W = 890$ kW.

$\frac{Q}{\omega D^3}$	$\frac{gH_B}{w^2 D^2}$
0,001	0,19
0,002	0,21
0,003	0,20
0,04	0,18
0,05	0,13

9 Os resultados de um teste em laboratório de uma bomba centrífuga que opera a 3.500 RPM estão lançados na tabela abaixo.

Grandeza	Flange de Sucção	Flange de Descarga
Pressão (kPa)	95,2	412
Cota (m)	1,25	2,75
Velocidade Média (m/s)	2,35	3,62

O fluido de trabalho é água ($\gamma_{água}$ = 9810 N/m³, $\mu_{água}$ = 10^{-3} kg/m · s). A vazão é de 11,5 m³/h, e o Momento M aplicado ao eixo da bomba é 3,68 N · m ($W = M \cdot \omega$; $\omega = \frac{2\pi N}{60}$). Determine: a) as cargas totais nos flanges de sucção e descarga: H_S e H_D; b) a potência hidráulica da bomba W_B; c) o rendimento da bomba η_B; d) a potência elétrica requerida W_E para um rendimento de 85% do motor elétrico; e) os respectivos pontos nas curvas $C_H \times C_Q$ e $\eta \times C_Q$, sabendo-se que o diâmetro do rotor é de 0,2 m.

Respostas: a) H_S = 11,25 m, H_D = 45,42 m; b) W_B = 1.071 watt; c) η_B = 79,5%; d) W_E = 1.586 watt; e) C_H = 6,2 × 10^{-2}, C_Q = 1,1 × 10^{-3}, η = 0,795 (item c).

10 Combinando-se de forma adequada os coeficientes manométrico $C_H = \frac{gH_B}{w^2D^2}$ e de vazão $C_Q = \frac{Q}{\omega D^3}$, é possível obter-se um adimensional conhecido como *rotação específica da bomba* N_S, dado por: $N_S = \frac{\omega\sqrt{Q}}{(gH_B)^{3/4}}$. O valor importante de N_S é aquele que corresponde ao máximo rendimento da bomba. Uma bomba centrífuga com rotor de 125 mm de diâmetro e operando a 1.430 RPM foi ensaiada em laboratório, obtendo-se as curvas características da figura abaixo. Determinar: a) o valor de N_S; b) a rotação $N = \frac{30\omega}{\pi}$ e o diâmetro do rotor D de uma bomba geometricamente semelhante à bomba ensaiada, que opere com máximo rendimento na vazão de 0,0160 m³/s e com altura manométrica de 30,5 m. Resposta: a) N_S = 0,22; b) N = 1.195 RPM, D = 102 mm.

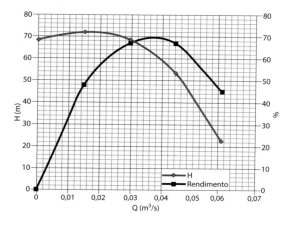

11 O escoamento de água no trecho da instalação da figura é laminar. A linha piezométrica entre a seção de entrada e de saída da válvula é praticamente uma reta horizontal, estando a válvula totalmente aberta ($k_s \approx 0$). Determine o coeficiente de perda de carga singular e o coeficiente de vazão da válvula, quando ela está estrangulada, permitindo que escoe uma vazão igual à metade da vazão que escoa quando a válvula está totalmente aberta. Sabe-se que na segunda situação (válvula estrangulada), o desnível dos piezômetros nas extremidades do trecho é o mesmo da primeira situação (válvula aberta). Dados: $v_{água} = 10^{-5}$ m$_2$/s, $\gamma_{água} = 10^3$ kgf/m^3, $D = 2$ cm.

Respostas: $k_s = 12{,}80$, $K_V \cong 4{,}5$.

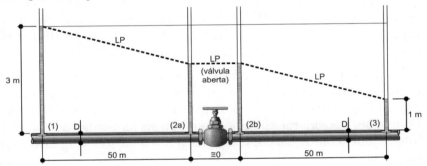

12 Na instalação da figura, a bomba B recalca uma vazão Q, com a linha de energia assumindo a configuração indicada na figura. A tubulação tem diâmetro uniforme e igual a 25 mm, sendo o coeficiente de perda de carga distribuída igual a 0,025. Sabendo-se que o manômetro de água-mercúrio entre as seções de entrada e de saída do registro R acusa um desnível de 1 m, pedem-se: a) a vazão Q; b) a potência requerida no eixo da bomba com rendimento de 59%. Dados: $\gamma_{água} = 9.810$ N/m^3, $\gamma_{mercúrio} = 13{,}6 \cdot \gamma_{água}$. Nota: desprezar a perda de carga na sucção da bomba.

Respostas: $Q = 2{,}20$ l/s, $W_B = 1{,}15$ kW.

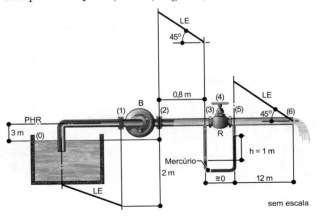

sem escala

13 A figura mostra o projeto preliminar de um túnel de vento em circuito-fechado e pressurizado na faixa de pressões entre *1* e *8 atm*, a fim de estender a faixa de número de Reynolds de operação do túnel. O circuito está no plano horizontal. Um contrator alimenta a seção de testes a partir da câmara de tranquilização. Parte dessa câmara é ocupada por uma colmeia (honeycomb) e por quatro telas. Um difusor à jusante da seção de testes desacelera o escoamento. Aletas curvadas para minimização da separação do escoamento, do escoamento não uniforme e da perda de carga ocupam os quatro cantos do túnel de vento. Um ventilador acionado por motor elétrico fornece energia ao escoamento. A fim de evitar o aumento da temperatura, um sistema de resfriamento instalado num dos tramos do circuito remove a carga térmica gerada pela perda de carga no circuito. A velocidade máxima na seção de testes será de $V_t = 30$ m/s. Os diâmetros serão: seção de testes $D_t = 0,3$ m, dutos $D_d = 0,6$ m, câmara de tranquilização $D_c = 0,9$ m.

Todas as superfícies internas do circuito serão lisas ($\varepsilon = 0$). A massa específica do ar no túnel de vento poderá ser assumida como constante e igual a $\rho_{ar} = 9,60$ kg/m^3, com viscosidade $\mu_{ar} = 1,77 \times 10^{-5}$ kg/m · s. Podem ser consideradas como desprezíveis as perdas de carga na colmeia (honeycomb), no contrator, na seção de testes, e nos dutos, tendo em vista as outras perdas de carga no circuito que são bem maiores. Os coeficientes de perda de carga localizada são os seguintes: $(k_s)_{aletas} = 0,3$ (baseado na velocidade nos dutos V_d), $(k_s)_{tela} = 2,0$ (baseado na velocidade na câmara de tranquilização V_c), $(k_s)_{difusor} = 0,2$ (baseado na velocidade na seção de testes V_t). Pedem-se: a) a pressão total do ventilador; b) supondo que no ponto de operação do sistema o rendimento do ventilador é de 70%, determine a potência requerida no eixo; c) selecione um ventilador para o túnel de vento. Respostas: $p_{total} = 181$ mmca; $W_V = 5,39$ kW.

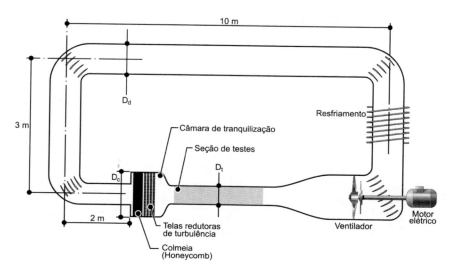

14 Para o túnel hidrodinâmico da figura são especificados: 1) seção de testes circular com 0,3 m de diâmetro; 2) velocidade máxima na seção de testes de 25 m/s; c) potência das forças internas viscosas (perda de carga): I) 7,2 kW, II) 100,3 kW, III) 16,0 kW, IV) 1,3 kW, V) 1,2 kW. O circuito está na vertical. Nessas condições, pedem-se: a) potência requerida no eixo da bomba com rendimento de 80%; b) sabendo-se que a pressão de vapor da água à temperatura de 20 °C é de 2,3 kPa (absoluta), e que o diâmetro da sucção é de 0,5 m, haverá perigo de ocorrência de cavitação na sucção da bomba ao se reduzir a pressão na seção de testes para 104 Pa (absoluta)? c) determine a razão de energia do túnel ζ, definida como a razão entre o fluxo de energia cinética na seção de testes e a potência da bomba; d) selecione uma bomba para o túnel hidrodinâmico. Respostas: W_B = 157,5 kW; 271 kPa (absoluta) > p_V = 2,3 kPa (absoluta) – não ocorrerá cavitação; ζ = 3,51.

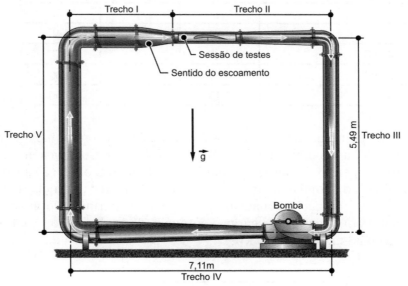

15 Ensaiou-se uma bomba centrífuga em laboratório, obtendo-se valores para o coeficiente de vazão C_Q, coeficiente manométrico C_H, e rendimento η conforme tabela abaixo. Pedem-se: a) completar a tabela com os valores de vazão e de altura manométrica, para uma bomba geometricamente similar à bomba ensaiada, com diâmetro do rotor igual a 0,7 m, sabendo-se que esta bomba operará a 1.750 RPM; b) a instalação onde essa bomba vai operar requer dela uma altura manométrica de 330 m. Qual a vazão que será fornecida pela bomba nessas condições? c) qual a potência que o motor elétrico deverá fornecer à bomba, sabendo-se que o líquido de operação é água com $\gamma = 9810$ N/m^3? Respostas: b) 0,189 m^3/s; c) 816 kW.

C_Q	Q(m^3/s)	C_H	H_m(m)	η
0,001		0,19		0,33
0,002		0,21		0,45
0,003		0,20		0,75
0,004		0,18		0,60
0,005		0,13		0,50

16 Deseja-se liberar água a uma vazão de 1,27 m^3/s com o máximo rendimento de uma bomba axial que opera a 750 RPM. Com base nas curvas de desempenho de bombas semelhantes da figura, obter: a) altura manométrica da bomba, diâmetro do rotor da bomba e potência requerida no eixo da bomba; b) construir uma tabela que permita plotar as curvas características carga–descarga e potência–descarga da bomba. Respostas: a) 5,38 m; 0,69 m; 76 kW.

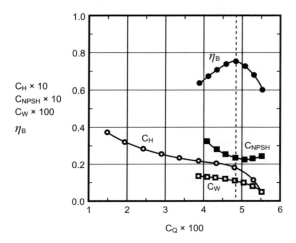

17 Para a instalação hidroelétrica da figura, desprezando as perdas singulares com exceção daquela na válvula, determine: a) a vazão; b) a potência no eixo da turbina; o tipo de turbina, sabendo-se que o gerador elétrico padrão opera a 1.500 RPM. Respostas: a) 0,401 m³/s; b) 189 kW; c) *Francis*.

Nota: a chaminé de equilíbrio da instalação tem a finalidade de compensar, de forma rápida, através da alteração de seu nível, eventuais variações na vazão do sistema.

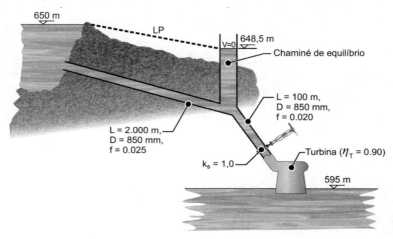

18 Na instalação de filtragem da figura, a água de um grande reservatório circula em circuito fechado através de um filtro e de uma válvula de controle. A potência hidráulica que a bomba transfere ao escoamento é de 270 watts. Determine a vazão que circula pelo circuito. Resposta: 1,37 l/s.

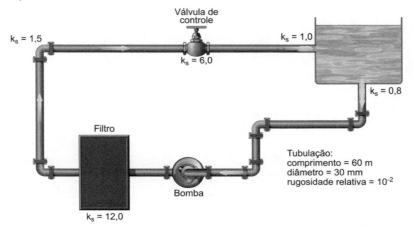

19 Para ventiladores aplicam-se os seguintes adimensionais: $\frac{gH_V}{N^2D^2}=C_H$, $\frac{Q}{ND^3}=C_Q$, $\frac{gW}{\gamma N^3 D^5}=C_W$, $\frac{\gamma Q H_V}{W}=\eta_V$. Pedem-se: a) obter as relações entre Q, H_V, W e η_V, quando se altera a rotação de $N_1 \to N_2$, mas o peso específico se mantém constante $\gamma_1 = \gamma_2$; b) a altura manométrica de ventiladores H_V é expressa em termos de coluna de água, a qual é chamada de *pressão total*, sendo dada por $p_{\text{total}} = \frac{\gamma_{\text{ar}}}{\gamma_{\text{água}}} H_V$, em mmca ou mca; obter a relação entre p_{total_1} e p_{total_2}; c) indicar como se deslocaria o ponto de funcionamento *(I)* do ventilador para $N_2 > N_1$ *(II)* e para $N_2 < N_1$ *(III)*, traçando, de forma aproximada, as duas novas curvas de $p_{\text{total}} \times Q$.

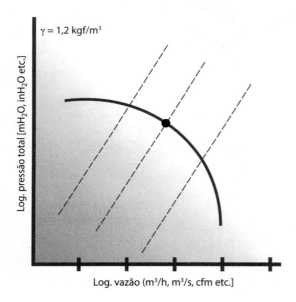

CAPÍTULO 8

ARRASTO E SUSTENTAÇÃO

8.1 INTRODUÇÃO

Vimos, em capítulo anterior, que um corpo imerso em um meio fluido, ambos em repouso, fica sujeito a uma força denominada de empuxo, resultante das forças de pressão hidrostática que o fluido aplica sobre ele. Quando há movimento relativo entre o corpo e o meio fluido, a distribuição de pressões sobre o corpo deixa de ser hidrostática. A resultante dessas forças de pressão é chamada de força hidrodinâmica, quando o fluido é a água, e de força aerodinâmica quando o fluido é o ar.

A Figura 8.1 mostra a distribuição de pressões em um corpo se movimentando com a velocidade $\vec{V}$ em um meio fluido parado, a resultante das forças de pressão e suas componentes.

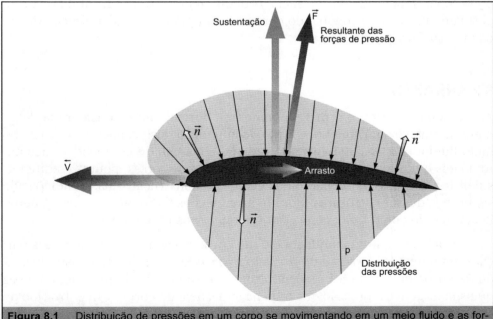

Figura 8.1 Distribuição de pressões em um corpo se movimentando em um meio fluido e as forças aero/hidrodinâmicas de arrasto e de sustentação.

278 ■ Mecânica dos Fluidos

A resultante das forças de pressão $\vec{F}$ é dada por

$$\vec{F} = -\int_S p\, \vec{n}\, dS, \tag{8.1}$$

onde dS é a superfície elementar de normal $\vec{n}$, onde age a pressão p sobre o corpo.

A componente de $\vec{F}$ segundo $\vec{V}$ é denominada de *força de arrasto* ou simplesmente *arrasto*, e a componente segundo a normal a $\vec{V}$ é denominada de *força de sustentação* ou simplesmente *sustentação*.

O arrasto A e a sustentação S dependem da massa específica do fluido ρ, da velocidade V e das características geométricas do corpo (dimensões, forma etc.), entre outros fatores. Em virtude da influência simultânea dessas grandezas, é mais prático expressar essas forças em termos dos adimensionais, coeficiente de arrasto C_A e coeficiente de sustentação C_S, já definidos no Capítulo 5, na forma

$$C_A = \frac{A}{\dfrac{1}{2}\rho V^2 S_{\text{ref.}}}, \tag{8.2}$$

$$C_S = \frac{S}{\dfrac{1}{2}\rho V^2 S_{\text{ref.}}}, \tag{8.3}$$

onde S_{ref} é uma área de referência, ordinariamente, a área frontal do corpo, obtida da projeção ortogonal do corpo em um plano normal à direção do escoamento (direção de $\vec{V}$).

8.2 ARRASTO

Assim como o atrito, o arrasto é uma força normalmente considerada detrimental, uma vez que age no sentido de impedir o deslocamento do corpo no meio fluido. A redução do arrasto reduz o consumo de combustível nos automóveis e nos aviões e a solicitação estrutural de torres, pontes e edifícios, sujeitos a ventos, com impacto nos custos de construção e nas condições de segurança dessas estruturas. Porém, há situações nas quais o arrasto é benéfico, atuando como freio, como, por exemplo, nos paraquedas.

O arrasto que se manifesta em um corpo é a soma de dois arrastos parciais denominados *arrasto de pressão* e *arrasto de atrito*. O arrasto ilustrado no corpo da Figura 8.1, é devido somente ao arrasto de pressão, uma vez que sua origem é a pressão que atua na superfície do corpo. Um outro tipo de arrasto, que não aparece nessa figura, é aquele devido ao atrito viscoso que também se manifesta na superfície do corpo em movimento no meio fluido.

8.2.1 Arrasto de pressão

O arrasto de pressão $A_{\text{pressão}}$ é a componente da Eq. (8.1) segundo $\vec{V}$ e que, uma vez conhecida a distribuição de pressão sobre o corpo, poderá ser obtido por meio de

$$A_{\text{pressão}} = \vec{u} \times \vec{F} = \vec{u} \times \left(-\int_S p\,\vec{n}\,dS \right), \qquad (8.4a, b)$$

onde $\vec{u}$ é o versor de $\vec{V}$ e $\times$ é o produto escalar.

A Figura 8.2 apresenta a configuração das linhas de corrente do escoamento ao redor do cilindro circular de fluido perfeito (não viscoso) e de fluido real (viscoso).

No escoamento do fluido perfeito (Fig. 8.2a) ao redor do cilindro circular, observa-se a simetria da configuração das linhas de corrente, tanto em relação ao eixo x como em relação ao eixo y. A simetria das linhas de corrente implica também a simetria da distribuição de pressões em relação a ambos os eixos.

No caso do escoamento do fluido real ao redor do cilindro circular (Fig. 8.2b), a distribuição de pressões na metade anterior do cilindro é diferente daquela na metade posterior do cilindro, pois a simetria da configuração das linhas de corrente não é mais preservada em relação ao eixo y. Entretanto, como a configuração das linhas de corrente continua simétrica com relação ao eixo x, a distribuição de pressões na metade superior é a mesma que na metade inferior do cilindro.

A assimetria da distribuição de pressões com relação ao eixo y dá origem ao arrasto sobre o cilindro.

Define-se *coeficiente de pressão* C_p o adimensional do tipo número de Euler dado por

$$C_p = \frac{p - p_\infty}{\frac{1}{2}\rho V_\infty^2}, \qquad (8.5)$$

onde p é a pressão em um ponto da superfície do corpo, p_∞ e V_∞ é a pressão e a velocidade do escoamento uniforme não perturbado pela presença do corpo, respectivamente. Observar que C_p expressa a pressão em um ponto do corpo com relação à pressão dita *ao longe* p_∞, normalizada pela pressão dinâmica ao longe $\frac{1}{2}\rho V_\infty^2$, sob forma adimensional (número de Euler).

Com base na Eq. (8.2), pode-se definir o *coeficiente de arrasto de pressão* $C_{A_{\text{pressão}}}$ da seguinte forma

$$C_{A_{\text{pressão}}} = \frac{A_{\text{pressão}}}{\frac{1}{2}\rho V_\infty^2 S_{\text{ref.}}}. \qquad (8.6)$$

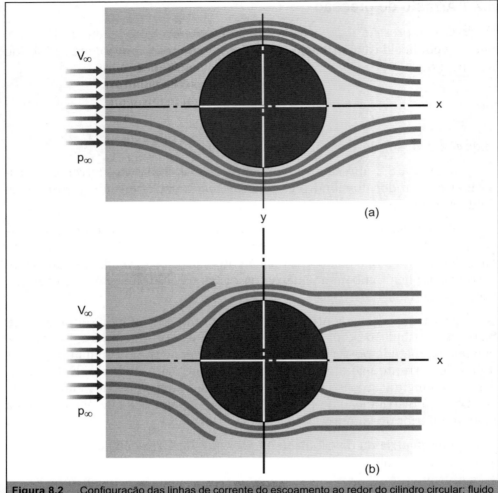

Figura 8.2 Configuração das linhas de corrente do escoamento ao redor do cilindro circular: fluido perfeito (a); fluido real (b).

Substituindo a Eq. (8.4b) na Eq. (8.6), obtém-se

$$C_{A_\text{pressão}} = \frac{\vec{u} \times \left(-\int_S p\, \vec{n}\, dS\right)}{\frac{1}{2}\rho V_\infty^2 S_\text{ref.}}. \tag{8.7}$$

expressão essa que, em termos do coeficiente de pressão, escreve-se

$$C_{A_\text{pressão}} = \frac{\vec{u} \times \int_S -C_p\, \vec{n}\, dS}{S_\text{ref.}} - \frac{p_\infty \int_S \vec{n}\, dS}{\frac{1}{2}\rho V_\infty^2 S_\text{ref.}}. \tag{8.8}$$

Posto que a resultante dos elementos de área orientadas $\vec{n}\,dS$ de uma-superfície fechada é nula, a Eq. (8.9) escreve-se

$$C_{A_{\text{pressão}}} = \frac{\vec{u} \times \displaystyle\int_S -C_p\,\vec{n}\,dS}{S_{\text{ref.}}}, \tag{8.9}$$

Para escoamento de fluido perfeito, a distribuição de pressões no cilindro circular, é dada por

$$\left(C_p\right)_{\substack{\text{cilindro}\\\text{circular}}} = \frac{p_\theta - p_\infty}{\frac{1}{2}\rho V_\infty^2} = 1 - 4\,\text{sen}^2\theta,$$

onde θ é a posição angular do ponto sobre o cilindro onde $p = p_\theta$.

O coeficiente de arrasto de pressão no cilindro circular será dado por

$$\left(C_{A_{\text{pressão}}}\right)_{\substack{\text{cilindro}\\\text{circular}}} = \frac{\vec{u} \times \displaystyle\int_S -C_p\vec{n}\,dS}{S_{\text{ref.}}} = \frac{-L\displaystyle\int_0^{2\pi}\left(1-4\,\text{sen}^2\theta\right)\cos\theta\,R\,d\theta}{2LR} =$$

$$= -\int_0^{2\pi}\left(1-4\,\text{sen}^2\theta\right)\cos\theta\,R\,d\theta = 0,$$

nulo.

Nessa expressão, $\cos\theta = \vec{u} \times \vec{n}$, L é a altura do cilindro circular com raio da base igual a R, e $2LR$ é a área frontal do cilindro circular.

A Figura 8.3c apresenta a distribuição de pressões no cilindro circular para fluido perfeito, em termos de C_p em função de θ.

Conforme já indicado, arrasto de pressão nulo poderia ter sido antecipado pela simetria da distribuição de pressões observada nessa figura – as forças de pressão na metade anterior do corpo são exatamente equilibradas por aquelas na metade posterior do corpo.

Por se tratar de escoamento de fluido perfeito, não haverá também arrasto de atrito sobre o cilindro circular e, portanto, o arrasto (total) será nulo, $C_A = 0$.

Arrasto nulo se verifica em corpos de *qualquer* formato quando o escoamento ao redor do corpo é modelado como de fluido perfeito. Esse resultado, irrealista, é conhecido como *Paradoxo de D'Alembert*, uma vez que a experiência demonstra que uma força de arrasto sempre age no corpo quando imerso no escoamento do fluido real.

Também são apresentadas na Figura 8.3c as distribuições de pressões do fluido real em movimento laminar e turbulento. A modelagem do escoamento, considerando o fluido perfeito, obviamente, não consegue prever a separação do escoamento na parte traseira do cilindro, por ser a separação um fenômeno controlado por efeitos viscosos e pelo gradiente de pressões do escoamento ao redor do corpo.

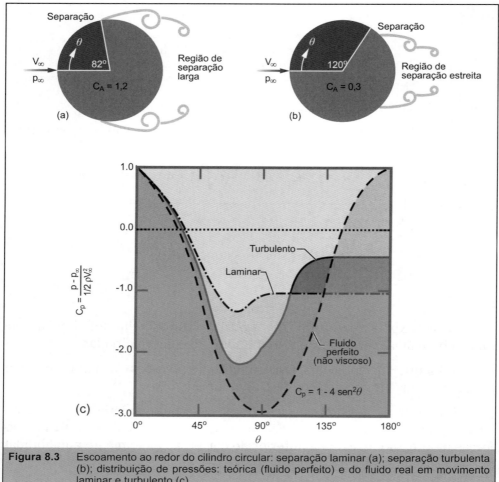

Figura 8.3 Escoamento ao redor do cilindro circular: separação laminar (a); separação turbulenta (b); distribuição de pressões: teórica (fluido perfeito) e do fluido real em movimento laminar e turbulento (c).

A Figura 8.3c indica que, para o escoamento do fluido perfeito, a pressão na superfície do cilindro se reduz à medida que o escoamento avança até $\theta = 90°$, passando a aumentar a partir daí. Então, na metade anterior do cilindro, as partículas fluidas ficam submetidas a um *gradiente de pressão favorável*, ou seja, a pressão vai sendo reduzida à medida que o escoamento avança até $\theta = 90°$. Já para $\theta > 90°$, o escoamento fica submetido a um *gra-*

diente de pressão adverso – a pressão cresce à medida que o escoamento avança. Nessa região, as partículas fluidas dentro da camada-limite, além de serem retardadas pelo efeito da parede, ficam submetidas a uma pressão cada vez maior, à medida que avançam, sendo o efeito a redução contínua de suas velocidades. Eventualmente, em algum ponto do corpo, as velocidades das partículas dentro da camada-limite poderão chegar a zero e, nessa situação, como o gradiente de pressão adverso continua a atuar, ocorrerá a inversão do sentido do escoamento dessas partículas.

A Figura 8.4 ilustra esse fenômeno. É importante ressaltar que, para que ocorra a inversão do sentido do escoamento é necessário que as partículas estejam submetidas a um gradiente de pressão adverso. Não ocorre a inversão do sentido do escoamento sobre corpos que não gerem gradiente de pressão adverso – sobre uma placa plana, por exemplo.

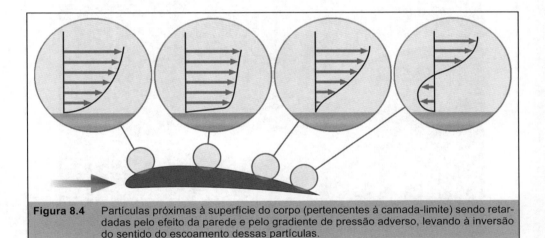

Figura 8.4 Partículas próximas à superfície do corpo (pertencentes à camada-limite) sendo retardadas pelo efeito da parede e pelo gradiente de pressão adverso, levando à inversão do sentido do escoamento dessas partículas.

O chamado *ponto de separação* do escoamento é definido como o ponto onde a tensão de cisalhamento na parede é zero, ou seja, $\partial v/\partial y = 0$ ($\tau = \mu\, \partial v/\partial y = 0$). Esse é o ponto a partir do qual as partículas mais próximas da superfície do corpo têm seu sentido de escoamento invertido, levando à formação da região de *escoamento reverso*, conforme mostra a tomada fotográfica da Figura 8.5.

A região do escoamento reverso que se forma atrás do corpo é chamada de *região de separação* e está também indicada na Figura 8.3a, b. Essa é uma região de baixa pressão atrás do corpo onde ocorrem recirculação e fluxos invertidos. Quanto maior a região de separação, maior é o arrasto de pressão.

A camada-limite laminar é muito vulnerável ao gradiente de pressão adverso, sendo que a separação do escoamento ocorre para $\theta \cong 82°$. Nesse caso, é formada uma região de separação larga, sendo o arrasto dominado pelo arrasto de pressão, gerando um coeficiente de arrasto $C_A \cong 1{,}2$ (Fig. 8.3a).

A camada-limite turbulenta é mais resistente, com a separação retardada até $\theta \cong 120°$, resultando em uma região de separação estreita que gera um arrasto bem menor, da ordem de $C_A \cong 0{,}3$ (Fig. 8.3b).

A região do escoamento na parte traseira do corpo, onde são sentidos os efeitos do corpo no escoamento uniforme, é chamada de *esteira*. A esteira se estende até que o perfil de velocidades se torne quase uniforme novamente.

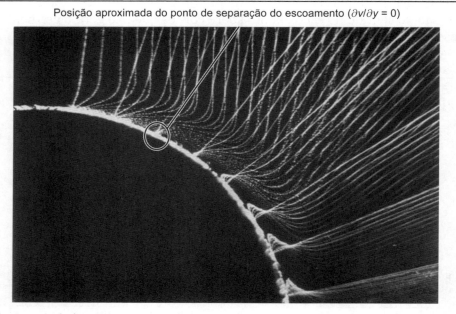

Posição aproximada do ponto de separação do escoamento ($\partial v/\partial y = 0$)

Escoamento de água com velocidade de 2 cm/s, cilindro com diâmetro de 70 mm, fotografado 2 s após o início do escoamento, número de Reynolds = 1.200, linhas de tempo visualizadas com bolhas de hidrogênio produzidas por oito eletrodos de arame normais à superfície do cilindro.

Figura 8.5 Tomada fotográfica do escoamento ao redor de um cilindro circular, com indicação da posição aproximada do ponto de separação do escoamento e a formação da região de escoamento reverso. Fonte: *Visualized Flow* - Fluid motion in basic and engineering situations revealed by flow visualization. Pergamon Press - The Japan Society of Mechanical Engineers, 1988.

Já a região de separação se estende até que as duas correntes de escoamento se juntem novamente atrás do corpo. Conforme mostra a tomada fotográfica da Figura 8.6, a região de separação é, portanto, um volume fechado atrás do corpo, enquanto a esteira continua crescendo atrás dele.

A razão por que a camada-limite turbulenta é mais resistente à separação é que a quantidade de movimento das partículas nessa camada-limite é substancialmente maior que na camada-limite laminar. Quando as partículas têm uma maior quantidade de movimento, ficam mais resistentes à separação do escoamento, resultando no deslocamento do ponto de separação para a parte posterior do corpo e em uma redução da região de separação (Fig. 8.3a, b).

A Figura 8.7 mostra uma tomada fotográfica de duas esferas animadas da mesma velocidade – mesmo número de Reynolds – (Fig. 8.7a, escoamento laminar na camada-limite; Fig. 8.7b, escoamento turbulento na camada-limite, induzido por uma lixa colada na parte frontal da esfera[1]).

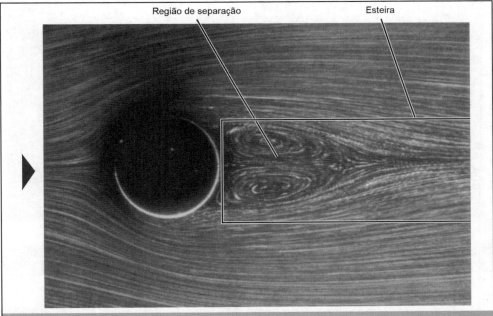

Figura 8.6 Tomada fotográfica do escoamento de água ao redor de um cilindro circular com indicação da região de separação e da esteira. Fonte: *Visualized Flow* - Fluid motion in basic and engineering situations revealed by flow visualization. Pergamon Press - The Japan Society of Mechanical Engineers, 1988.

Na Figura 8.7a, observa-se que a camada-limite laminar se separa em torno de 80°, $C_A = 0,5$, enquanto a camada-limite turbulenta se separa em torno de 120°, $C_A = 0,2$. Esse fenômeno de redução do arrasto, quando o escoamento na camada-limite se torna turbulento, é observado na queda do coeficiente de arrasto da esfera e do cilindro circular, a ser apresentado mais adiante.

Rugosidades são intencionalmente introduzidas nas bolas de golfe para provocar a turbulência na camada-limite ainda na metade anterior da bola e,

---

[1] Técnica utilizada para antecipar o aparecimento da camada-limite turbulenta que, de outra forma, se manteria laminar. Essa técnica de induzir escoamento turbulento na camada-limite é chamada em Inglês de *trip the boundary-layer*.

assim, gerar um arrasto mais baixo. A Figura 8.8 ilustra que, na bola lisa, a camada-limite é toda laminar, enquanto, na bole de golfe, a rugosidade na sua superfície (pequenas covas) faz com que a transição laminar-turbulenta ocorra ainda na metade anterior da bola, retardando a separação, o que gera uma esteira mais fina e um coeficiente de arrasto mais baixo do que na bola lisa.

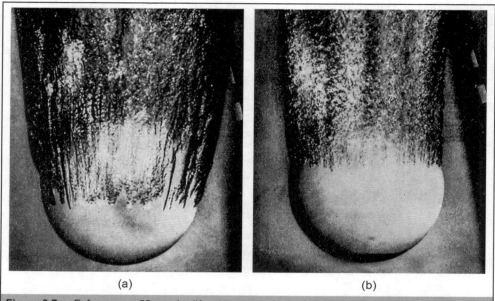

Figura 8.7 Esferas com 22 cm de diâmetro, entrando na água à 7,6 m/s. Separação do escoamento na camada-limite: laminar, em torno de 80° (a); turbulenta, em torno de 120° (b).

O arrasto de pressão é proporcional à área frontal do corpo e à diferença entre as pressões que agem na frente e atrás do corpo. Portanto, o arrasto de pressão é, usualmente, dominante nos corpos ditos rombudos, pequeno para os corpos aerodinâmicos, como os aerofólios e hidrofólios, e zero para placas planas e finas, paralelas ao escoamento.

A Figura 8.9 apresenta coeficientes de arrasto de corpos de mesma área frontal, porém com diferentes formatos, que foram gerados no sentido de aumentar o grau de carenagem[2] do formato básico (prisma de base retangular) e, assim, reduzir o arrasto de pressão. É interessante observar que o cilindro circular (Fig. 8.9d) apresenta o mesmo coeficiente de arrasto do corpo com nariz e cauda arredondados (Fig. 8.9c), o qual tem espessura oito vezes maior que o cilindro circular. Essa figura demonstra a importância da carenagem na redução do arrasto de pressão.

---

[2] Entende-se por carenagem modificações na geometria do corpo, ou incorporação de elementos ao corpo, que tornem seu formato mais aero/hidrodinâmico, evitando mudanças abruptas de direção das linhas de corrente que contornam o corpo.

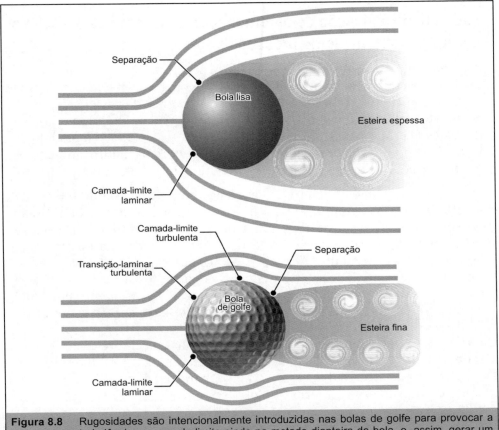

Figura 8.8 Rugosidades são intencionalmente introduzidas nas bolas de golfe para provocar a turbulência na camada-limite ainda na metade dianteira da bola, e, assim, gerar um arrasto mais baixo.

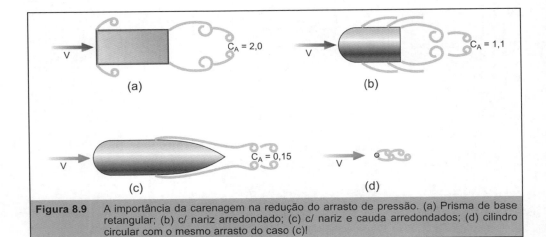

Figura 8.9 A importância da carenagem na redução do arrasto de pressão. (a) Prisma de base retangular; (b) c/ nariz arredondado; (c) c/ nariz e cauda arredondados; (d) cilindro circular com o mesmo arrasto do caso (c)!

Exemplo de aplicação de determinação do arrasto de pressão a partir da distribuição de pressões sobre o corpo

A tabela seguinte apresenta os valores das pressões (relativas) que foram medidos na superfície de um cilindro circular com 5 cm de diâmetro a cada intervalo de 10° para 0° < θ < 180°, e para três valores de velocidade do escoamento uniforme incidente sobre o cilindro circular, instalado na seção de testes aberta de um túnel de vento. $\vec{V}_\infty = V_\infty \, \vec{u}$, onde V_∞ é o módulo da velocidade do escoamento uniforme incidente sobre o cilindro circular e $\vec{u}$ é o versor de $\vec{V}_\infty$, suposto horizontal no sentido da esquerda para a direita.

O primeiro arco após o ponto de estagnação em $\theta = 0°$ vai de $\theta = 0°$ até $\theta = 10°$ e a pressão medida em $\theta = 5°$ é o valor representativo da pressão nesse arco etc. Os valores das velocidades do escoamento uniforme e das pressões (relativas) na seção de testes estão indicados na tabela como V_∞ e p_∞, respectivamente. Admitir $\rho_{ar} = 1{,}2$ kg/m^3, $\nu_{ar} = 1{,}5 \times 10^{-5}$ m^2/s. Pedem-se: a) complete a tabela com os coeficientes de pressão C_p; b) plote $C_p \times \theta$ para cada uma das três velocidades do escoamento uniforme e compare as curvas geradas com a curva teórica para escoamento de fluido perfeito ao redor do cilindro circular dada por $(C_p)_{\text{cilindro circular}} = 1 - 4 \, \text{sen}^2 \theta$; c) determine o arrasto de pressão sobre o cilindro circular para cada uma das três velocidades do escoamento uniforme; d) determine os coeficientes de arrasto de pressão $C_{A\text{pressão}}$ para cada uma das três velocidades do escoamento uniforme e plote-os sobre as curvas da Figura 8.12.

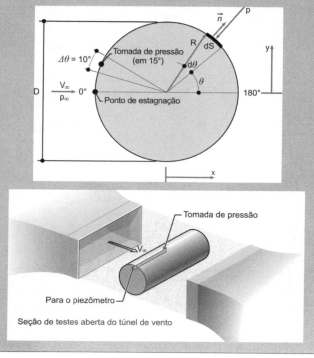

Solução

Os coeficientes de pressão serão obtidos por meio da Eq. (8.5), ou seja,

$$C_p = \frac{p - p_\infty}{\frac{1}{2}\rho V_\infty^2}.$$

Os coeficientes de pressão calculados por meio dessa fórmula estão lançados na tabela:

	Pressões medidas na superfície do cilindro circular*					
$\theta°$	$V_\infty = 15{,}0$ m/s; $\quad p_\infty = 38{,}5$ Pa		$V_\infty = 11{,}3$ m /s; $\quad p_\infty = 38{,}5$ Pa		$V_\infty = 8{,}8$ m/s; $\quad p_\infty = 11{,}5$ Pa	
	p(Pa)	C_p	p(Pa)	C_p	p(Pa)	C_p
5	173,1	1,00	115,4	1,00	57,7	0,99
15	153,8	0,85	103,8	0,85	50,0	0,83
25	115,4	0,57	76,9	0,50	38,5	0,58
35	57,7	0,14	38,5	0,00	19,2	0,17
45	−11,5	−0,37	−7,7	−0,60	−7,7	−0,41
55	−57,7	−0,71	−38,5	−1,00	−19,2	−0,66
65	−76,9	−0,85	−46,2	−1,10	−30,8	−0,91
75	−57,7	−0,71	−30,8	−0,90	−30,8	−0,91
85	−57,7	−0,71	−30,8	−0,90	−19,2	−0,66
95	−61,5	−0,74	−30,8	−0,90	−19,2	−0,66
105	−61,5	−0,74	−30,8	−0,90	−19,2	−0,66
115	−61,5	−0,74	−26,9	−0,85	−19,2	−0,66
125	−65,4	−0,77	−26,9	−0,85	−19,2	−0,66
135	−65,4	−0,77	−26,9	−0,85	−15,4	−0,58
145	−65,4	−0,77	−26,9	−0,85	−19,2	−0,66
155	−69,2	−0,80	−26,9	−0,85	−26,9	−0,83
165	−69,2	−0,80	−26,9	−0,85	−26,9	−0,83
175	−65,4	−0,77	−26,9	−0,85	−19,2	−0,66

*A tomada de pressão se dava através de um orifício na superfície do cilindro circular, conectado a um pequeno duto de plástico internamente ao cilindro, o qual conduzia a um piezômetro com líquido manométrico. O cilindro era girado em torno do seu eixo e, assim, o orifício era posicionado em qualquer posição angular θ de interesse para a medida da pressão.

A figura a seguir apresenta $C_p \times \theta$ para cada uma das três velocidades do escoamento uniforme, comparativamente com a curva teórica $(C_p)_\text{cilindro circular}$ $= 1 - 4\,\mathrm{sen}^2\theta$.

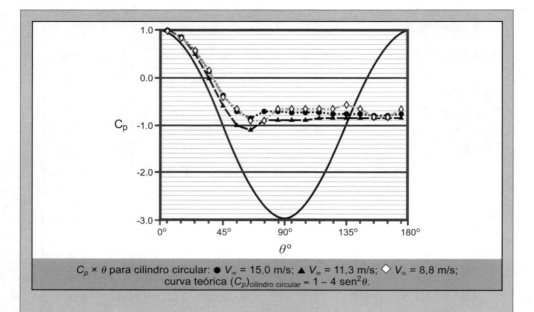

$C_p \times \theta$ para cilindro circular: ● $V_\infty = 15{,}0$ m/s; ▲ $V_\infty = 11{,}3$ m/s; ◇ $V_\infty = 8{,}8$ m/s; curva teórica $(C_p)_{\text{cilindro circular}} = 1 - 4\,\text{sen}^2\theta$.

Ao se comparar o comportamento de C_p dessa figura com o da Figura 8.3c, observa-se que o escoamento na camada-limite é, muito provavelmente, laminar, pois as curvas experimentais de $C_p \times \theta$ obtidas apresentam "poço" pouco profundo, valores próximos e estabilização de C_p em torno de $-1{,}0$, características que também se verificam no escoamento laminar da Figura 8.3c.

O arrasto de pressão sobre o cilindro circular será calculado por meio da Eq. (8.4b), ou seja,

$$A_{\text{pressão}} = \vec{u} \times \left(-\int p\,\vec{n}\,dS \right) = L\int_0^{2\pi} -p_\theta \cos\theta\,R\,d\theta,$$

onde $\cos\theta = \vec{u} \times \vec{n}$ e L é a altura do cilindro circular com raio da base igual a R. Observe que como $\vec{u}$ está orientado da esquerda para a direita, $\cos\theta < 0$ para $0° \leq \theta < 90°$ e $\cos\theta > 0$ para $90° < \theta \leq 180°$.

Tendo em vista a natureza discreta da distribuição de pressões levantada sobre o cilindro circular, esta última expressão poderá ser aproximada por

$$\frac{A_{\text{pressão}}}{L} \cong 2R \sum_{i=1}^{n} -p_{\theta_i} \cos(\theta_i)\Delta\theta,$$

onde o fator multiplicativo 2 leva em conta a simetria da distribuição de pressões no intervalo de 0 a π e no intervalo π a 2π. Nessa expressão, θ e $\Delta\theta$ são dados em radianos. A tabela seguinte apresenta o cálculo do arrasto de pressão para as três velocidades do escoamento uniforme.

Encontram-se também indicados na tabela os coeficientes de arrasto de pressão obtidos por meio da Eq. (8.6), ou seja,

$$C_{A_{\text{pressão}}} = \frac{A_{\text{pressão}}}{\frac{1}{2}\rho V_\infty^2 S_{\text{ref.}}} = \frac{\left(A_{\text{pressão}}/L\right)}{\frac{1}{2}\rho V_\infty^2 D}.$$

Esses coeficientes de arrasto de pressão encontram-se plotados na Figura 8.12, onde se observa uma boa concordância com dados publicados.

	Cálculo do arrasto de pressão					
$\theta_i°$	$V_\infty = 15,0$ m/s $\mathrm{Re} = \dfrac{VD}{v_{\text{ar}}} = 5\times10^4$		$V_\infty = 11,3$ m/s $\mathrm{Re} = \dfrac{VD}{v_{\text{ar}}} = 3,77\times10^4$		$V_\infty = 8,8$ m/s $\mathrm{Re} = \dfrac{VD}{v_{\text{ar}}} = 2,93\times10^4$	
	p_{θ_i} (Pa)	$-p_{\theta_i}\cos(\theta_i)\Delta\theta$ $\Delta\theta=10°=0,1745$ rad	p_{θ_i} (Pa)	$-p_{\theta_i}\cos(\theta_i)\Delta\theta$ $\Delta\theta=10°=0,1745$ rad	p_{θ_i} (Pa)	$-p_{\theta_i}\cos(\theta_i)\Delta\theta$ $\Delta\theta=10°=0,1745$ rad
5	173,1	30,09	115,4	20,06	57,7	10,03
15	153,8	25,93	103,8	17,50	50,0	8,43
25	115,4	18,25	76,9	12,16	38,5	6,08
35	57,7	8,25	38,5	5,50	19,2	2,75
45	−11,5	−1,42	−7,7	−0,95	−7,7	−0,95
55	−57,7	−5,77	−38,5	−3,85	−19,2	−1,92
65	−76,9	−5,67	−46,2	−3,40	−30,8	−2,27
75	−57,7	−2,61	−30,8	−1,39	−30,8	−1,39
85	−57,7	−0,88	−30,8	−0,47	−19,2	−0,29
95	−61,5	0,94	−30,8	0,47	−19,2	0,29
105	−61,5	2,78	−30,8	1,39	−19,2	0,87
115	−61,5	4,54	−26,9	1,99	−19,2	1,42
125	−65,4	6,54	−26,9	2,69	−19,2	1,92
135	−65,4	8,07	−26,9	3,32	−15,4	1,90
145	−65,4	9,35	−26,9	3,85	−19,2	2,75
155	−69,2	10,95	−26,9	4,26	−26,9	4,26
165	−69,2	11,67	−26,9	4,54	−26,9	4,54
175	−65,4	11,37	−26,9	4,68	−19,2	3,34
$\displaystyle\sum_{i=1}^{n} -p_{\theta_i}\cos(\theta_i)\Delta\theta$		132,35		72,34		41,75
$\dfrac{A_{\text{pressão}}}{L} \cong$ $2R\displaystyle\sum_{i=1}^{n} -p_{\theta_i}\cos(\theta_i)\Delta\theta$		13,235 N/m		7,234 N/m		4,175 N/m
$C_{A_{pressão}} = \dfrac{\left(A_{\text{pressão}}/L\right)}{\frac{1}{2}\rho V_\infty^2 D}$		0,98		0,94		0,90

8.2.2 Arrasto de atrito

O arrasto de atrito se deve às forças viscosas que atuam na superfície do corpo em contato com o fluido. Essas forças viscosas dependem da dinâmica do escoamento em uma camada fina do fluido em contato com a superfície do corpo, denominada de camada-limite (*boundary layer*, em Inglês).

A Figura 8.10 apresenta detalhes da camada-limite que se forma em uma parede plana e lisa. Na camada-limite, os efeitos viscosos são importantes. Fora da camada-limite, os efeitos viscosos podem ser desprezados.

Verifica-se, nessa figura, que a camada-limite é inicialmente laminar e sendo a parede suficientemente longa, adquire movimento turbulento após o ponto de transição. A *espessura da camada-limite* δ é o seu limite nominal (borda da camada-limite) e corresponde à coordenada y para a qual a velocidade V é igual a $0,99\ V_\infty$, onde V_∞ é a velocidade do escoamento uniforme que incide na parede. A espessura da camada-limite turbulenta cresce mais rapidamente com x do que a espessura da camada-limite laminar.

Encontram-se indicadas, na Figura 8.10, a *subcamada viscosa* e a *camada de amortecimento*. A subcamada viscosa é uma camada muito fina, tipicamente menor que 1% da espessura da camada-limite e que fica em contato com a parede onde a mistura turbulenta é impedida. A espessura da subcamada viscosa fica mais fina à medida que o número de Reynolds aumenta.

Na camada de amortecimento, os efeitos turbulentos se tornam mais significativos, mas ainda o escoamento é dominado pelos efeitos viscosos. Acima dessa camada, os efeitos da turbulência vão se intensificando e os viscosos vão se reduzindo até a borda da camada-limite; a partir daí, o escoamento não sofre mais a influência da parede, não sendo mais importantes os efeitos viscosos fora da camada-limite.

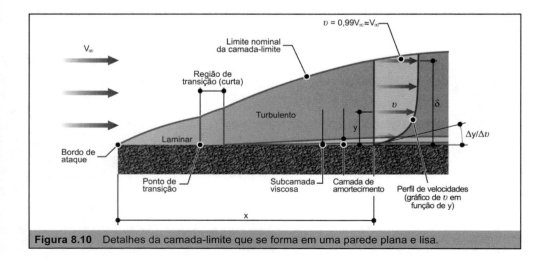

Figura 8.10 Detalhes da camada-limite que se forma em uma parede plana e lisa.

CAPÍTULO 8 – Arrasto e sustentação ∎ 293

O arrasto de atrito se deve exclusivamente à componente das forças viscosas que atuam na superfície do corpo, segundo a direção da velocidade do escoamento uniforme que incide sobre o corpo. A força viscosa, por sua vez, é dada pelo produto da tensão viscosa na parede do corpo τ_p pela área da parede S_p em contato com o fluido. O arrasto de atrito A_{atrito} será então dado por $A_{\text{atrito}} = \tau_p \cdot S_p$.

A tensão viscosa na parede pode ser calculada por meio da Eq. (1.1), ou seja,

$$\tau_p = \mu \left(\frac{dv}{dy} \right)_{\text{parede}}, \qquad (8.10)$$

onde $\left(\frac{dv}{dy} \right)_{\text{parede}}$ é o gradiente de velocidades avaliado na parede do corpo ($y = 0$).

Como o perfil de velocidades na camada-limite se altera à medida que o escoamento avança segundo x, o gradiente de velocidades na parede varia com x e, consequentemente, τ_p também varia segundo x. Define-se, então, a *tensão viscosa média na parede* $\bar{\tau}_p$ da seguinte forma

$$\bar{\tau}_p = \frac{1}{S_p} \int_{S_p} \tau_p \, dS_p. \qquad (8.11)$$

E, assim, o arrasto de atrito será dado por

$$A_{\text{atrito}} = \bar{\tau}_p \cdot S_p. \qquad (8.12)$$

Similarmente ao coeficiente de arrasto de pressão e com base na Eq. (8.2), pode-se definir o *coeficiente de arrasto de atrito* $C_{A_{\text{atrito}}}$ da seguinte forma

$$C_{A_{\text{atrito}}} = \frac{A_{\text{atrito}}}{\frac{1}{2} \rho V_\infty^2 S_p} = \frac{\bar{\tau}_p}{\frac{1}{2} \rho V_\infty^2}. \qquad (8.13)$$

Verifica-se, então, que o coeficiente de arrasto de atrito se confunde com o mais conhecido *coeficiente médio de atrito (de Fanno)* $\bar{C}_f$ que apresenta a mesma fórmula de definição de $C_{A_{\text{atrito}}}$. Assim, $C_{A_{\text{atrito}}} = \bar{C}_f$.

Nessa área de estudo, define-se o *número de Reynolds local* $\text{Re}_x = \rho \cdot V \cdot x / \mu = V \cdot x / v$, onde x é a distância em um determinado ponto da superfície do corpo, contada a partir do *bordo de ataque* do corpo (ver Fig. 8.10).

Para placas planas e finas de comprimento L, paralelas ao escoamento, o coeficiente de arrasto de atrito poderá ser calculado por meio de

$$C_{A_{\text{atrito}}} = \bar{C}_f = \frac{1{,}328}{\sqrt{\text{Re}_L}}, \text{ escoamento laminar } \left(\text{Re}_x < 5 \times 10^5 \right), \qquad (8.14)$$

$$C_{A_{\text{atrito}}} = \bar{C}_f = \frac{0,072}{\sqrt[5]{\text{Re}_L}}, \text{ escoamento turbulento } \left(5\times10^5 < \text{Re}_x < 10^7\right). \qquad (8.15)$$

Exemplo de aplicação de determinação do arrasto de atrito

Uma placa plana com comprimento $L = 1$ m e largura $b = 3$ m está imersa paralelamente ao escoamento uniforme de ar com velocidade de *2 m/s*. Determine o arrasto de atrito em ambas as faces da placa. Dados: $\rho_{\text{ar}} = 1,2$ kg/m^3, $v_{\text{ar}} = 1,5 \times 10^{-5}$ m^2/s.

Solução

O número de Reynolds do escoamento de ar sobre a placa de comprimento L é

$$\text{Re}_L = \frac{V_\infty \cdot L}{v_{\text{ar}}} = \frac{2 \text{ m/s} \times 1 \text{ m}}{1,5\times10^{-5} \text{ m}^2/\text{s}} = 1,33\times10^5.$$

Como o número de Reynolds é menor que 5×10^5, podemos considerar que a camada-limite sobre a placa será laminar.

Da Eq. (8.14), o coeficiente de arrasto de atrito é

$$C_{A_{\text{atrito}}} = \frac{1,328}{\sqrt{\text{Re}_L}} = \frac{1,328}{\sqrt{1,33\times10^5}} \cong 3,6\times10^{-3}.$$

O arrasto de atrito (em uma face da placa) será dado pela Eq. (8.13), ou seja,

$$C_{A_{\text{atrito}}} = \frac{A_{\text{atrito}}}{\frac{1}{2}\rho C_\infty^2 S_p} \Rightarrow$$

$$A_{\text{atrito}} = C_{A_{\text{atrito}}} \frac{1}{2}\rho C_\infty^2 S_p = 3,6\times10^{-3}\left(\frac{1}{2}\right)1,2\times(2,0)^2(1\times3) = 2,59\times10^{-2} \text{ N}.$$

Em ambas as faces da placa, o arrasto de atrito é igual a $5,18 \times 10^{-2}$ N.

Quando um corpo, que não seja uma placa plana, se movimenta imerso em um meio fluido, a distribuição de pressões sobre o corpo não é uniforme. Nesses casos, que são na realidade a maioria, a camada-limite e, consequentemente a tensão viscosa, sofrem grande influência dos gradientes de pressão, não havendo procedimentos simples para determinação do arrasto de atrito sobre o corpo.

8.2.3 Arrasto total

O coeficiente de arrasto total é dado pela soma do coeficiente de arrasto de pressão e do coeficiente de arrasto de atrito, ou seja,

$$C_A = C_{A_{pressão}} + C_{A_{atrito}}. \tag{8.16}$$

A contribuição relativa do arrasto de atrito e de pressão para o arrasto total depende essencialmente da forma do corpo, particularmente de sua espessura. A Figura 8.11 apresenta a contribuição relativa desses dois arrastos em um corpo com perfil em forma de "gota" e com comprimento muito grande na direção normal ao perfil mostrado na figura. Para $t = 0$, o corpo é essencialmente uma placa plana, apresentando arrasto 100% de atrito. No outro extremo, para $t = c$, quando o corpo é essencialmente um prisma de seção circular, a contribuição do arrasto de atrito para com o arrasto é de apenas 3%. A contribuição de ambos os arrastos é praticamente a mesma para $t/c \approx 0,25$.

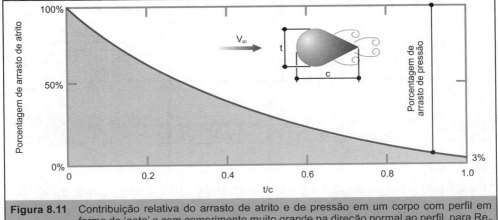

Figura 8.11 Contribuição relativa do arrasto de atrito e de pressão em um corpo com perfil em forma de 'gota' e com comprimento muito grande na direção normal ao perfil, para $Re_c = 10^6$.

Como tanto o arrasto de pressão quanto o arrasto de atrito dependem da distribuição de pressões sobre o corpo, e como essa distribuição de pressões só pode ser determinada analiticamente em raríssimas situações, o arrasto sobre corpos é, normalmente, obtido experimentalmente em ensaios em túneis de vento e túneis hidrodinâmicos, onde esses dois arrastos são medidos conjuntamente na produção do arrasto total.

O coeficiente de arrasto sobre corpos, geralmente, depende do número de Reynolds do escoamento onde o corpo está imerso. A Figura 8.12 apresenta coeficientes de arrasto da esfera e cilindro circular lisos, rugosos e carenados em função do número de Reynolds. Observa-se, nessa figura, que, para números de Reynolds na faixa de $10^3 < Re < 2 \times 10^5$, os coeficientes de arrasto desses corpos lisos e sem carenagem, são relativamente constantes. As quedas abruptas dos coeficientes de arrasto, que se observam para o número de Reynolds em torno de 6×10^4 para esfera e cilindro circular rugosos e em torno de 2×10^5 para esfera e cilindro circular lisos, se devem à transformação da camada-limite laminar em turbulenta, conforme discussão anterior associada às Figuras 8.7 e 8.8. Observa-se, na Figura 8.12, o efeito da carenagem na redução do coeficiente de arrasto a partir de números de Reynolds da ordem de 10^4.

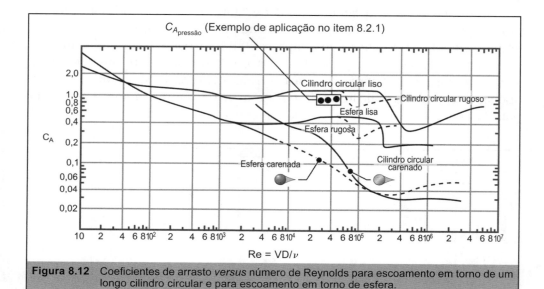

Figura 8.12 Coeficientes de arrasto *versus* número de Reynolds para escoamento em torno de um longo cilindro circular e para escoamento em torno de esfera.

Exemplo de aplicação de determinação do arrasto total a partir do C_A

A longarina que auxilia na fixação das asas em um avião tem comprimento $L = 80$ cm e diâmetro $D = 3$ cm. Na velocidade de cruzeiro do avião de 160 km/h, calcule a força de arrasto que age na longarina com seção transversal na forma de cilindro circular com e sem carenagem. Admita $\rho_{ar} = 1,2$ kg/m^3 e $v_{ar} = 1,5 \times 10^{-5}$ m^2/s.

Solução

Determinemos, primeiramente, o número de Reynolds do escoamento:

$$\mathrm{Re} = \frac{V_\infty \cdot D}{v_{ar}} = \frac{(160/3,6) \text{ m/s} \times 0,03 \text{ m}}{1,5 \times 10^{-5} \text{ m}^2/\text{s}} \cong 8,89 \times 10^4.$$

Para esse número de Reynolds, e supondo que a superfície da longarina seja lisa, a Figura 8.12 fornece os seguintes coeficientes de arrasto:

$$\begin{cases} \text{cilindro circular liso: } C_A = 1{,}2 \\ \text{cilindro circular carenado: } C_A = 0{,}06 \end{cases}.$$

Observe que admitimos que o comprimento da longarina é suficientemente longo para que pudéssemos utilizar o coeficiente de arrasto da Figura 8.12. O parâmetro que caracteriza a forma de um cilindro qualquer é a razão de aspecto RA, definida como a razão entre a envergadura e a dimensão característica da seção do cilindro. No caso do cilindro circular a razão de aspecto é dada por $RA = L/D$. No presente caso, $RA = 80/3 = 26{,}7$, valor este que sendo muito maior que 1, permite, como primeira aproximação, considerar a longarina suficientemente longa para utilização dos coeficientes de arrasto da Figura 8.12.

O arrasto na longarina será calculado por meio da Eq. (8.2),

$$C_A = \frac{A}{\frac{1}{2}\rho V_\infty^2 S_{\text{ref.}}} \Rightarrow A = \frac{C_A}{2}\rho V_\infty^2 DL =$$

$$= \begin{cases} \text{longarina circular: } A = \dfrac{1{,}2}{2}1{,}2(160/3{,}6)^2 0{,}03 \times 0{,}8 \cong 34 \text{ N} \\ \text{longarina carenada: } A = \dfrac{0{,}06}{2}1{,}2(160/3{,}6)^2 0{,}03 \times 0{,}8 \cong 1{,}7 \text{ N} \end{cases}.$$

Esses resultados mostram que a carenagem reduz o arrasto na longarina em 95% – uma redução bastante substancial.

Corpos rombudos, que apresentam mudanças bruscas de geometria, apresentam regiões de separação que são relativamente insensíveis ao número de Reynolds. A Tabela 8.1 exibe os coeficientes de arrasto típicos de alguns corpos rombudos bi e tridimensionais.

TABELA 8.1 Coeficientes de arrasto típicos de alguns corpos rombudos bi e tridimensionais (Re > $10^4 \sim 10^5$)

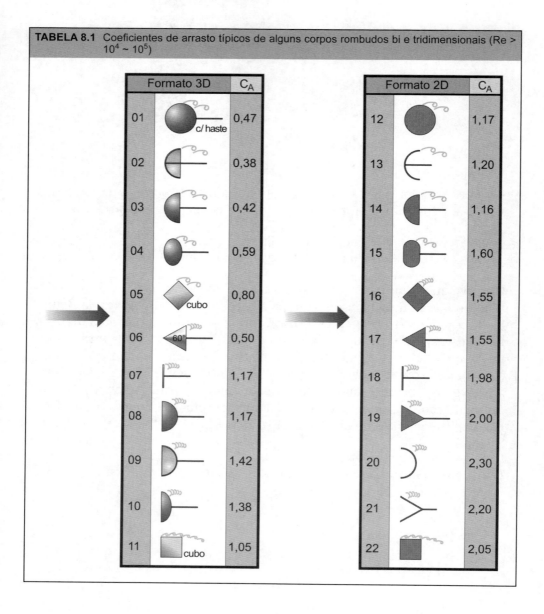

Exemplo de aplicação de determinação do arrasto em corpos rombudos

Deseja-se saber qual a velocidade V_c que o ventilador deve imprimir à corrente de ar da máquina de fazer pipocas da figura. Dados: massa do grão de milho m = 0,15 g; diâmetro do grão de milho $6\ mm$; diâmetro da pipoca 18 mm; $\upsilon_{ar} = 2,84 \times 10^{-5}$ (à 150 °C); $\rho_{ar} = 0,8461$ kg/m³ (à 150 °C).

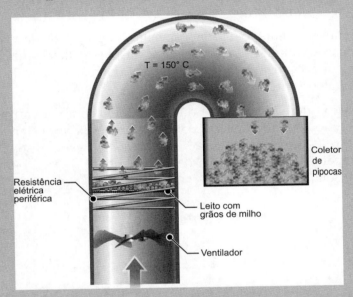

Solução

A corrente de ar arrastará a pipoca para o coletor quando a força de arrasto sobre ela for igual ou maior que o seu peso, ou seja,

$$A \geq mg \Rightarrow \frac{1}{2}\rho_{ar}S_{pipoca}C_A V_c^2 \geq mg \Rightarrow C_c \geq \sqrt{\frac{2mg}{\rho_{ar}S_{pipoca}C_A}}.$$

Admitindo pipoca no formato n. 4 na Tabela 8.1, extrai-se o coeficiente de arrasto $C_A = 0,59$. Então a velocidade da corrente de ar deverá ser igual ou maior que

$$V_c \geq \sqrt{\frac{2mg}{\rho_{ar}S_{pipoca}C_A}} = \sqrt{\frac{2 \times 0,15 \times 10^{-3} \times 9,81}{0,8461 \times \frac{\pi(18 \times 10^{-3})^2}{4} 0,59}} \cong 4,8 \text{ m/s}.$$

Calculemos o número de Reynolds com a mínima velocidade desse escoamento:

$$\text{Re} = \frac{V_c \cdot D}{\upsilon_{ar}} = \frac{4,8 \text{ m/s} \cdot 18 \times 10^{-3} \text{ m}}{2,84 \times 10^{-5} \text{ m}^2/\text{s}} \cong 3,0 \times 10^3.$$

300 ❚ Mecânica dos Fluidos

Esse número de Reynolds está fora da faixa de números de Reynolds recomendados para a utilização dos coeficientes de arrasto listados na Tabela 8.1. Podemos, alternativamente, admitir pipoca no formato esférico com superfície rugosa e, com esse número de Reynolds, extrair um novo coeficiente de arrasto na Figura 8.12. Nesse caso, extrai-se dessa Figura $C_A \cong 0,4$. Com esse novo coeficiente de arrasto, obtém-se $V_C \cong 5,8$ m/s e o número de Reynolds de aproximadamente $3,7 \times 10^3$, que confirma $C_A \cong 0,4$ na Figura 8.12.

Desconsiderando-se fatores específicos do projeto da máquina de fazer pipocas e pautando-se apenas pelos aspectos fluido-mecânicos do problema, por precaução, deve-se recomendar a maior velocidade que foi obtida para a corrente de ar $V_C \cong 5,8$ m/s.

É óbvio que não se deseja que essa velocidade da corrente de ar arraste os grãos de milho para o coletor de pipocas. Isso significa que o arrasto sobre o grão de milho deve ser menor que seu peso. Testemos, então, a hipótese de que a força de arrasto sobre o grão de milho seja menor que seu peso, ou seja,

$$A \overset{?}{<} mg \Rightarrow \frac{1}{2}\rho_{ar}S_{grão}C_A V_c^2 \overset{?}{<} mg \Rightarrow$$

$$\frac{1}{2}0,8461\frac{\pi \times \left(6 \times 10^{-3}\right)^2}{4}0,4(5,8)^2 \overset{?}{<} 0,15 \times 10^{-3} \Rightarrow$$

$$1,6 \times 10^{-4} < 1,47 \times 10^{-3} \therefore \text{ OK.}$$

Esse último resultado mostra que, uma vez admitindo-se coeficiente de arrasto do grão de milho igual ao da pipoca (o que, em última análise, significa admitir grão de milho no formato esférico), a velocidade da corrente de ar de 5,8 m/s não arrastará os grãos de milho para o coletor; arrastará somente as pipocas.

8.3 SUSTENTAÇÃO

8.3.1 Origem da sustentação[3]

O vento sopra e o veleiro se move suavemente sobre as águas. O piloto procura manter o planador numa térmica para prolongar o seu momento de lazer. O piloto do "space shuttle" da NASA realiza suas últimas manobras de alinhamento com a pista e planeia para realizar um pouso suave. Todas essas situações têm uma coisa em comum: todas são capazes de gerar uma força que

---

[3] Traduzido e adaptado de "The Origins of Lift" by Arvel Gentry, Jan. 2006. Disponível em http://www.arvelgentry.com/origins_of_lift.htm. Acessado em 19/12/2008.

força que chamamos de sustentação. Para o velejador, a sustentação é tudo enquanto o vento sopra. Para o piloto do planador, é quase tudo, pois ele necessita ser alçado ao ar. O piloto do "shuttle" necessita de sustentação na medida certa para retornar à pista com segurança.

Todos esses veículos estão voando, e o voo depende da geração de sustentação suficiente para evitar cair como uma pedra, ou, no caso do velejador, ser deixado ao sabor das ondas, quando das calmarias. Mas, como a sustentação é gerada? Qual é a explicação fundamental para a geração da sustentação?

1. *Para entender os princípios fundamentais de como a sustentação é gerada, é melhor começar com um simples aerofólio bidimensional.* Isso permite penetrar na essência da origem da sustentação. Efeitos tridimensionais são fatores complicadores adicionais, não sendo centrais para aquilo que realmente causa a sustentação. Enquanto o piloto tem somente uma pequena influência sobre o formato de sua asa (superfícies de controle e *flaps* para cima e para baixo), o velejador tem completo controle sobre a forma de seus aerofólios, fazendo uso frequente de duas ou mais velas flexíveis que devem ser constantemente ajustadas simultaneamente em suas formas para obter o melhor desempenho.

2. *Ar e água são fluidos viscosos.* Como vimos no item anterior, os efeitos viscosos ficam confinados na camada-limite. Esta, por sua vez, é responsável pelo arrasto de atrito na superfície. Para a maioria dos escoamentos a baixas velocidades, o escoamento fora da camada-limite (o escoamento externo) pode ser visto como não viscoso. Quando a pressão no escoamento externo aumenta, o escoamento normalmente bem-comportado da camada-limite se separa da superfície. A separação distorce o escoamento externo, reduzindo a sustentação e aumentando o arrasto (ver Figura 8.13). A separação é um efeito viscoso.

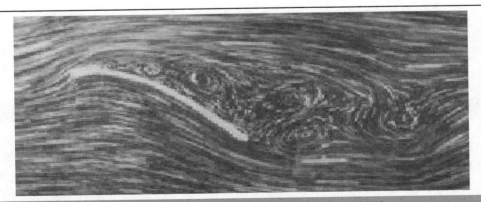

Figura 8.13 Tomada fotográfica da separação em um aerofólio bidimensional.

3. *Escoamento não viscoso.* Não é possível visualizar como seria o escoamento de um fluido não viscoso porque tal fluido não existe. Contudo, é possível computar a configuração das linhas de corrente no escoamento não viscoso sobre uma placa plana, por exemplo. Tal configuração de linhas e corrente é mostrada na Figura 8.14. Observa-se que apenas duas linhas de corrente realmente tocam a superfície, sendo essas linhas de corrente chamadas de linhas de corrente de estagnação. Elas dividem a porção do fluido que vai para cima do aerofólio da porção de fluido que escoa embaixo do aerofólio. Sabemos que nas regiões onde as linhas de corrente ficam próximas umas das outras, a velocidade do escoamento aumenta e a pressão cai (efeito Bernoulli). Contrariamente, em regiões onde as linhas de corrente se afastam umas das outras, a velocidade cai e a pressão aumenta. Se rodarmos esse diagrama de 180°, observa-se que a configuração das linhas de corrente fica inalterada (para qualquer inclinação da placa em relação ao escoamento incidente). Como a distribuição de pressões é a mesma, tanto na superfície superior como na superfície inferior, a resultante das forças de pressão sobre a placa será zero – não haverá arrasto, tampouco sustentação. Sem viscosidade, o arrasto e a sustentação resultantes serão nulos, para corpos de qualquer formato, de acordo com o parodoxo de D'Alembert, já mencionado no item anterior.

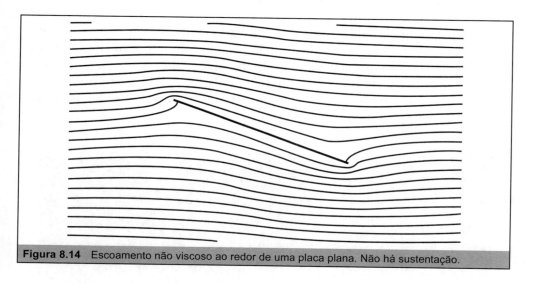

Figura 8.14 Escoamento não viscoso ao redor de uma placa plana. Não há sustentação.

4. *Formação do redemoinho de partida.* Entretanto, o ar tem alguma viscosidade! Quando o vento começa a soprar ou quando o aerofólio inicia o movimento, o escoamento próximo ao bordo de fuga, tanto na superfície superior como na inferior, precisa realizar

manobras complicadas. Assim que a camada-limite se desenvolve, ela não consegue negociar essas manobras. O escoamento se separa da superfície, formando o redemoinho de partida, conforme mostra o esquema na Figura 8.15. O escoamento externo e a camada-limite se ajustam rapidamente e, à medida que o escoamento estacionário se estabelece, o redemoinho de partida é arrastado para jusante. O mesmo fenômeno ocorre em um aerofólio curvado representativo de uma vela e em aerofólios convencionais, como os usados em aviões. O redemoinho de partida eventualmente se dissipará, consumido pela viscosidade.

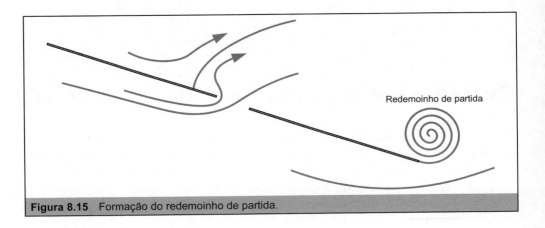

Figura 8.15 Formação do redemoinho de partida.

5. *Teoremas dos vórtices*. Na terminologia aerodinâmica, redemoinhos são chamados de vórtices. Um conjunto de teoremas relativos aos vórtices são peças-chave na aerodinâmica. O teorema mais importante é o teorema da circulação de Thomson (William Thomson – Lord Kelvin). A aplicação desse teorema no caso do aerofólio bidimensional requer que um vórtice de mesma intensidade e sentido contrário se desenvolva no escoamento à medida que o vórtice (redemoinho) de partida é criado. Esse novo vórtice é chamado de *circulação*, pois ele circuita o aerofólio. O escoamento circulatório emerge à medida que o vórtice de partida vai se formando. Esse é um processo dinâmico que se torna estacionário quando o vórtice de partida é arrastado para jusante e as condições do escoamento no bordo de fuga se tornam estáveis e suaves. Isso ocorre quando os escoamentos em ambos os lados do bordo de fuga do aerofólio têm a mesma velocidade (e pressão). Isso é conhecido como *condição de Kutta*. O escoamento circulatório tem a mesma intensidade que o vórtice de partida e gira no sentido horário (oposto ao vórtice de partida), como demonstra a configuração das linhas de corrente da Figura 8.16.

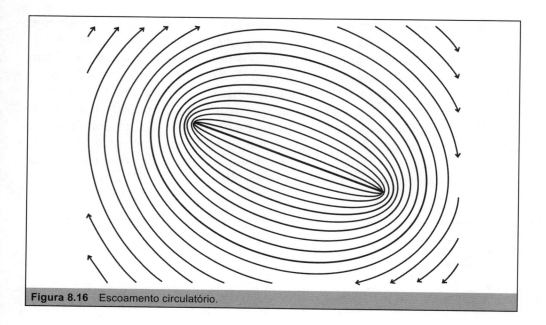

Figura 8.16 Escoamento circulatório.

A teoria aerodinâmica mostra que a sustentação no aerofólio é proporcional à intensidade do escoamento circulatório. A intensidade do escoamento circulatório é maior próximo à superfície do aerofólio e se reduz à medida que aumenta a distância do aerofólio. Quando o escoamento circulatório é adicionado ao escoamento sem sustentação ao redor da placa plana da Figura 8.14, obtêm-se finalmente as linhas de corrente do escoamento com sustentação mostradas na Figura 8.17. O escoamento circulatório é, obviamente, o principal contribuinte na criação do fluxo ascendente na frente e o fluxo descendente na traseira do aerofólio. O escoamento circulatório aumenta o fluxo de ar no extradorso[4] do aerofólio.

Nas regiões onde as linhas de corrente ficam próximas umas das outras, tal como aquela próxima ao bordo de ataque do aerofólio, a velocidade do escoamento aumenta e a pressão cai. Nas regiões onde as linhas de corrente se afastam umas das outras, como aquela no intradorso do aerofólio, a velocidade do escoamento cai e a pressão aumenta. Pressões mais baixas no extradorso e mais elevadas no intradorso significam que agora o aerofólio tem sustentação.

Observe, na figura, que as duas linhas de corrente imediatamente acima e abaixo do bordo de fuga estão igualmente espaçadas do aerofólio. Isso significa que aí o escoamento tem a mesma velocidade e pressão, e, assim, não será formado nenhum outro redemoinho de partida. A condição de Kutta encontra-se satisfeita.

---

[4] Parte de cima do aerofólio. Intradorso – parte de baixo do aerofólio (ver Fig. 8.20).

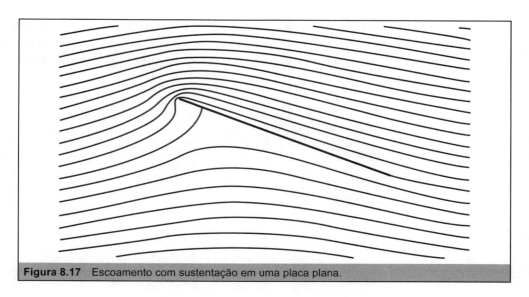

Figura 8.17 Escoamento com sustentação em uma placa plana.

Até aqui, ignoramos a curva fechada da linha de corrente que contorna o bordo de ataque da placa plana. Para evitar a separação do escoamento nesse ponto, dar-se-ia alguma espessura arredondada ao bordo de ataque e, possivelmente, alguma curvatura ao aerofólio como um todo (abaulamento).

A configuração de linhas de corrente das Figuras 8.14, 8.16 e 8.17 foi obtida com uma técnica conhecida como transformação conforme, podendo ser encontrada em várias publicações sobre o tema.

6. *O experimento da banheira.* O conceito de circulação pode, à primeira vista, parecer apenas um artifício para justificar matematicamente a existência da sustentação. Contudo, o escoamento circulatório é real, como demonstra um experimento que pode ser realizado para visualização de todo o processo. Nesse experimento, uma pequena lâmina curvada de plástico, representando um aerofólio, está imersa em uma camada de água em torno de cinco centímetros de espessura em uma banheira (ver Figura 8.18). Desloca-se vagarosamente a lâmina de plástico, mantendo-a sempre em contato com o fundo da banheira. Pimenta em pó é espalhada na superfície da água para visualização do escoamento.

No início do movimento da lâmina de plástico, percebe-se a formação do redemoinho de partida rodando no sentido anti-horário, próximo ao extremo direito da banheira. Após a lâmina ter percorrido metade do comprimento da banheira, pode-se observar o escoamento se ajustando para escoar por cima da lâmina. À medida que a lâmina se aproxima do extremo esquerdo da banheira, ela é removida rapidamente da água. O que se observa na superfície da água na região de onde a lâmina foi removida é a circulação do escoamento no sentido horário; esse é o escoamento circulatório – ele é real!

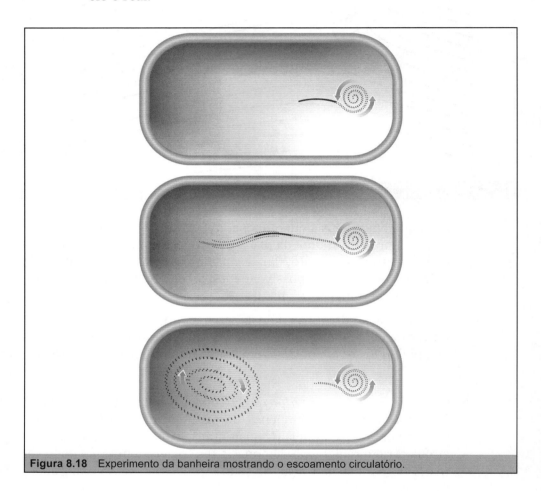

Figura 8.18 Experimento da banheira mostrando o escoamento circulatório.

7. *A geração de sustentação.* O campo circulatório faz com que parte do fluxo que, normalmente, escoaria pelo intradorso, seja redirecionado para o extradorso do aerofólio. Isso fica bem evidente na frente do aerofólio, onde o vetor circulação tem o sentido ascendente. No extradorso do aerofólio, o vetor circulação tem o mesmo sentido do escoamento, causando um aumento da velocidade e redução da pressão (de acordo com a equação de Bernoulli). No intradorso do aerofólio, o vetor circulação tem sentido oposto ao do escoamento, provocando uma redução da velocidade e aumento da pressão. A diferença de pressões entre o intradorso e o extradorso do aerofólio é o que dá origem à sustentação.

8. *Teorias incorretas*[5]. Existem pelo menos três outras teorias incorretas sobre a geração de sustentação.

1ª Teoria incorreta: "Trajetória mais longa" ou de "igual trânsito". O extradorso do aerofólio é formatado em uma trajetória mais longa do que o intradorso e, portanto, as partículas devem se mover mais rapidamente no extradorso do que no intradorso para chegarem juntas ao bordo de fuga. Da equação de Bernoulli, maior velocidade implica uma menor pressão. A diferença de pressões gera a sustentação. Falhas dessa teoria: a) não há nada na teoria aerodinâmica exigindo que as partículas fluidas cheguem ao mesmo tempo ao bordo de fuga; na realidade, as partículas fluidas que percorrem o extradorso do aerofólio chegam primeiro ao bordo de fuga em virtude da circulação; b) há aerofólios perfeitamente simétricos que geram bastante sustentação; c) há aerofólios de baixo arrasto, mais modernos, em que o intradorso é mais longo que o extradorso; d) essa teoria também não explica por que os aviões de acrobacia voam de cabeça para baixo.

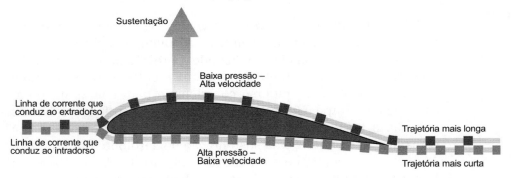

2ª Teoria incorreta: Teoria da "pedra-saltitante". A sustentação é simplesmente o resultado do princípio da ação e reação, pelo qual as partículas que se chocam contra o intradorso transferem quantidade de movimento para o aerofólio. Em virtude da similaridade com a pedra atirada rasantemente saltitando sobre a superfície da água, essa teoria é chamada de "teoria da pedra saltitante". Falhas dessa teoria: a) considera que somente há transferência de quantidade de movimento no intradorso do aerofólio, não levando em consideração que o escoamento no bordo de fuga do extradorso apresenta uma forte componente descendente e, com isso, empurra o aerofólio para cima com mais força que o escoamento no intradorso; b) o que ocorre no extradorso do aerofólio não entra nessa teoria; se assim fosse, dois aerofólios com o mesmo intrador-

---

[5] Traduzido e adaptado de: *Aerodynamic Forces*, National Aeronautics and Space Administration – NASA. Disponível em: <http://www.grc.nasa.gov/WWW/K-12/airplane/presar.html>. Acesso em: 19 dez. 2008.

so e diferentes geometrias de extradorso apresentariam a mesma sustentação, sendo que se sabe que isso não ocorre.

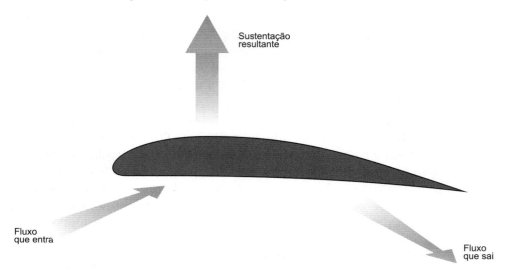

3ª Teoria incorreta: Teoria do "venturi". O extradorso do aerofólio se comporta como um venturi, estrangulando o escoamento, aumentando a velocidade e reduzindo a pressão; a menor pressão no extradorso gera sustentação. Um dos problemas dessa teoria é que, se somente o extradorso contribuísse para com a sustentação, não importaria o formato do intradorso do aerofólio – sabemos que não é assim que as coisas funcionam, o intradorso tem sua contribuição na geração da sustentação no aerofólio. Essa teoria é bastante convincente, pois parte dela está correta. A parcela dessa teoria baseada na equação de Bernoulli em que no extradorso do aerofólio a velocidade aumenta e a pressão se reduz está correta. Entretanto, se calcularmos a queda de pressão utilizando a equação de Bernoulli, verificaremos que a força resultante causada pelo "efeito venturi" não é suficientemente poderosa para manter grandes aviões no ar. O principal problema dessa teoria é que ela atribui o aumento da velocidade com base em uma hipótese incorreta (o estrangulamento do escoamento gera o campo de velocidades); quando sabemos que o campo de velocidades é determinado pelo escoamento circulatório.

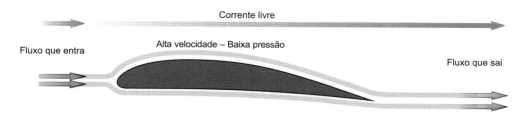

9. *Conclusão*. A viscosidade dos fluidos é a razão fundamental na geração da sustentação, força que permite que pássaros e aviões voem, e veleiros velejem. A viscosidade do fluido dá origem ao redemoinho de partida, que, por sua vez, provoca a formação do escoamento circulatório. Esse escoamento, combinado com o escoamento uniforme causa o aumento da velocidade e redução da pressão (de acordo com a equação de Bernoulli) no extradorso e o inverso no intradorso do aerofólio. A diferença de pressões entre o intradorso e o extradorso do aerofólio é o que dá origem à sustentação.

8.3.2 Determinação da sustentação

A sustentação foi definida anteriormente como a componente da resultante (em decorrência das forças viscosas e de pressão), perpendicular à direção do escoamento. O coeficiente de sustentação foi definido pela Eq. (8.3) como

$$C_S = \frac{S}{\frac{1}{2}\rho V^2 S_{\text{ref.}}},$$

onde $V = V_\infty$ e $S_{\text{ref.}}$ nesse caso é normalmente a área planiforme do corpo S_p, dada pelo produto da *corda c* pela *envergadura L* (ver Figura 8.19).

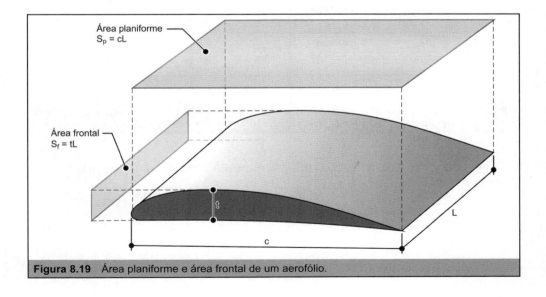

Figura 8.19 Área planiforme e área frontal de um aerofólio.

A Figura 8.20 apresenta os típicos elementos geométricos de aerofólios e a nomenclatura associada.

A Figura 8.21 apresenta a variação do coeficiente de sustentação C_S com o ângulo de ataque α para os aerofólios NACA 0012 e NACA 2412[6]. O primeiro é um aerofólio simétrico e o segundo é um aerofólio abaulado.

Cabem as seguintes observações sobre essa figura: 1) o coeficiente de sustentação cresce linearmente com o ângulo de ataque, com um máximo em torno de $\alpha = 16°$, apresentando uma brusca queda a partir desse valor de α – além de perder sustentação, o aerofólio tem o arrasto aumentado. Essa brusca redução da sustentação, com um pequeno aumento do ângulo de ataque, é denominada *estol*, sendo causada pela ampla região separada no extradorso do aerofólio (ver Fig. 8.22). O ângulo de ataque para o qual a sustentação é máxima é chamado de ângulo de estol. 2) Nos aerofólios simétricos, o coeficiente de sustentação é zero para ângulos de ataque zero, mas não é zero nos aerofólios abaulados.

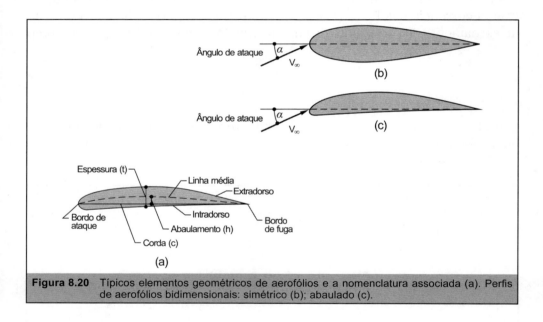

Figura 8.20 Típicos elementos geométricos de aerofólios e a nomenclatura associada (a). Perfis de aerofólios bidimensionais: simétrico (b); abaulado (c).

O coeficiente de arrasto também aumenta com o ângulo de ataque, em geral, exponencialmente (ver Fig. 8.23).

---

[6] Naca ("National Advisory Committee for Aeronautics"; em português, Comitê Nacional para Aconselhamento sobre Aeronáutica), foi a agência espacial norte-americana antecessora da Nasa.

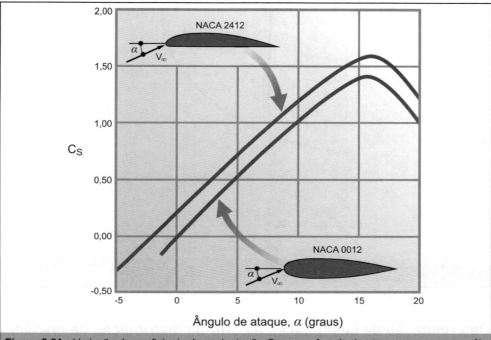

Figura 8.21 Variação do coeficiente de sustentação C_S com o ângulo de ataque α para os aerofólios NACA 0012 e NACA 2412.

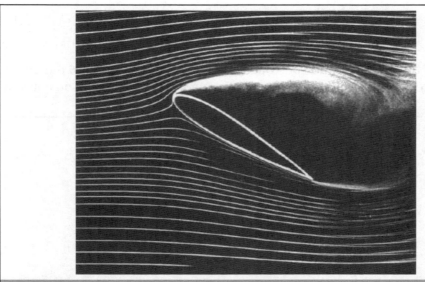

Figura 8.22 Aerofólio operando no ângulo de estol. Fonte: *Illustrated Experiments in Fluid Mechanics*, National Committee for Fluid Mechanics Films. Cambridge, Mass.: M.I.T. Press, 1972.

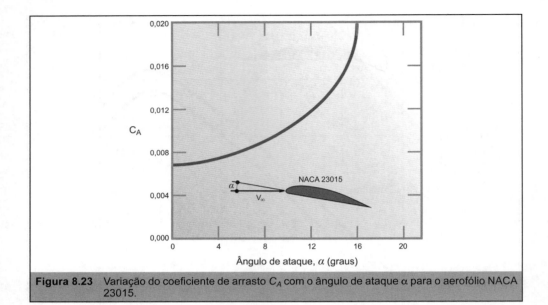

Figura 8.23 Variação do coeficiente de arrasto C_A com o ângulo de ataque α para o aerofólio NACA 23015.

Determinação da sustentação a partir da distribuição de pressões no corpo

Se conhecermos a distribuição de pressões e de tensão viscosa na parede de um corpo, a sustentação S poderá ser determinada por meio da seguinte expressão

$$S = \int_A -p_\theta \, \text{sen}\theta \, dA - \int_A \tau_p \cos\theta \, dA, \qquad (8.17)$$

onde seus termos estão indicados na Figura 8.24. Observe que θ é o ângulo entre a direção positiva do escoamento $\vec{u}$ e a normal à superfície do corpo $\vec{n}$.

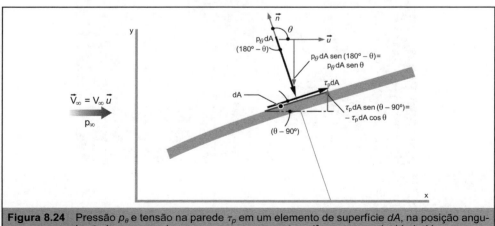

Figura 8.24 Pressão p_θ e tensão na parede τ_p em um elemento de superfície dA, na posição angular θ, de um corpo imerso em um escoamento uniforme com velocidade V_∞ e p_∞.

A Eq. (8.17) fornece a componente normal ao escoamento, da resultante das forças de pressão e viscosas que agem na superfície do corpo. Nos corpos destinados a gerar sustentação, a contribuição das forças viscosas para a sustentação é geralmente desprezível.

Exemplo de aplicação de determinação da sustentação a partir da distribuição de pressões no corpo

A tabela a seguir apresenta as pressões que foram medidas na superfície do aerofólio simétrico da figura seguinte, para três ângulos de ataque α do aerofólio. A envergadura L do aerofólio é igual a 20 cm. A distribuição de pressões foi medida num túnel de vento com seção de testes aberta operando com $V_\infty = 14,5$ m/s. Encontram-se indicados, na figura, as tomadas de pressão no aerofólio, os ângulos θ para $\alpha = 0°$ e os demais elementos geométricos do aerofólio. Desprezando-se a tensão viscosa na parede do aerofólio, determine, para cada um dos ângulos de ataque, a sustentação e o respectivo coeficiente de sustentação, considerando $\rho_{ar} = 1,2$ kg/m³.

Pressões medidas na superfície do aerofólio*

Tomada de pressão	Ângulo de ataque $\alpha = 10°$ p (Pa)	Ângulo de ataque $\alpha = 15°$ p (Pa)	Ângulo de ataque $\alpha = 20°$ p (Pa)
1	-92,3	-280,8	-26,9
2	-207,7	-280,8	-46,2
3	-96,2	-84,6	-61,5
4	-69,2	-69,2	-69,2
5	-19,2	-26,9	-88,5
6	19,2	57,7	53,8
7	19,2	38,5	30,8
8	-15,4	-7,7	-26,9

*A tomada de pressão se dava por meio de um orifício na superfície do aerofólio, conectado a um pequeno duto de plástico internamente ao aerofólio, o qual conduzia a um piezômetro com líquido manométrico (ver figura).

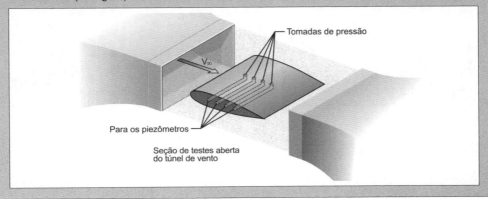

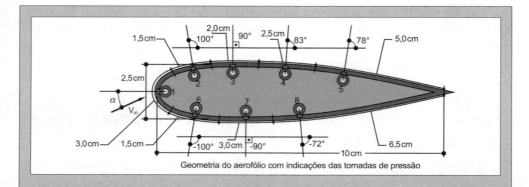
Geometria do aerofólio com indicações das tomadas de pressão

Solução

O primeiro fator a se observar é que para $\alpha \neq 0°$, o ângulo entre a direção positiva do escoamento e a normal à superfície do corpo será dado por $(\theta - \alpha)$ (ver Figura 8.24).

A sustentação S_α, para cada ângulo de ataque do aerofólio, será obtida por meio da Eq. (8.17), a qual, tendo em vista a natureza discreta das pressões que foram medidas, será aproximada por

$$S_\alpha = \int_A -p_\theta \, \text{sen}(\theta - \alpha) dA \Rightarrow \frac{S_\alpha}{L} \cong \sum_{i=1}^{n} \frac{S_{i_\alpha}}{L} = \sum_{i=1}^{n} -p_\theta \, \text{sen}(\theta_i - \alpha) \Delta arc_i,$$

onde L é a envergadura do aerofólio, e Δarc_i é o comprimento do arco onde foi medida a pressão p_{θ_i}.

O coeficiente de sustentação para cada ângulo de ataque do aerofólio será então dado por

$$C_{S_\alpha} = \frac{S_\alpha/L}{\frac{1}{2}\rho_{\text{ar}} V_\infty^2 c},$$

onde c é a corda do aerofólio ($c = 10$ cm).

A tabela a seguir sumariza o cálculo da sustentação e do coeficiente de sustentação do aerofólio

Cálculo da sustentação no aerofólio

Tomada de pressão	θ_i° (rad)	Comp. do arco (cm)	$\alpha = 10^\circ$ (0,17 rad)		$\alpha = 15^\circ$ (0,26 rad)		$\alpha = 20^\circ$ (0,35 rad)	
			p_{θ_i}(Pa)	$\dfrac{S_{i_\alpha}}{L}$ (N/m)	p_{θ_i}(Pa)	$\dfrac{S_{i_\alpha}}{L}$ (N/m)	p_{θ_i}(Pa)	$\dfrac{S_{i_\alpha}}{L}$ (N/m)
1	180° (3,14)	3,0	–93,2	0,48	–280,8	2,18	–26,9	0,28
2	100° (1,75)	1,5	–207,7	3,12	–280,8	4,20	–46,2	0,68
3	90° (1,57)	2,0	–96,2	1,89	–84,6	1,63	–61,5	1,16
4	83° (1,45)	2,5	–69,2	1,66	–60,2	1,60	–69,2	1,54
5	78° (1,36)	5,0	–19,2	0,89	–26,9	1,20	–88,5	3,75
6	–100° (–1,75)	1,5	19,2	0,27	57,7	0,78	53,8	0,70
7	–90° (–1,57)	3,0	19,2	0,57	38,5	1,11	30,8	0,87
8	–72° (–1,26)	6,5	–15,4	–0,99	–7,7	–0,50	–26,9	1,75
			$\dfrac{S_\alpha}{L}$ (N/m)	7,89	$\dfrac{S_\alpha}{L}$ (N/m)	12,21	$\dfrac{S_\alpha}{L}$ (N/m)	7,23
			C_{S_α}	0,63	C_{S_α}	0,97	C_{S_α}	0,57

Determinação da sustentação a partir do escoamento circulatório

A integral de linha $\Gamma = \int_C \vec{v} \times dP$ em que C é uma curva qualquer, $\vec{v}$ o vetor velocidade em cada ponto de C e dP, um deslocamento elementar contido na reta tangente a C é, por definição, a circulação do vetor velocidade $\vec{v}$ ao longo de C. As unidades de Γ são m²/s.

A Figura 8.25 mostra os elementos para o cálculo da circulação Γ em torno do perfil K.

Teorema de Kutta-Joukowski

Esse teorema estabelece que a sustentação por unidade de comprimento S/L que age no corpo imerso em um fluido de massa específica ρ, escoando com velocidade uniforme V_∞, é dada por

$$\frac{S}{L} = \rho V_\infty \Gamma. \tag{8.18}$$

Por convenção, o sentido positivo da circulação é o sentido horário. Uma circulação positiva aumenta a velocidade no extradorso do aerofólio e a diminui no intradorso. Consequentemente, segundo a equação de Bernoulli, a pressão é menor no extradorso e maior no intradorso, o que explica a sustentação e o seu correspondente sentido, do intradorso para o extradorso do aerofólio, isto é, no sentido do semieixo positivo dos y (ver Figura 8.25).

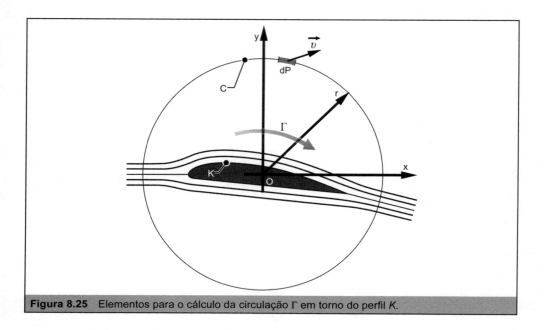

Figura 8.25 Elementos para o cálculo da circulação Γ em torno do perfil K.

A Condição de Kutta[7]

A Figura 8.26 apresenta configurações de linhas de corrente para três escoamentos circulatórios em torno de um mesmo perfil imerso em um escoamento uniforme. A discussão sobre a origem da sustentação no item 8.3.1, permite selecionar qual escoamento circulatório que melhor simula o escoamento real em torno desse aerofólio. É o caso (Figura 8.26c) onde os escoamentos no extradorso e intradorso se encontram no bordo de fuga do aerofólio e prosseguem escoando de forma contínua e suave a partir daí.

Essa condição é chamada de *condição de Kutta* e estabelece qual a circulação que simula adequadamente o escoamento real em torno do aerofólio. Todas as teorias de determinação da sustentação usam a condição de Kutta (a qual se mostra em boa concordância com dados experimentais) para estabelecer a correta circulação do aerofólio Γ_{Kutta}, a qual depende da velocidade do escoamento, do ângulo de ataque e do formato do aerofólio.

---

[7] Traduzido e adaptado de partes do Capítulo 8 (p. 487, 488, 492 e 493), *Fluid Mechanics*, Frank M. White, McGraw-Hill Book Company, 1979 edition.

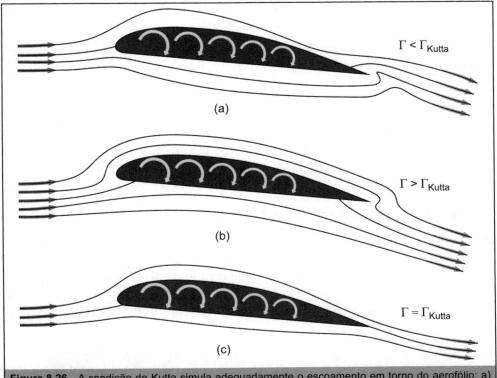

Figura 8.26 A condição de Kutta simula adequadamente o escoamento em torno do aerofólio: a) pouca circulação, ponto de estagnação no extradorso do aerofólio; b) circulação em excesso, ponto de estagnação no intradorso do aerofólio; c) circulação na medida certa, a condição de Kutta requer escoamento suave no bordo de fuga do aerofólio.

Usando a teoria de mapamento com variáveis complexas, é possível obter a circulação correta de qualquer aerofólio espesso e abaulado na forma

$$\Gamma_{\text{Kutta}} = \pi L c V_\infty \left(1 + 0{,}77\frac{t}{c}\right)\text{sen}\,(\alpha + \beta), \tag{8.19}$$

onde $\beta = \tan^{-1}(2h/c)$, é o termo que leva em conta o abaulamento do aerofólio. Os elementos geométricos que aparecem nessa equação constam da Figura 8.20.

O coeficiente de sustentação de aerofólios bidimensionais será então dado por

$$C_S = \frac{\rho V_\infty \Gamma}{\frac{1}{2}\rho V_\infty^2 Lc} = 2\pi\left(1 + 0{,}77\frac{t}{c}\right)\text{sen}\,(\alpha + \beta). \tag{8.20}$$

Para aerofólios simétricos, essa equação se reduz a

$$C_S = 2\pi\left(1 + 0{,}77\frac{t}{c}\right)\text{sen}\,\alpha, \tag{8.21}$$

onde o efeito da espessura do aerofólio está contido no termo $(1 + 0{,}77\ t/c)$ e o efeito do ângulo de ataque no termo senα.

O efeito da espessura não se confirma experimentalmente e, portanto, é costumeiro aproximar o coeficiente de sustentação de aerofólios bidimensionais, com ou sem abaulamento, por meio da seguinte expressão

$$C_S \approx 2\pi \cdot \text{sen}(\alpha + \beta). \tag{8.22}$$

Esse último resultado mostra que é nula a sustentação em um aerofólio simétrico não abaulado com ângulo de ataque zero, o que se confirma no aerofólio NACA 0012 da Figura 8.21.

Aerofólios de envergadura finita – asas

Os resultados até aqui apresentados se aplicam a aerofólios bidimensionais, ou de envergadura infinita. Entretanto, asas são aerofólios de envergadura finita e, portanto, sujeitas aos efeitos do escoamento tridimensional. O principal elemento causador desses efeitos são os redemoinhos gerados nas bordas laterais da asa (vórtice de ponta de asa na tomada fotográfica da Fig. 8.27).

Figura 8.27 Tomada fotográfica do vórtice de ponta de asa.

O vórtice de ponta de asa induz um escoamento descendente (*downwash*, na Figura 8.28) que age no sentido de reduzir a sustentação e de aumentar o arrasto da asa em relação aos valores teóricos previstos para aerofólios bidimensionais.

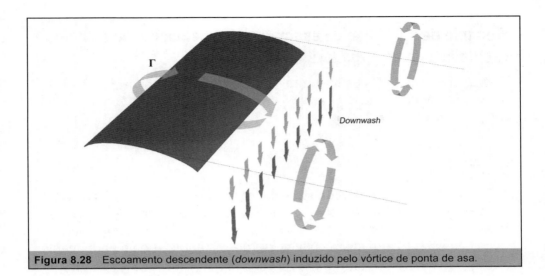

Figura 8.28 Escoamento descendente (*downwash*) induzido pelo vórtice de ponta de asa.

O parâmetro que caracteriza o aerofólio de largura finita é a *razão de aspecto* da asa RA, definida como a razão entre a envergadura L e a corda c da asa, $RA = L/c$.

A Figura 8.29 apresenta coeficientes de sustentação medidos em aerofólio abaulado ($\beta = 5°$) com diferentes razões de aspecto. Encontra-se indicado nessa figura o valor teórico do coeficiente de sustentação para asas de envergadura infinita, aproximando a Eq. (8.22) para $C_S \approx 2\pi\,(\alpha + \beta)$.

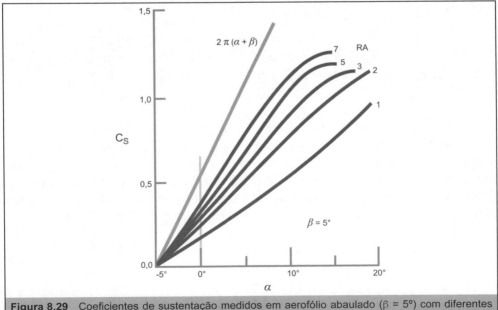

Figura 8.29 Coeficientes de sustentação medidos em aerofólio abaulado ($\beta = 5°$) com diferentes razões de aspecto.

320 ▌ Mecânica dos Fluidos

Exemplo de aplicação de estimativa de coeficiente de sustentação de asa de envergadura finita

Estime os coeficientes de sustentação do exemplo de aplicação anterior, para a asa com razão de aspecto $RA = L/c = 20$ cm$/10$ cm $= 2$, com auxílio da Figura 8.29.

Solução

A Figura 8.29 é para aerofólio abaulado. Como se verifica nessa figura, a característica desse aerofólio é apresentar sustentação não nula para ângulo de ataque zero. Entretanto, sabemos que o aerofólio simétrico sem abaulamento apresenta coeficiente de sustentação nulo para ângulo de ataque zero.

A Figura 8.29 indica que, para $RA = 2$ e $\alpha = 0°$, o coeficiente de sustentação do aerofólio abaulado é $C_S \cong 0,2$; assim o abaulamento de 5°, por si só, gera um coeficiente de sustentação em torno de 0,2 nesse aerofólio.

Na ausência de dados para aerofólios simétricos sem abaulamento, os coeficientes de sustentação para a asa de largura finita do exemplo de aplicação anterior serão estimados subtraindo-se 0,2 dos coeficientes de sustentação extraídos da Figura 8.29 com $\alpha = 10°$, 15° e 20°, obtendo-se $C_S \cong 0,5$, 0,8 e 0,9, respectivamente.

No exemplo de aplicação anterior para $\alpha = 10°$, 15° e 20° obtivemos $C_S \cong$ 0,63, 0,97, 0,57, respectivamente.

Esses resultados demonstram que os coeficientes de sustentação obtidos experimentalmente para a asa simétrica, com razão de aspecto igual a dois, superam a previsão teórica, exceto para $\alpha = 20°$.

Aviões, durante os procedimentos de pouso e decolagem, precisam de asas que gerem elevados coeficientes de sustentação para equilibrar o peso próprio – quanto maior for o máximo coeficiente de sustentação $C_{Smáx}$ da asa, menor poderá ser a velocidade do avião durante esses procedimentos. Elevados coeficientes de sustentação podem ser obtidos equipando-se a asa com flapes de bordo de ataque e de bordo de fuga (ver Figura 8.30).

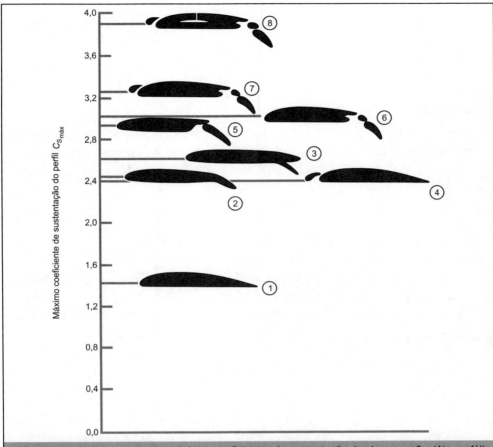

Figura 8.30 Típicos valores de máximos coeficientes de sustentação de alguns perfis: (1) aerofólio simples, (2) com aileron, (3) com flape saliente, (4) com *slat* de bordo de ataque, (5) flape de aerofólio com fenda, (6) flapes com fenda dupla, (7) flapes com fenda dupla e *slat* de bordo de ataque, (8) com adição de sucção da camada-limite no extradorso do aerofólio.

Exemplo de aplicação de $C_{Smáx}$

Um piloto vê seu avião sobrecarregado pouco antes da decolagem em uma operação de resgate de refugiados de guerra. Preocupado com a pequena extensão da pista de emergência criada para as operações de resgate, ele precisa estimar rapidamente a *distância de decolagem* s_g para seu avião, o qual desenvolve um máximo empuxo de decolagem $E_{máx}$ = 32,47 kN. O peso total estimado do avião com a carga é G = 8,98 ton. A área total das asas é S_{asas} = 29,5 m². O piloto vai usar tudo o que tem direito no sentido de gerar o coeficiente de sustentação mais elevado possível das asas com flapes de fenda dupla e *slats* de bordo de ataque, mas terá que limitar o ângulo de ataque das asas para evitar que a cauda do avião toque a pista

322 ∎ Mecânica dos Fluidos

durante a rotação do avião. Isso limita o coeficiente de sustentação das asas durante a decolagem em 80% do $C_{Smáx}$. Na altitude do aeroporto a massa específica do ar é $\rho_{ar} = 1{,}225$ kg/m^3.

Solução

Equacionando as forças que atuam no avião durante a decolagem, pode-se mostrar que a distância de decolagem s_g é, aproximadamente, dada por

$$s_g \approx \frac{1{,}21 \cdot G^2}{g \cdot \rho_{ar} \cdot S_{asas} \cdot E \cdot C_{S_{decolagem}}},$$

onde g é a gravidade. Essa fórmula considera que durante a decolagem, o empuxo desenvolvido pelo avião é muito maior que o arrasto sobre ele.

Para asas com flapes de fenda dupla e *slats* de bordo de ataque, a Figura 8.30 fornece o máximo coeficiente de sustentação $C_{Smáx} \cong 3{,}3$. Logo, o coeficiente de sustentação de decolagem é $C_{Sdecolagem} \cong 0{,}8 \times 3{,}3 = 2{,}64$.

Substituindo-se valores numéricos na expressão acima, resulta em

$$s_g \approx \frac{1{,}21 \cdot G^2}{g \cdot \rho_{ar} \cdot S_{asas} \cdot E \cdot C_{S_{decolagem}}} =$$

$$\frac{1{,}21 \times \left[8{,}98 \times 10^3 \text{ kgf} \times (9{,}81 \text{ N/kgf}) \right]^2}{9{,}81 \text{ m/s}^2 \times 1{,}225 \text{ kg/m}^3 \times 29{,}5 \text{ m}^2 \times 32.470 \text{ N} \times 2{,}64} \cong 309 \text{ m}.$$

8.4 NOÇÕES DE AERODINÂMICA AUTOMOBILÍSTICA

O estudo da aerodinâmica é de grande importância na mecânica automobilística, principalmente no controle das forças aerodinâmicas, uma vez que a redução do arrasto leva a uma redução do consumo de combustível do veículo e, como consequência, a redução das emissões de CO_2. Por sua vez, a redução da sustentação aumenta a estabilidade do veículo, provocando freadas e trações mais eficientes, e aumento da velocidade nas curvas. Outros fatores do projeto de veículos que requerem estudo aerodinâmico são: ruído do vento – fator de conforto aos passageiros –, posicionamento de janelas, posicionamento das tomadas de ar para refrigeração, ventilação e combustão, desempenho do limpador de para-brisas, redução de depósitos no vidro traseiro etc.

O quadro a seguir apresenta as diferenças aerodinâmicas entre automóveis e aviões. Em virtude, essencialmente, do fato de que o escoamento

CAPÍTULO 8 – Arrasto e sustentação ∎ 323

ao redor de automóveis é dominado por efeitos viscosos tridimensionais, a técnica aerodinâmica de projeto dominante é ainda bastante empírica.

Automóveis	Aviões
Corpos rombudos	Aerodinâmicos
Grandes regiões viscosas	Escoamento de fluido perfeito domina
Baixa razão de aspecto (3D)	Elevada razão de aspecto (2D)
Grande interação entre componentes	Baixa interação entre componentes
Efeitos de solo	Otimização passo-a-passo

8.4.1 Análise de desempenho do veículo do ponto de vista do arrasto

O arrasto é de fundamental importância no desempenho do veículo, pois tem forte impacto na potência requerida do motor para manter uma determinada velocidade e, consequentemente, no consumo de combustível. Desenvolveremos, a seguir, alguns exemplos numéricos para melhor compreensão da influência do arrasto no desempenho do veículo.

Da Eq. (8.2), temos que o arrasto poderá ser obtido por meio de

$$A = \frac{\rho S_{\text{ref.}} V^2}{2} C_A,$$

onde $S_{\text{ref.}}$ é a área frontal do veículo.

Da expressão acima obtida, a potência requerida do motor do veículo para vencer o arrasto , poderá ser escrita da seguinte forma

$$P_A = AV = K C_A V^3, \tag{8.23}$$

onde $K = \frac{\rho S_{ref.}}{2}$ = 1,2 kg/m para um veículo com área frontal de 2 m^2 e com ρ = 1,2 kg/m^3. O mercado automobilístico brasileiro costuma especificar a potência dos motores dos veículos em cavalo-vapor, sendo que 1 cv = 0,73551 kW.

P_A é a potência requerida para deslocar o veículo através da atmosfera (não inclui a potência de atrito de rolamento dos pneus), e é chamada de *potência aerodinâmica*. Observe que a potência aerodinâmica cresce com o cubo da velocidade.

O diferencial da potência aerodinâmica requerida será dado por

$$dP_A = K V^3 dC_A + 3 K C_A V^2 dV. \tag{8.24}$$

A Eq. (8.24) permite cálculos interessantes acerca do impacto da velocidade e do coeficiente de arrasto na potência aerodinâmica do veículo.

Exemplos de análise de desempenho do veículo do ponto de vista do arrasto

1º Caso: influência de C_A em V mantido P_A constante. Para um veículo com $C_A = 0,5$, a 120 km/h, determine a variação da velocidade com a redução de 40% do coeficiente de arrasto, mantida a potência aerodinâmica constante.

Solução

Da Eq. (8.24) com $dP_A = 0$, temos que

$$\frac{dV}{V} = -\frac{1}{3}\frac{dC_A}{C_A}.$$

Logo, temos aproximadamente que

$$\frac{\Delta V}{V} \cong -\frac{1}{3}\frac{\Delta C_A}{C_A} = -\frac{1}{3}\left[\frac{-(0,4\times0,5)}{0,5}\right] = 0,13.$$

Este resultado mostra que, mantida a potência aerodinâmica constante, a redução de 40% do coeficiente de arrasto leva a um aumento de 13% da velocidade. Para o veículo a 120 km/h, o aumento seria de 15,6 km/h.

2º Caso: influência de V em P_A mantido C_A constante. Para um veículo com $C_A = 0,5$, consumindo a potência aerodinâmica de 40 cv = 29,42 kW, a 120 km/h, determine a variação da potência aerodinâmica requerida com o aumento da velocidade para 135 km/h.

Solução

Da Eq. (8.24) com $dC_A = 0$, temos que

$$\frac{dP_A}{P_A} = \frac{3KC_AV^3}{P_A}\frac{dV}{V}.$$

Logo, temos aproximadamente que

$$\frac{\Delta P_A}{P_A} \cong \frac{3\times1,2\times0,5\times(120/3,6)^3}{29.420}\frac{\Delta V}{V} = 2,27\frac{\Delta V}{V} = 2,27\frac{15}{120} = 0,28.$$

Este resultado mostra que o aumento da velocidade de 120 km/h para 135 km/h acarreta um aumento de 28% da potência aerodinâmica consumida, ou seja, de 40 cv = 29,42 kW para 51,2 cv = 37,66 kW.

3° Caso: influência de C_A em P_A mantido V constante. Para um veículo com $C_A = 0,5$, consumindo a potência aerodinâmica de 40 cv = 29,42 kW, a 120 km/h, determinar a variação da potência aerodinâmica requerida com a redução de 40% do coeficiente de arrasto, mantida a velocidade constante.

Solução

Da Eq. (8.24) com dV, temos que

$$\frac{dP_A}{P_A} = \frac{KC_A V^3}{P_A} \frac{dC_A}{C_A}.$$

Logo, temos aproximadamente que

$$\frac{\Delta P_A}{P_A} \cong \frac{1,2 \times 0,5 \times (120/3,6)^3}{29.420} \frac{\Delta C_A}{C_A} = 0,76 \left[\frac{-(0,4 \times 0,5)}{0,5} \right] = -0,30.$$

Este resultado mostra que mantida a velocidade constante, a redução de 40% do coeficiente de arrasto acarreta uma redução de 30% da potência aerodinâmica requerida. Para o veículo consumindo 40 cv = 29,42 kW, a 120 km/h, a potência aerodinâmica consumida se reduziria para 28 cv = 20,59kW.

8.4.2 Redução do arrasto

Desde os primórdios da indústria automobilística, a arrasto constitui uma das grandes preocupações dos projetistas de veículos. A Figura 8.31 apresenta um exemplo da evolução do design dos veículos e o impacto que cada modelo teve no coeficiente de arrasto ao longo do século XX.

Considera-se que, tipicamente em veículos, 80% do arrasto se deve ao arrasto de pressão e 20% ao arrasto de atrito. Por esta razão, os esforços na redução do arrasto se concentram essencialmente na otimização do formato básico para um certo design desejável e na otimização dos detalhes da carroceria do veículo.

A Figura 8.32 mostra percentuais de redução do coeficiente de arrasto obtidos com modificações na região frontal do veículo.

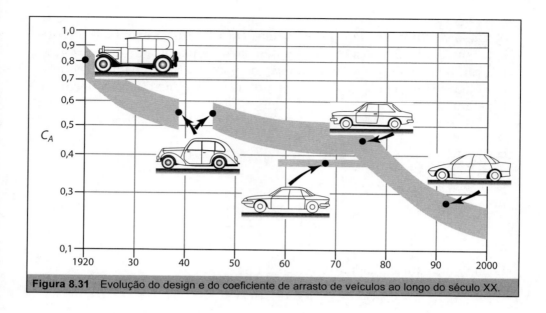

Figura 8.31 Evolução do design e do coeficiente de arrasto de veículos ao longo do século XX.

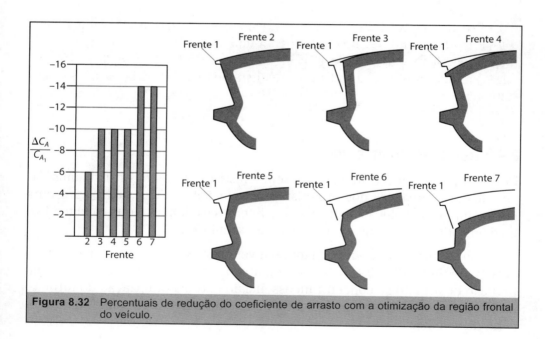

Figura 8.32 Percentuais de redução do coeficiente de arrasto com a otimização da região frontal do veículo.

A Figura 8.33 mostra o efeito do arredondamento do bordo de ataque e da incorporação de um *spoiler* na região frontal inferior de um veículo, em termos do percentual de redução do coeficiente de arrasto.

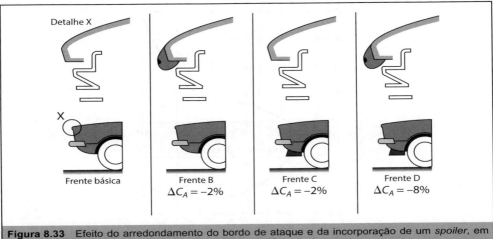

Figura 8.33 Efeito do arredondamento do bordo de ataque e da incorporação de um *spoiler*, em termos do percentual de redução do coeficiente de arrasto.

A Figura 8.34 mostra a influência do ângulo de inclinação do para-brisas no coeficiente de arrasto.

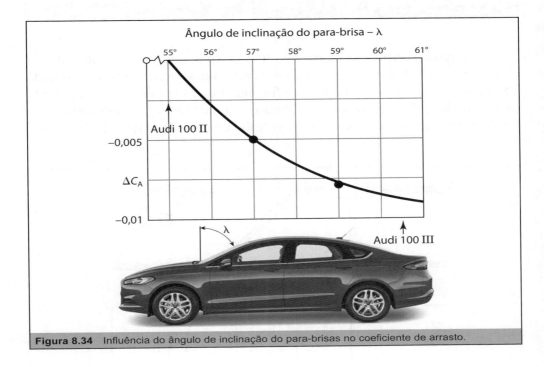

Figura 8.34 Influência do ângulo de inclinação do para-brisas no coeficiente de arrasto.

Conforme mostra a Figura 8.35, apesar de ser possível uma redução do coeficiente de arrasto com a curvatura do teto, deve-se assegurar que a área frontal do veículo não se altere significativamente para mais, para que o arrasto absoluto não aumente.

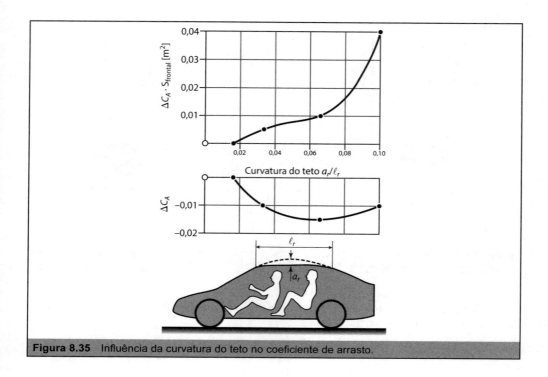

Figura 8.35 Influência da curvatura do teto no coeficiente de arrasto.

A Figura 8.36 apresenta os três tipos de traseiras mais comuns em veículos: *squareback*, *fastback* e *notchback*. A traseira *squareback* apresentada da figura vem acompanhada de um afunilamento da traseira vista em planta denominada de *boat-tailing*, literalmente "rabo de barco" cuja denominação também se associa aos famosos carros "rabo de peixe", da década de 1950.

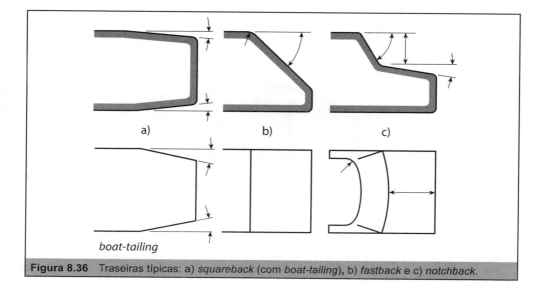

Figura 8.36 Traseiras típicas: a) *squareback* (com *boat-tailing*), b) *fastback* e c) *notchback*.

O escoamento na parte traseira do veículo é extremamente complexo, dominado por uma região de separação tridimensional com fortes redemoinhos e pressões negativas intensas, sendo que os estudos aerodinâmicos em veículos tendem a se concentrar nesta região, no sentido de se conseguir reduções mais significativas no arrasto.

A traseira *boat-tailing* é uma técnica de sucesso no sentido de reduzir os efeitos detrimentais da separação do escoamento na região traseira do veículo, com impacto na redução do coeficiente de arrasto, conforme demonstram os exemplos apresentados na Figura 8.37.

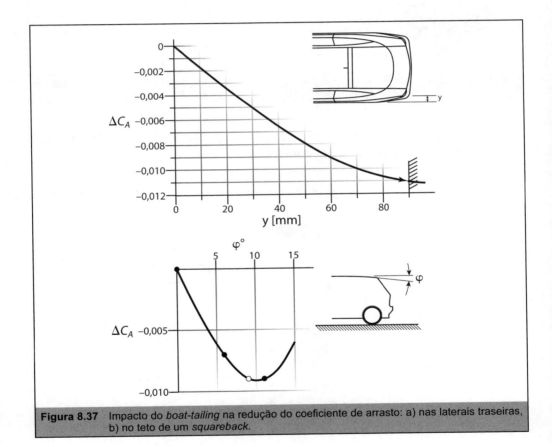

Figura 8.37 Impacto do *boat-tailing* na redução do coeficiente de arrasto: a) nas laterais traseiras, b) no teto de um *squareback*.

Note que o *boat-tailing* no teto tende a reduzir o volume do compartimento de bagagens, o que é motivo de conflito com a engenharia de projetos, principalmente em veículos compactos.

A Figura 8.38 mostra o delicado compromisso entre os ângulos de inclinação da traseira *fastback* e *squareback*, e seus impactos na região de separação e coeficiente de arrasto.

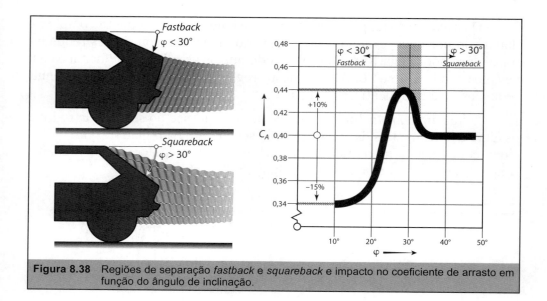

Figura 8.38 Regiões de separação *fastback* e *squareback* e impacto no coeficiente de arrasto em função do ângulo de inclinação.

A Figura 8.39 apresenta um estudo de parâmetros geométricos para um *notchback* e o impacto no coeficiente de arrasto.

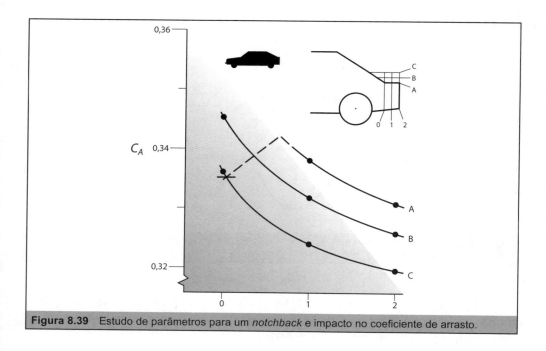

Figura 8.39 Estudo de parâmetros para um *notchback* e impacto no coeficiente de arrasto.

Apesar dos esforços na redução do arrasto com a otimização de detalhes, considera-se, que no estágio atual das tendências estilísticas, é cada vez mais difícil conseguir-se reduções do coeficiente de arrasto abaixo de 0,3.

8.4.3 Redução da sustentação

A principal prioridade da redução da sustentação é o aumento da estabilidade e da dirigibilidade, principalmente em carros de corrida, onde a sustentação negativa aumenta a velocidade nas curvas.

A Figura 8.40 mostra típicos elementos geradores de sustentação negativa em carros de corrida, tais como: asas traseira e dianteira e perfis de asa invertidos no *underbody* do carro. Obviamente as asas traseira e dianteira são também perfis de asa invertidos, no sentido de que a sua função é a de gerar sustentação negativa para o carro. As caixas laterais que aparecem na figura são seladas com aventais para manter o escoamento bidimensional nas asas invertidas do *underbody*, resultando no aumento da sustentação negativa e na redução do arrasto.

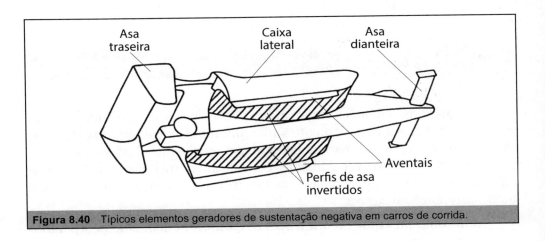

Figura 8.40 Típicos elementos geradores de sustentação negativa em carros de corrida.

Aventais selando as caixas laterais permitiram elevadas velocidades nas curvas, porém foram proibidos por razões de segurança pelas regras da Fórmula 1, que, desde 1983, exigem que o painel do *underbody* entre as rodas seja completamente nivelado.

É claro que as asas dianteira e traseira aumentam o arrasto no carro, reduzindo sua velocidade máxima e o limite de aceleração. Porém em altas velocidades, elas empurram o carro para baixo, adicionado tração, para que o piloto possa dirigir mais rápido nas curvas. Trata-se, portanto, de equilibrar dois fatores conflitantes, o que requer cuidadosas decisões de projeto.

A Figura 8.41 mostra o efeito do *gap* de solo na sustentação de um carro de corrida com perfis de asa invertidos próximos aos difusores.

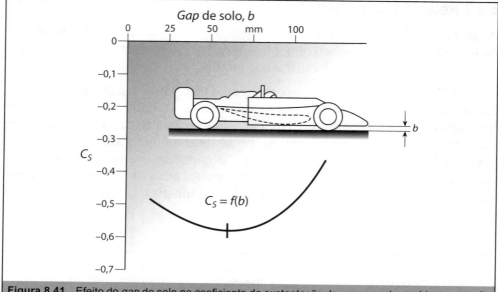

Figura 8.41 Efeito do *gap* de solo no coeficiente de sustentação de um carro de corrida, com perfis de asa invertidos próximos aos difusores.

Frequentemente se confundem as funções das asas invertidas com as dos *spoilers*, por ser relativamente sutil a diferença entre eles. *Spoilers* são dispositivos incorporados para impedir algum movimento desfavorável do ar no entorno do veículo em movimento, e que ficam normalmente solidários às superfícies do veículo. Como nas asas invertidas, sua função é a de também gerar sustentação negativa.

Conforme ilustra a Figura 8.42, os *spoilers* podem ser incorporados tanto na parte traseira como na parte dianteira dos veículos, criando forças descendentes sobre o veículo.

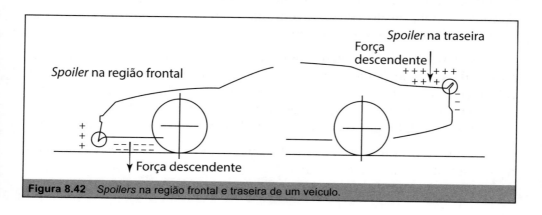

Figura 8.42 *Spoilers* na região frontal e traseira de um veículo.

O *spoiler* cria uma região de estagnação a sua frente, onde a pressão será maior que na sua retaguarda, gerando, portanto, um diferencial de pressões que será máximo quando o *spoiler* está na vertical. A localização do *spoiler* embaixo na parte frontal e em cima na parte traseira tende a respectivamente maximizar as pressões negativas nas superfícies embaixo do veículo e maximizar as pressões positivas nas superfícies de cima do veículo. O resultado são forças descendentes que ajudam a manter a tração do veículo, com aumento da estabilidade nas frenagens, além de propiciar um efeito estilístico. Muito embora grandes *spoilers* frontais gerem arrasto adicional, considera-se que o aumento das forças descendentes é mais importante para o desempenho global de veículos de alto desempenho.

8.4.4 Técnicas de projeto em aerodinâmica automobilística

Existem duas técnicas de projeto na área de aerodinâmica automobilística: experimental e computacional. Pode-se dizer que, atualmente, essas técnicas são complementares entre si, pois, quando aplicadas simultaneamente, tendem a reduzir os custos dos desenvolvimentos e o tempo de projeto.

A Figura 8.43 mostra o número de horas em túnel de vento no desenvolvimento aerodinâmico de dois veículos bastante populares da VW ao longo dos anos, onde se vê claramente a redução do coeficiente de arrasto e o número de horas em túnel de vento, associada à evolução aerodinâmica de cada um dos modelos.

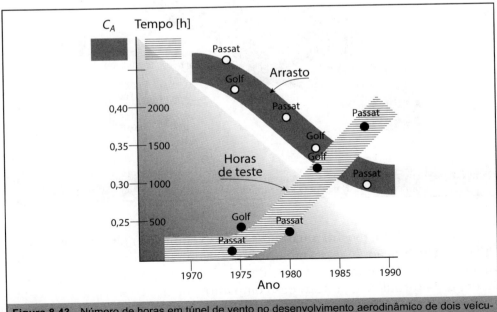

Figura 8.43 Número de horas em túnel de vento no desenvolvimento aerodinâmico de dois veículos da VW.

Embora se notem reduções bastante importantes dos coeficientes de arrasto dos dois modelos ao longo dos anos, tais reduções não foram obtidas sem um custo considerável em termos de horas em túnel de vento.

No sentido de se reduzir a magnitude do trabalho experimental, que além dos testes experimentais em túnel de vento, requer a custosa construção de protótipos em cada fase evolutiva do projeto, cada vez mais se utilizam de modelagens computacionais na otimização do projeto aerodinâmico dos veículos.

A modelagem computacional, utilizando métodos numéricos desenvolvidos na Mecânica dos Fluidos Computacional (*Computacional Fluid Dynamics* – CFD), é uma importante técnica de projeto, cada vez mais utilizada pela indústria automobilística, que além de permitir a visualização do escoamento ao redor do veículo, mostrando regiões de separação do escoamento, zonas de recirculação etc., fornece diretamente a distribuição de pressões e velocidades sobre o veículo, conforme mostra a Figura 8.44.

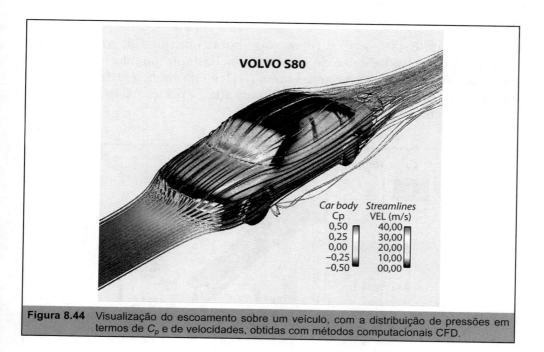

Figura 8.44 Visualização do escoamento sobre um veículo, com a distribuição de pressões em termos de C_p e de velocidades, obtidas com métodos computacionais CFD.

A Figura 8.45, mostra um interessante exemplo de aplicação da técnica CFD na visualização do escoamento ao redor de uma roda parada e em movimento, onde foram calculadas as distribuições de pressão utilizando dois modelos de turbulência, mostradas comparativamente com resultados experimentais da roda parada.

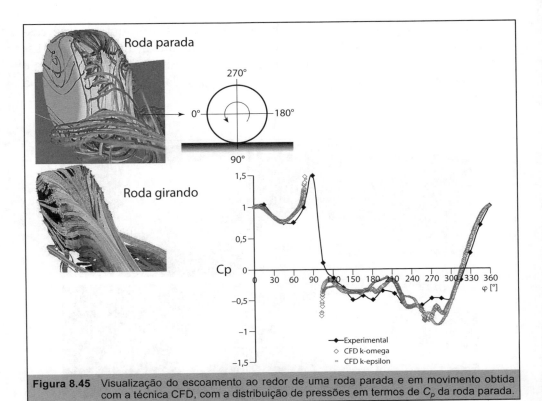

Figura 8.45 Visualização do escoamento ao redor de uma roda parada e em movimento obtida com a técnica CFD, com a distribuição de pressões em termos de C_p da roda parada.

Como mostra a Figura 8.46, as duas técnicas, experimental e computacional, podem ser usadas em combinação, onde a malha CFD contendo a distribuição de pressões, foi montada sobre a tomada fotográfica de um veículo em teste em túnel de vento, com visualização de escoamento com injeção de fumaça.

Figura 8.46 Malha CFD contendo a distribuição de pressões, montada sobre a tomada fotográfica de um veículo em teste em túnel de vento, com visualização de escoamento com injeção de fumaça.

O emprego das técnicas de projeto, discutidas até aqui, não se restringe à investigação das forças de origem aerodinâmica; um exemplo disso é apresentado na Figura 8.47, que mostra os resultados experimentais e computacionais comparativos de um estudo acerca da deposição de lama na traseira de um ônibus.

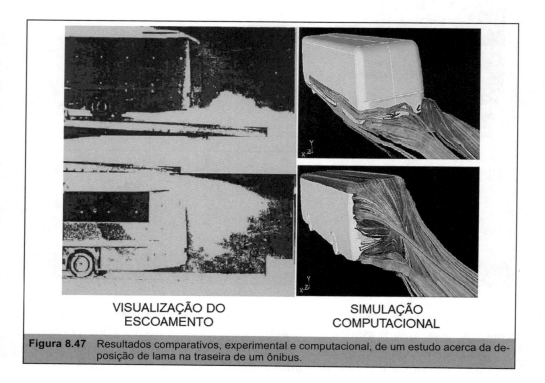

Figura 8.47 Resultados comparativos, experimental e computacional, de um estudo acerca da deposição de lama na traseira de um ônibus.

Concluindo, podemos dizer que, para o consumidor final, a otimização do formato aerodinâmico dos veículos pode resultar em considerável redução do consumo de combustível, melhorias no conforto do motorista e dos passageiros, e condições de dirigibilidade mais favoráveis. Nessa otimização, além da tradicional técnica experimental, com ensaios em túnel de vento, os projetistas vêm utilizando, cada vez mais, a simulação computacional via CFD, em virtude da importância que essa ferramenta vem adquirindo nos últimos tempos, no estudo da aerodinâmica de automóveis.

8.5 EXERCÍCIOS

1. Estime o coeficiente de arrasto do automóvel da figura, sabendo-se que sua área frontal é igual a 2,07 m² e que no túnel de vento $\rho_{ar} = 1,2$ kg/m³. Resposta: $C_A \cong 0,34$.

2. O paraquedista da figura salta de um avião a 2.400 m de altitude, com um paraquedas de 7,5 m de diâmetro. O peso total do paraquedista com o paraquedas é de 84 kgf. Supondo paraquedas com coeficiente de arrasto de 1,2, estime a velocidade terminal na altitude de 2.400 m. Admita massa específica do ar igual a 0,97 kg/m³ a 2.400 m de altitude. Resposta: 5,66 m/s.

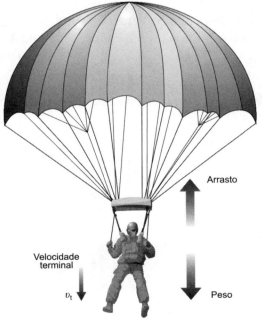

3 O leme retangular do veleiro da figura tem largura de 25,4 cm e se estende à 61 cm dentro da água. Estime o arrasto de atrito no leme quando o veleiro se desloca à 5 nós. Admita: $\rho_{água} = 10^3$ kg/m^3; $\mu_{água} = 1,307 \times 10^{-3}$ kg/m · s; 1 nó = 0,5144 m/s. Resposta: 1,9 N.

4 Um anemômetro de conchas é mantido parado com um vento de 50 nós. Qual o torque necessário para mantê-lo nessas condições? As conchas têm diâmetro de 75 mm. Admita $\rho_{ar} = 1,2$ kg/m^3; 1 nó = 0,5144 m/s. Resposta: 0,366 Nm.

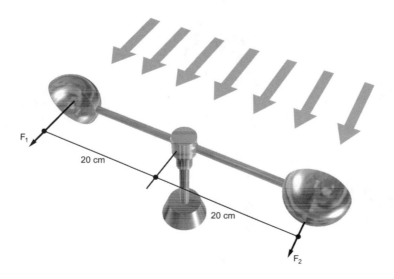

5   Um barco arrasta um cilindro com 1,5 m de diâmetro e 22 m de comprimento, submerso em água, com velocidade de 18 km/h. Estime a potência requerida para arrastar o cilindro quando o seu eixo está: a) paralelo à direção de deslocamento do barco ($C_A \approx 11$); b) normal à direção de deslocamento do barco, ($C_A \approx 0{,}9$). Admita $\rho_{água} = 998$ kg/m^3. Respostas: a) 120 kW; b) 1.800 kW.

6   O fenômeno de se produzir sustentação pela rotação de um corpo imerso em um fluido é chamado de *efeito Magnus*. Esse fenômeno ocorre em virtude da condição de aderência completa, que faz com que o fluido em contato com o corpo (por exemplo, um cilindro) se movimente com a velocidade tangencial $v_\theta = \omega R$, onde ω é a velocidade angular e R é o raio do cilindro. Um escoamento circulatório se estabelece em torno do cilindro com circulação Γ dada por $\Gamma = 2\pi R v_\theta = 2\pi \omega R^2$. De acordo com o teorema de Kutta-Joukowski, a sustentação por unidade de comprimento do cilindro será dada pela Eq. (8.18), ou seja, $\frac{S}{L} = \rho V_\infty \Gamma$. Por sua vez, o coeficiente de sustentação será dado por

$$C_S = \frac{\rho V_\infty \Gamma}{\frac{1}{2}\rho V_\infty^2 2R} = \frac{\Gamma}{V_\infty R} = \frac{2\pi \omega R}{V_\infty}.$$

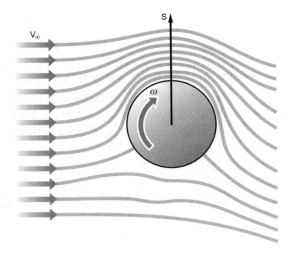

O engenheiro Anton Flettner, na Alemanha, em 1924, foi pioneiro em colocar em prática o efeito Magnus para propulsação de uma embarcação batizada de Buckau. O Buckau era, originalmente uma escuna, cujas velas foram substituídas por dois rotores Flettner que geravam propulsão com qualquer vento soprando sobre os rotores. Como esse sistema se mostrou menos eficiente do que os motores convencionais, a ideia de Flettner não prosperou.

Tomada fotográfica do Buckau

O Buckau empregava dois cilindros verticais de 15 m de altura e 3 m de diâmetro, girando a 750 RPM. Estime o coeficiente de sustentação teórico, supondo ventos de 10 nós. Resposta: $C_S \approx 144$. Esse coeficiente de sustentação teórico é muito alto, não se verificando na prática. O coeficiente de sustentação medido ficou em torno de 10. Para esse coeficiente de sustentação, estime o empuxo gerado no Buckau. Resposta: 14,3 kN. Estime a potência necessária para acionar os dois rotores, considerando que, para efeito do cálculo da tensão viscosa na parede, o cilindro pode ser considerado uma placa plana de comprimento igual a $2\pi R$, onde R é o raio do cilindro. Resposta: 514 kW. Admita ρ_{ar} = 1,2 kg/m^3; μ_{ar} = 1,5 × 10^{-5} kg/m · s; 1 nó = 0,5144 m/s.

7   Verifique se a força de sustentação no Boeing 747-200, voando a 956 km/h, na altitude de 40.000 pés, com ângulo de ataque das asas de 2,4°, é suficiente para suportar o peso de 283,35 ton. O coeficiente de sustentação do Boeing 747-200 linearizado em função do ângulo de ataque é dado por: $C_S = 5{,}5 \cdot \alpha$ (rad) $+ 0{,}29$. São dados: $\rho_{ar} = 0{,}30267$ kg/m^3 (a 40.000 pés); $S_{ref.} = 510{,}97$ m^2. Resposta: 283,44 ton.

Nota: Para cálculo da sustentação em aviões utiliza-se a *área de referência* $S_{ref.}$, definida como a área das asas vista de cima, e que inclui a área que une ambas as asas através da fuselagem (ver figura a seguir).

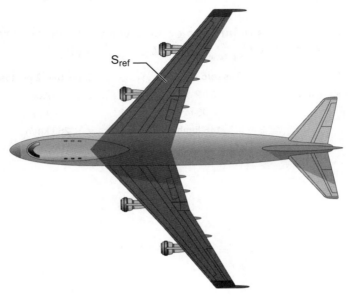

8   Um barco, equipado com hidrofólios com área planiforme de 1 m^2 e coeficiente de sustentação de 1,5, se desloca a 10 nós, que é a mínima velocidade para que os hidrofólios sustentem o barco. Nessa situação, o coeficiente de arrasto é 0,6 . Determine: a) o peso máximo do barco que atenda à mínima velocidade de sustentação dos hidrofólios; b) a potência necessária nessa velocidade. Dados: $\rho_{água} = 10^3$ kg/m^3; 1 nó = 0,5144 m/s. Respostas: a) 19,85 kN; b) 40,8 kW.

342 ∎ Mecânica dos Fluidos

9 Um pequeno avião com massa total de 1.000 kg voa na velocidade de cruzeiro de 288 km/h, na altitude de 32.800 pés. A área de referência das asas é 15 m². Supondo o aerofólio abaulado NACA 2412 da Figura 8.21, determine: a) o coeficiente de sustentação e o ângulo de ataque das asas em cruzeiro; b) supondo que o comportamento do coeficiente de arrasto desse aerofólio em função do ângulo de ataque possa ser aproximado pelo aerofólio NACA 23015 da Figura 8.23, determine a potência necessária para as asas durante o cruzeiro. Dado: $\rho_{ar} = 0{,}412$ kg/m³ (a 32.800 pés). Respostas: a) 0,5, 2,5°; b) 10,3 kW.

10 Determine os coeficientes de arrasto de dois veículos com as características abaixo. Respostas: $C_{A_{passeio}} = 0{,}96$; $C_{A_{esportivo}} = 0{,}49$.

Veículo	Passeio 4 portas	Esportivo 2 portas
Potência aerodinâmica	51,2 cv	149 cv
$S_{ref.}$	2,06 m²	1,84 m²
$V_{máx.}$	146 km/h	260 km/h

ÍNDICE REMISSIVO

As páginas assinaladas em *itálico* remetem às tabelas e as em ***itálico-negrito***, às figuras.

Adimensional(is), 145, 149 -155, 157 - 163,
165, 167, 170, 173, 183, 184, 220, 221,
227, 244, 278

Monômio(s), 76, 145, 149, 152, 154, 155

Aerodinâmica(s)

automobilística, 322, 333

força(s), 277, 322, 336

potência, 323, 324, 325, *342*

Análise Dimensional, 145, 159, 183, 211

Anton Flettner, 339

Arquimedes,

princípio de, 61, 62

Arrasto, 278, 281, 283, 285, **287**, 295, 297, 299,
300, 301, 302, 307, 310, 318, 322, 323,
324, 325

cálculo do, 290, *291*

coeficiente(s) de, 161, 173, 278, 284,
286, 288, 295, 296, **296**, 297, 298,
299, 300, 310, **312**, 323, 324, 325,
326, **327**, **328**, 329, **329**, 330, **330**,
337, 341

de atrito, 278, 281, 292, 293, 294, 295,
295, 301, 338

de pressão, 278, 279, 281, 283, 286,
287, 288, 291, 295, **295**

força de, 146, **146**, 147, **147**, 148, **148**,
149, **149**, 150, 151, 152, 157, 161,
163, 278, 281, 296, 300

total, 295, 296

Barômetro, 42

de água, 43

de mercúrio, 42, *42*

Bocal, 119, 120, 121, 122, 137, 138, 140, 209,
210, 210, 211, 213

Bomba(s), 112, 114, 116, 136, 199, 199, 201,
202, 205, 219, **220**, 221, 222, **222**, 224,
225, 244, 245, 248, **249**, 254, 255, 260,
262, 269, 270, 271

modelo, 223

protótipo, 223

altura manométrica da, 112, 136,
255, 256

centrífuga(s), 221, **222**, **229**, 229,
230, 256, **257**, 270

classe de, 256

coeficiente manométrico da, 227

curva de NPSH requerido da, 225,
226, 259

curva(s) característica(s) da(s), 224,
224, 227, **228**, 249, **249**

curva(s) de isorendimento da, 224,
225, 256, **257**

curva(s) de rendimento da(s), 224

de fluxo axial, 229, **229**, 230

de fluxo misto, 229, **229**, 230

geometricamente semelhante, 222

potência hidráulica da, 112, 116, 202

radiais, 227, 256

rendimento da, 112, 202, 221

rotação da, 255

rotação específica da, 227, 256

semelhantes, 221, **222**, 229, 230, 269

Bourdon,

manômetro de, 44, 49, **49**, 50, **50**, 51

Buckau, 339, 340

Cálculo do Arrasto de Pressão, 290, *291*

Carga da(e),

 estagnação, 226

 pressão atmosférica, 265

 pressão de vapor, 226, 265

Cavitação, *217,* 225, 259, 260, 264, 265, 273

Coeficiente de Arrasto, 279, 281, 284, 285, 286, *287,* 288, 295

 de atrito, 278, 281, 293, 295

 de pressão, 278, 279, 281, 291, 293, 295

Coeficiente(s) de Perda de Carga,

 distribuída, 184, 188, 193, 194, 195, 205, 254, 271

 singular(es), 194, 195, *195, 196,* 200, 201, 271

Efeito Magnus, 339

Empuxo(s), 52, 53, 54, 55, 56, 57, 58, 59, 60, 61, 62, 277, 321, 322, 340

 sobre superfícies curvas, 56

 sobre superfícies planas, 52

Equação

 da continuidade, 101, 102, 103, 120, 125, 129, 131, 261

 da energia, 103, 113, 120, 126, 127, 134, 156, 211

 da quantidade de movimento, 116, 125, 139

 de Bernoulli, 105, 106, *106,* 107, 108, 109, 111, 112, 129, 131, 135, 209, 211, 306, 308, 316

 generalizada, 111, 113, 114, 116, 120, 129, 130, 199, 205, 248

 de estado, 27

 do momento da quantidade de movimento, 122, *123,* 124, 143

 manométrica, 130, 214

Equação(es) Dimensional(is), 153, 154, 157

Escoamento(s), 93, 96, 103, 107, 108, 109, 110, 113, 128, *128,* 129, 133, 146, *146, 148,* 159, 161, 162, 242, 243

 bloqueio do, *217*

 circulatório, 304, *304,* 305, *306,* 308, 309, 315, 316, 339

 com sustentação, 304, *305*

 completamente desenvolvido, 184

 compressíveis, 219

de água, 137, 162, 172, 219, 271, *285*

de ar, 128, 129, 132, 146, 147, *147,* 202, 294

de Couette, 30

de fluido incompressível, 101

de fluidos compressíveis, *217*

de gás(ses), 110, 125, 126, 127, 128, 219

de rios, 162

de transição, 184, *185,* 186

de(o) fluido perfeito, 106, 279, 281, 283, 288

de(o) líquido(s), 107, 162, 209, 216, 219, 251

descendente, 318, *319*

direção do, 278

do fluido real, 106, 111, 211, 279, 281

 e incompressível, 113, 118, 122

do modelo, 167

dos ventos, 219

em duto(s), 181, 182

 forçado, 194

 liso, 186

em regime permanente, 85, 106

estacionário, 303

externo, 301, 303

incidente, 302

incompressíveis, 219

incompressível, 28, 128, 133, 136

invertido, 283

laminar(es), 78, *78,* 89, 91, 159, 160, 183, *185,* 186, *196,* 284, 290, 294

marginal, 112

na camada-limite, *286*, 286, 290

na entrada do duto, 183

não uniforme, 272

não viscoso, 302, *302*

no bordo de fuga, 303, 307

no extradorso, 316

no intradorso, 307, 316

retificadores de, 236

reverso, 283, *284*

seção(ões) de, 83, 84, *83,* 84, *85,* 86, 88, 89, *90,* 91, *92,* 93, 102, 105, 113, 114, 115, 118, 123,c124, 182, 212 sem sustentação, 304

sentido do, 111, 113, 114, 116, 248, 283, *283*

separação do, 212, 213, 283, *284*

subcrítico, 216

tridimensional, 318

turbulento(s), 78, *79*, 79, 80, 89, 91, 115, 120, 121, 130, 134, 159, 160, 167, 184, *185*, 186, 189, *196*, 231, 253, 259, 285, 294

liso, 187

rugoso, 187, 189, 204

uniforme, *150*, 279, 284, 288, 289, 290, 292, 293, 294, 309, 316

visualização do, 76

Euler

número de, 149, *149*, 150, *150*, 151, 152, 154, 160, 166, 279

semelhança de, 169

Fluido(s), 21, 24, 25, 26, 27, 29, 30

abrasivos, *217*

compressibilidade do, 162

compressível(is), 113,122, 127, 217

continuidade do meio, 25

corpo, 116, 118, 121, 160

de trabalho, 238, 240

definição de, 22

em repouso, 39

em movimento, 75, 101, 103

escoamento dos, 182

estática dos, 39, 39

incompressível(eis), 27, 52, 101, 102, 103, 112, 113, 118, 122, 125, 129, 131, 162, 229, 261

manométrico, 136

não viscoso, 302

newtonianos, 31

partículas do, 79

perfeito, 106, 107, 211, 279, *280*, 281, 282, *282*, 288

propriedade(s) do(s), 26, 162

real(is), 106, 111, 113, 118, 122, 211, 279, *280*, 281, *282*

transporte de, 181, 182, 209, 247

viscosos, 301

Froude

número de, 161, 166, 168

semelhança de, 166, 167, 168, 169

Gás Ideal, 27, 126

Instalação, 50, *50*, 114, *114*, 136, 137, 201, 202, 204, 209, 211, 225, 247, 248, *249*, 252, 260, 265, 271, 274, 275

altura de, 264

altura máxima de, 265, 266

com turbina hidráulica, 263

com ventilador, 260

curva da, 248, 249, *249*, 256

de recalque, 247, *250*, *251*, 256, 260

elevatória, 247, *248*, 250

fluido-mecânica, 215, 247

perda de carga na, 255

ponto de operação da, 249, *249*, 256

Kutta,

condição de, 303, 304, 316, *317*

Lei(s)

de Newton, 29, 80

da viscosidade, 31, 32, 160

de Pascal, 51, 52

de Stevin, 39, 40, 41, 42, 43, 44, 46, 47, 51, 53, 108, 115

dos ventiladores, 237, 238, 239, 240, 241

Linha(s)

de corrente, 81, *82*, 82, 83, 103, 108, 115, 131, 279, *280*, 286, 302, 303, 304, 316

de energia, 248, *248*, 271

piezométrica, 248, *248*

Mach, 174

número(s) de, 128, 162, 174, 194, 229, 260

Manometria, 44, 50

Manômetro(s), 44, 45, 46, 48, 50

de água-mercúrio, 271

de Bourdon, 49, *49,* 50, 51
de tubo, 130
em "U", 45, *45,* 46, *47,* 128, 131, 214
de tubo com líquido, 49
diferencial, 110
metálico, 49, *49,* 114, 115, 121, 156
Máquina(s), 112, 113, *113,* 114, 116, 125, 126, 127, 130, 201, 219, 220, 221, 229, 236
altura manométrica da, 112, 128
coeficiente de potência da, 221
coeficiente de vazão da, 221
coeficiente manométrico da, 227
curvas características da, 221
fluido-mecânica(s), 209, 219, 220, 247, 248
potência hidráulica da, 112
rendimento da, 114, 221
Massa Específica, 26, 27, 83, 87, 88, 91, 126, 127, 128, *128,* 146, *146,* 148, *148,* 149, 153, 160, 161, 165, 167, 216, 230, 236, 262, 268, 278, 315, 322
normal, 43
unidades de, 26
Medidores de Vazão, 209, *210,* 214
Modelo(s) Físico(s), 145, 163, 170, 221, 245
Newton, 22, 91, *92,* 105
2ª lei de, 29, 80
lei de, 31, 32, 160
NPSH, 225, 259
disponível, 259, 260
requerido, 225, 226, *226, 258,* 259, 260
Número de Reynolds Local, 293

Partícula Fluida, 25, 79, 83, 87, 89
Pascal, 43
lei de, 51, 52
Perda(s) de Carga, 106, 107, 111, 113, *113,* 120, 127, 130, 134, 135, 136, 137, 140, 155, 156, 182, 184, 193, 200, 211, 212, 213, *213,* 214, *217,* 225, 248, 252, 253, 254, 256, 261, 261, 271, 271
distribuída(s), 155, 158, 182, 188, 189, 193, 195, 200, 252
localizada(s), 182, 194, 253, 261
singular(es), 182, 195, 202, 204
total, 195, 200, 201

Peso Específico, 28, 45, 46, 47, 50, 51, 52, 56, 57, 59, 60, 61, 86, 87, 193, 223, 237, 238, 240
normal, 43
unidades de, 28
Piezômetro(s), 44, *44,* 45, 108, 248, 271, 289, 313
Pitot,
Henri, 107
tubo de, 107, *107,* 108, 109, 110, *111,* 135
Placa com Orifício, 140, 209, *210,* 211, 212, 212, *213,* 213
Pressão, 22, 25, 31, 39, 40, 41, 43, 45, 46, 47, 48, 50, 51, 52, 58, 59, 61, 83, 87, 88, 90, 108, 109, 110, 111, 112, 114, 115, 118, 121, 126, 127, 128, 130, 131, 160, 162, *198,* 225, *232,* 235, 243, 278, 278, 281, 288, 289, 301, 302, 303, 304, 306, 306, *312,* 314
absoluta, 40, *41*
arrasto de, 278, 278, 281, 290, 291, *291,* 293
atmosférica, 39, 41, 42, 43, 48, 51, 52, 56, 115, 243, 265
ao nível do mar, 41
local, 40, *42,* 43, 45, 46, 47, 49, 241, 248
normal, 43, 231
carga de, 105, 126, 226, 231, 259
coeficiente de, 279, 280
de estagnação, 109, 110, 231
de gases, 45, 47, 48
de vapor, 43, 225
da água, 43, 265, 273
diferencial, 209, *210,* 211, 211, *213,* 214, 215
dinâmica, 108, 109, 128, 158, 161, 229, 231, 279
efetiva, 40, *41*
energia de, 89, *92,* 103, 104, 242
estática, 108, 110, 260
forças de, 277, 278, 281, 302, 309, 313
gradiente(s) de, 282, 283, *283,* 294
hidrostática, 277
medida da, 44
perda de, 108
queda de, 156, 158, 184, 193, 194, 213, *213,* 216, 218, 253

recuperação da, 212

relativa, 40, 45, 46, 50, 51

tomada(s) de, 108, 209, *210*, 313, 289, 313

total, 231, 235, 237, 238, 239, 240, 241, 261, 272

unidades de, 44, 231

Príncipio de(a)

aderência completa, 28, 78, 183

Arquimedes, 61, 62

conservação da (e)(o)

energia, 101, 103, 110

massa, 101, *101,* 102

momento da quantidade de movimento, 101

quantidade de movimento, 101

volume, 102

Regime Permanente, 83, 85, 101, *101,* 102, 103, 104, 106, 109, 113, 118, 121, 122, 133, 205

Reynolds, 75, *75,* 76, *76,* 77

experiência de, 75, 79

número(s) de, 77, 78, 81, 89, 91, 149, *149, 150, 150,* 151, 152, 154, 159, 160, 166, 167, 169, 173, 183, 184, 186, 188, 190, 193, 194, 201, 211, *212,* 214, 215, *284,* 292, 294, 295, 296, *296,* 297, 298, 300

semelhança de, 166, 167, 168

Rotores Flettner, 339

Seção, 84, 85, 101, 102, 103, 104, 105, 111, 120, 125, 126, 127, 128, 129, 131, 134, 182, 183, 193, 194, 209, 210, 216, 297

circular, 78, 89, 91, 155, 202, 295

coeficiente de contração de, 210

de(o) escoamento, 83, 84, *85,* 86, 88, 89, *90,* 91, *92,* 93, 102, 105, 114, 115, 118, 123, 124, 182, 182, 212, 248

plana, 83, 91, 94

de testes, 146, *147,* 149, 260, 260, 272, 273, 288, 313

quadrada, 193

transversal, 172, 182, 193, 194, 296

uniforme, 156

Spoiler, 326, *327*, 332, *332*, 333

Stevin,

lei de, 39, 40, 41, 42, 43, 44, 46, 47, 51, 53, 108, 115

Sustentação, 277, *277,* 278, 300, *302,* 304, **305,** 305, 306, 307, 308, 309, 310, *311,* 312, 313, 314, 315, 316, 317, 319, 322, 331, 332, 339, 340, 341

calculo da, 314, *315*

coeficiente(s) de, 161, 278, 309, 313, 314, 317, 319, *319,* 320, 321, *332* 339, 340, 341

determinação da, 309, 312, 315, 316

força de, 161, 278, 341

mancal de, 34

máximo(s) coeficiente(s) de, 320, *321,* 322

origem da, 300

Tensão, 22, *22,* 29, 81, 186

conceito de, 21

de cisalhamento total, 81

de cisalhamento turbulenta, 78, 80

noção de, 21

normal, 22, *22,* 39

superficial, 162, 171, 173

tangencial (ou de cisalhamento), 22, *22,* 24, *24,* 28, 29, 80, 283

turbulenta, 80, 81, 111

unidades de, 22

viscosa, 29, 30, 32, 80, 81, 111, 159, 187, 293, 294, 312, 313, 340

Teorema de Kutta-Joukowski, 315, 339

Tubo de Corrente, 81, 82, *82,* 84, 101, *101,* 102, 104, *104,* 105, 106, *106,* 111, 112, 113, *113,* 116, *118,* 119, 120, 121, 122, 123, 124, 125, 127, 182

Túnel, 273

de vento, 146, *147,* 149, 174, *260,* 261, 262, 272, 272, 288, *288,* 333, *333,* 334, 336, 337

de água, 171

hidrodinâmico, 273

Turbina(s), 112, 113, 137, 219, *220,* 221, 241, 263, 264, 275

altura de instalação da, 264

altura manométrica da, 112, 265

cavitação na, 264

classe da, 244

curvas características das, 245

curvas de desempenho das, 245

de ação, 241

de fluxo axial, 243, 264

de reação, 242, 243

diagrama de colina de, *247*

Francis, 242, *242*, 243, 244, 245, 246, *247*

Kaplan, 243, *243*, 245, 246, 264, 264, *265*

Pelton, 241, *242*, 244, 245, 246, *247*

potência da, 244, 273

rendimento(s) da(s), 113, 221, 245, 264

rotação da, 245

rotação específica da, 244, 264, 265, 266

rotação(ões) específica(s) da(s), 244, *244*, 265

Unidades de Vazão,

de energia cinética, 89

de energia de pressão, 90

de energia potencial, 88

de quantidade de movimento, 91

em massa, 87

em peso, 87

em volume, 84

Unidades de Viscosidade,

cinemática, 31

dinâmica, 31

Válvula(s), 76, 182, 198, 204, 205, 215, *217*, 218, *218*, 225, 271, 275

plug, 218, 219

angular, *198*

coeficiente(s) de vazão da(e), 216, 218, 219, 271

de controle, 215, 218, 219, 275

de pé, *199, 251*, 254

de retenção, *198, 251*, 253

esfera, *199*

gaveta, *198*, 201, *251*, 253, 254

globo, *198*, 201, 250, *251*, 253, *253*,256

Vazão, 84, *85, 86*, 87, *92*, 112, 121, 125, 182, 184, 190, 191, 192, 194, *198*, 209, 211, 214, 215, 216, *217*, 219, 224, **225**, *225*, **226**, 227, 231, 233, 234, 235, 236, 238, 239, 240, 244, 245, 246, 248, 249, *251*, 256, 260, 261, 263

coeficiente(s) de, 211, **212**, 216

de energia cinética, 88, 89, 91, 104

de energia de pressão, 89, 90, 104

de energia potencial, 88, 104

de projeto, 263

de quantidade de movimento, 90

do sistema, 275

em massa, 87, 101, 102, 118, 120, 123, 128, 131

em peso, 87, 104, 105

em volume, 84, 85, 87, 88, 91, 93, 102, 103, 129

excedente, 263, *263*

medidor(es) de, 209, **210**, 214

nominal, 264

Velocidade média, 77, 84, 85, 89, 91, 93, 102, 103, 115, 118, 120, 124, 131, 132, 155, 182, 188, 194, 200, 231, 249, 252, 253, 254

Venturi, 102, 103, 128, 129, 131, 135, 308

efeito, 131, 308

teoria do, 308

Venturímetro, 209, *210*, 210, 211, 212, 213, 215

Viscosidade, 29, 30, 106, 146, *146*, 147, *148*, 149, 153, 155, 159, 165, 167, 302, 309

cinemática, 31, 77, 151, 159, 173

da água, 31

do ar, 31

dinâmica, 31, 32, 77, 80, 159

da água, 31

do ar, 31

lei de Newton da, 31, 32, 160

molecular, 81

turbulenta, 81

Weber

número de, 161, 173, 194

GRÁFICA PAYM
Tel. [11] 4392-3344
paym@graficapaym.com.br